赵志强 程明智 主 编
赖晶亮 胡小强 副主编

高等职业教育虚拟现实技术应用专业建设指导方案

清华大学出版社
北京

内 容 简 介

本书根据当前我国高等职业院校虚拟现实技术应用专业的特点、虚拟现实产业结构和人才需求状况，提出了虚拟现实技术应用专业建设的基本思路、专业课程体系结构以及专业课程标准，形成了一套较为系统的虚拟现实技术应用专业建设指导方案。本书内容分为三部分：虚拟现实技术应用人才需求分析、虚拟现实技术应用专业人才培养方案（范例版）和26门专业课程的课程标准示例。

本书可供高等职业院校的校领导、系主任、专业带头人、专业课教师和企业界人士等在进行虚拟现实技术应用专业的申报、专业建设以及专业课程设置过程中借鉴和参考，也可供应用型本科院校虚拟现实技术专业相关人员参考使用。

本书封面贴有清华大学出版社防伪标签，无标签者不得销售。
版权所有，侵权必究。举报：010-62782989，beiqinquan@tup.tsinghua.edu.cn。

图书在版编目(CIP)数据

高等职业教育虚拟现实技术应用专业建设指导方案/赵志强，程明智主编. —北京：清华大学出版社，2023.11
ISBN 978-7-302-64773-7

Ⅰ.①高… Ⅱ.①赵… ②程… Ⅲ.①高等职业教育－虚拟现实－专业设置－研究 Ⅳ.①TP391.98

中国国家版本馆CIP数据核字(2023)第194697号

责任编辑：郭丽娜
封面设计：傅瑞学
责任校对：袁　芳
责任印制：曹婉颖

出版发行：清华大学出版社
网　　址：https://www.tup.com.cn，https://www.wqxuetang.com
地　　址：北京清华大学学研大厦A座
邮　　编：100084
社 总 机：010-83470000
邮　　购：010-62786544
投稿与读者服务：010-62776969，c-service@tup.tsinghua.edu.cn
质量反馈：010-62772015，zhiliang@tup.tsinghua.edu.cn
印 装 者：三河市龙大印装有限公司
经　　销：全国新华书店
开　　本：185mm×260mm
印　　张：16.5
字　　数：397千字
版　　次：2023年12月第1版
印　　次：2023年12月第1次印刷
定　　价：79.00元

产品编号：102114-01

丛书编写指导委员会

主　任：赵沁平　北京航空航天大学
副主任：周明全　北京师范大学
　　　　史元春　青海大学、清华大学
　　　　王涌天　北京理工大学
　　　　胡钦太　广东工业大学
　　　　郝爱民　北京航空航天大学
委　员：陈　为　浙江大学
　　　　王莉莉　北京航空航天大学
　　　　陶建华　清华大学
　　　　刘　越　北京理工大学
　　　　郝永胜　北京大学
　　　　武仲科　北京师范大学
　　　　王立军　北方工业大学
　　　　吴伟和　北京工业大学
　　　　王学松　北京师范大学
　　　　胡小强　江西科技师范大学
　　　　程明智　北京印刷学院
　　　　徐绕山　南京信息职业技术学院
　　　　杨　彧　江西现代职业技术学院
　　　　杨　欧　深圳职业技术大学
　　　　王巧莲　广州铁路职业技术学院
　　　　张　艳　陕西职业技术学院
　　　　张泽民　广西机电职业技术学院
　　　　李辉熠　湖南大众传媒职业技术学院
　　　　匡红梅　首钢工学院

本书编审委员会

审核专家组

组　　长：	郝爱民	北京航空航天大学
副组长：	胡小强	江西科技师范大学
	赖晶亮	广东轻工职业技术学院
审核专家：	刚家林	大连东软信息学院
	张泊平	许昌学院
	章　逸	南昌师范学院
	赵艳妮	陕西职业技术学院
	谢建华	广州番禺职业技术学院
	韩　蓓	山东商业职业技术学院
	杨秀杰	重庆电子工程职业学院

编写专家组

主　　编：	赵志强	深圳职业技术大学
	程明智	北京印刷学院
副主编：	赖晶亮	广东轻工职业技术学院
	胡小强	江西科技师范大学
编　　委：	谢建华	广州番禺职业技术学院
	李银树	台州职业技术学院
	江　荔	福州职业技术学院
	章　逸	南昌师范学院
	李奇泽	三明学院
	张玉芹	南京信息职业技术学院
	刚家林	大连东软信息学院
	杨　彧	江西现代职业技术学院
	周亚东	杭州电子科技大学信息工程学院
	李　宏	广州铁路职业技术学院

黎　少		广东工贸职业技术学院
王　瑶		重庆城市职业学院
姜福吉		惠州城市职业学院
杨　欧		深圳职业技术大学
刘　明		重庆电子工程职业学院
王　康		广东轻工职业技术学院
邢　悦		天津电子信息职业技术学院
皮添翼		广东科贸职业学院
张洪民		天津渤海职业技术学院
马亲民		深圳职业技术大学
李广松		广东职业技术学院
石　卉		江西泰豪动漫职业学院
刘　龙		北京印刷学院

秘　书：薛亚田　宁波纺织服装职业技术学院
　　　　郭丽娜　清华大学出版社

序

我们生活在一个真实的世界里,而信息技术的发展为我们创建了一个数字化的世界,这个世界与真实世界相映成趣。虚拟现实技术是一种运用信息技术对现实世界的虚拟与仿真,从而达到对真实世界的数字化再现的技术。从2016年"虚拟现实元年"以来,虚拟现实的发展,促进和带动了数字孪生、元宇宙、人工智能等系列科学技术的发展,形成了一个以信息技术主导的"虚实融合,智兴百业"的新型产业,多行业多场景应用落地。虚拟现实在不同方向上的融合应用,包括但不限于"虚拟现实+工业生产""虚拟现实+文化旅游""虚拟现实+融合媒体""虚拟现实+教育培训"等。

产业要发展,专业人才供给是关键。基于此,我国相关部门都给予了大力的支持,教育部在2018年、2019年先后增列了虚拟现实专科、本科专业目录,"虚拟现实技术""虚拟现实技术应用"成为本科院校和职业院校的正式专业。虚拟现实专业建设和人才培养是信息技术领域发展的重要任务,今天我们人才培养的质量,将关系到未来我国在该领域的技术高度;人才培养的规模,将关系到未来我国在该领域的体量。虚拟现实专业人才培养任重而道远,务必重视起来。

面对虚拟现实这一新兴产业的快速发展,虚拟现实专业建设所需的课程体系、实践体系、专业教材、师资等各方面都缺乏可借鉴的经验。我们迫切需要一份科学、系统、实用的专业建设指导方案,来指导虚拟现实技术应用专业的建设,以构建并创新虚拟现实技术应用型人才培养模式,满足虚拟现实应用型人才培养新生态的发展需求。这是虚拟现实专业人才培养的重要基础和建设导向。

信息技术新工科联盟虚拟现实教育工委会联合中国虚拟现实技术与产业创新平台、教育部虚拟现实技术与应用虚拟教研室,多次组织了本领域的专家、学者召开专业建设学术研讨会,参考了国内外的多个研究成果、工程实例,面向高等职业教育虚拟现实技术应用专业,撰写了虚拟现实技术应用人才需求分析报告、虚拟现实技术应用专业人才培养方案(范例版)以及26门专业课程的课程标准,数易其稿,形成《高等职业教育虚拟现实技术应用专业建设指导方案》(以下简称《指导方案》)。本书编写团队集聚了不同领域的专家、高校教师、企业主管、经验丰富的工程师,是一个跨学科、跨领域、产学研结合的专家团队。《指导方案》的编制旨在为相关教育机构提供关于虚拟现实技术应用专业建设的具体建议,以促进这一领域的发展,提高学生的虚拟现实技术应用能力,满足社会对虚拟现实应用型人才的需求。

虚拟现实技术本身正处于不断演进和发展之中,这使得《指导方案》的编制成为一项极具挑战性的工作。为了更好地适应这一领域的快速变化,《指导方案》鼓励教育机构采取以下一些关键措施推进该专业的人才培养工作。

（1）持续跟踪技术发展：教育机构应建立跟踪虚拟现实技术发展的机制，包括参与行业研究和合作项目、鼓励教师和学生积极加入相关专业组织和学术团体。

（2）灵活的课程设计：虚拟现实技术应用专业课程设置应具有一定的灵活性，便于随时调整以满足不断变化的技术需求。这包括添加新课程、修改现有课程和调整教材等。

（3）跨学科合作：虚拟现实技术应用涉及多个领域，包括计算机科学、设计学、心理学和工程学等。因此，鼓励教育机构建立跨学科合作项目，以培养出具有综合能力的专业人才。

（4）高校在虚拟现实专业人才培养中不仅要注重专业技能的传授，而且对新型行业专业人才的核心素养也要有一定的要求，如家国情怀、全球视野、终身学习、跨界融合、沟通能力、领导能力等方面的培养和塑造。这是对人才品质、素质、价值观塑造的重要过程，也是人才综合实力的重要提升。

（5）虚拟技术应用专业人才的培养不仅是当下技术探索的迫切需求，更是时代发展的导向和引领，因此在人才培养体系中，专业素养体系构建是必要的评价标准，也是重要的工作内容。

虚拟现实技术应用专业的建设是一项长期而富有挑战性的任务，但也具有巨大的发展优势。在实施《指导方案》时，教育机构需要根据自身的情况和资源进行合理的调整，以确保专业建设的科学性。同时，鼓励学生积极参与虚拟现实技术的实践和研究，不断提升自己的综合素质和创新能力。形成教育培养模式与产业共同发展、共同提升的良好局面。

通过《指导方案》的实施，我们有信心能够培养出更多高质量的虚拟现实技术应用专业人才来为这一领域的繁荣和发展贡献自己的力量。同时，我们也欢迎教育界、产业界及社会其他各界的积极参与和支持，共同推动虚拟现实技术应用专业的建设和发展，为未来的科技创新和社会进步做出更大的贡献。

周明全

2023 年 10 月

前言

近年来,随着信息技术的快速发展,产业数字化转型驱动生产方式、生活方式和治理方式的变革,催生了新产业、新业态、新模式。虚拟现实因其技术发展协同性强、产业应用范围广、产业发展潜力大得到了国务院、工业和信息化部、教育界以及产业界的特别重视。2021年国务院发布的《中华人民共和国国民经济和社会发展第十四个五年规划和2035年远景目标纲要》明确将"虚拟现实和增强现实"列入数字经济重点产业;2018年教育部增补"虚拟现实应用技术"高职专业、同意设置"虚拟现实技术"本科专业(专业代码080916T),经2021年"虚拟现实应用技术"专科专业改名为"虚拟现实技术应用"专业(专业代码:510208)后,截至2023年4月,全国一共有216所学校开办了虚拟现实技术应用高职专业,全国各地的各层次院校都对培养虚拟现实技术应用人才热情高涨。

但是,虚拟现实技术作为一项新技术,我国大部分高等院校在培养虚拟现实技术专业人才方面起步还较晚,专业建设经验积累也不够,对虚拟现实技术专业建设规范或指导性方案需求迫切。基于这一需求,本着帮助相关院校加强虚拟现实技术专业建设、提升虚拟现实技术应用专科专业人才培养质量的目的,由信息技术新工科产学研联盟虚拟现实教育工作委员会组织,联合中国虚拟现实技术与产业创新平台、教育部虚拟现实技术及应用虚教研室等机构,经过广泛的调研,分析我国高职高专院校虚拟现实技术应用专业的特点、虚拟现实产业结构和人才需求状况,提出了虚拟现实技术应用专业建设的基本思路、专业课程体系结构以及专业课程的课程标准,形成了一套较为系统的"虚拟现实技术应用"高等职业教育专业建设指导方案,同时也作为信息技术新工科产学研联盟2021年发布的《虚拟现实技术专业建设方案(建议稿)》的姐妹篇。

本书主要包括以下内容。

一、虚拟现实技术应用人才需求分析。该分析涉及的原始数据由专业的咨询公司基于人工智能技术完成收集,并利用大数据技术进行分析,刻画出全国尤其是大湾区虚拟现实产业人才的市场需求变化趋势以及学校人才培养状况,为供给侧的人才培养与教学提供决策依据。

二、虚拟现实技术应用专业人才培养方案(范例版)。结合多所已经开设虚拟现实技术应用专业学校的人才培养方案,在人才需求报告的基础上,由编审委员会多次研讨,形成了具有参考示范效应的人才培养方案。

三、支撑该专业建设的相关课程标准。我们组织业内专家按专业基础课、专业核心课以及专业拓展课3种类型,列出了26门课程清单,并以示例形式完成了每门课程的课程标准。每个课程标准示例包含了课程概要、课程定位、教学目标、课程设计、教学内容安排、实施建议等内容，并对其课程性质、学分、学时、开设学期、先修及后续课程给出了建议。在此基础上，后续我们将组织专家，逐步完成专业课程的系列教材编写。参考院校在构建虚拟现实技术应用专业的课程体系时，可以从中挑选部分专业课程，也可以根据学校个性化特点增设其他专业课程。

在本书的策划及编写过程中，得到了赵沁平院士及虚拟现实技术与系统全国重点实验室的大力支持，赵院士亲自担任本书编写指导委员会主任，并组织了周明全教授等多位虚拟现实领域的一流专家参与编委会工作，虚拟现实技术与系统全国重点实验室副主任郝爱民教授担任本书审核专家组组长。

本书的"虚拟现实技术应用人才需求分析"由深圳职业技术大学赵志强主任带领的虚拟现实技术应用专业教师团队与专业咨询公司一起完成。"虚拟现实技术应用专业人才培养方案（范例版）"在研讨定稿过程中，除了编写指导委员会成员外，编写专家组及审核专家组全体专家、学者都积极参与并提出了宝贵的意见和建议。从 26 门课程清单的确立，到每门课程的课程标准撰写和修改，整个过程历经前后 8 次线上研讨会，一共有来自 72 所学校及 32 家企业的 156 位专家参与了课程标准的编写。由于参编人员数量太多，不在这里一一列出，在本书正文每个课程标准里面进行署名。在本书编写的组织过程中，中国虚拟现实技术与产业创新平台于文江秘书长、深圳市虚拟现实产业联合会谭贻国会长、广西机电职业技术学院罗伟泰、宁波纺织服装职业技术学院薛亚田、首钢技师学院程琪、北京商贸学校李梓瑶等老师也做出了重要的贡献。在此对本书编写指导委员会、审核专家组、编写专家组、清华大学出版社以及上述人员表示诚挚的感谢！

由于编者水平有限，书中错误与疏漏之处在所难免，敬请广大读者批评、指正，并以见谅。

编　者

2023 年 9 月

目 录

虚拟现实技术应用人才需求分析 …………………………………………………… 1

虚拟现实技术应用专业人才培养方案(范例版) ………………………………… 23

"虚拟现实技术基础"课程标准 …………………………………………………… 37

"程序设计基础(C语言)"课程标准 ……………………………………………… 43

"面向对象编程技术(C#)"课程标准 …………………………………………… 50

"数据库技术"课程标准 …………………………………………………………… 57

"图像处理软件及应用(Photoshop)"课程标准 ………………………………… 66

"虚拟现实建模技术"课程标准 …………………………………………………… 75

"虚拟现实引擎技术(Unity)"课程标准 ………………………………………… 82

"虚幻引擎技术(Unreal Engine)"课程标准 …………………………………… 93

"增强现实引擎技术"课程标准 …………………………………………………… 103

"贴图制作与编辑"课程标准 ……………………………………………………… 110

"三维动画规律与制作"课程标准 ………………………………………………… 118

"UI界面设计"课程标准 …………………………………………………………… 128

"虚拟现实场景制作技术"课程标准 ……………………………………………… 136

"计算机图形渲染"课程标准 ……………………………………………………… 145

"虚拟现实交互技术"课程标准 …………………………………………………… 154

"Web3D开发(Three.js/WebGL)"课程标准 …………………………………… 163

"虚拟现实项目策划与管理"课程标准 …………………………………………… 173

"虚拟现实综合项目开发"课程标准 …………………………………………… 181

"虚拟现实游戏开发"课程标准 ………………………………………………… 190

"全景制作与应用开发"课程标准 ……………………………………………… 199

"全景应用开发实训"课程标准 ………………………………………………… 206

"影视后期编辑"课程标准 ……………………………………………………… 213

"数字孪生应用开发"课程标准 ………………………………………………… 220

"数字人技术与应用"课程标准 ………………………………………………… 226

"AR/MR 应用开发"课程标准 ………………………………………………… 235

"XR 应用开发实践"课程标准 ………………………………………………… 243

参考文献 …………………………………………………………………………… 251

虚拟现实技术应用人才需求分析

一、概述

（一）背景与意义

随着中国经济从高速增长向高质量发展的转型，高等学校发展形势也发生了根本改变，从关注规模扩张转向强化内涵建设成为不可回避的时代命题。强化内涵建设是高等学校实现高质量发展的根本要求，是提高高等学校核心竞争力的基本路径，是新时代高等教育创新发展的必然选择。

产业结构与高等学校专业结构之间存在着相互依赖、相互促进、相互影响的"互联互通、双向促进"协调发展关系。产业转型升级是学校专业设置和优化的原动力，引导着高校专业结构可持续、健康发展。产业结构形态是学校专业设置的基础和前提，决定着高校专业设置的方向和专业结构。产业结构对学校专业设置和专业结构的影响又是一个持续变化和不断发展的过程，它随着时间、产业发展规模、发展速度的变化而变化。这就决定了学校专业设置必须以区域经济社会发展变化和产业结构调整为导向，以产业转型升级和经济社会发展对人才需求的变化为依据，主动适应产业需求和产业结构调整，动态调整和优化专业结构，努力使专业结构与区域产业结构相匹配。

利用大数据技术精准预测产业需求，结合产业需求科学调整学科布局和结构。产业结构决定就业结构，因为产业结构的变化必然要求产业人才结构与之相适应；就业结构又决定了高等教育的专业结构，因为各个领域所需的专门技术人才又是通过不同的"专业"培养来实现的。高校应该不断根据产业需求来提高自身人才培养的契合度，而大数据技术的发展能够有效推动并提升这种契合度。

互联网时代，各行业、企业通常以互联网为主要渠道发布其招聘信息与用人需求，这些规模巨大且及时更新的用人需求信息，客观反映了不同地域、不同产业行业对不同类型人才及其职业技能的需求，是人才供给侧学科专业建设、培养方案制订、教学内容规划以及教学组织与实施的重要参考与决策依据。然而，互联网用人需求信息通常以非结构化、半结构化的文本形式存在，散落于百亿级规模的页面中，如何充分利用这些互联网用人需求信息，有效支持供给侧人才培养与教学改革，从而实现供给侧人才培养与产业人才需求的精准对接，是应用型本科院校与职业技术院校面临的一个重要问题。

本章基于主流大数据、人工智能技术，利用数据刻画产业人才需求及其变化趋势。以利于构建数据驱动的人才培养服务体系，为供给侧人才培养与教学提供决策支持数据。

(二) 数据来源说明

本章涉及的原始数据种类包括：产业发展状态数据、产业侧人才需求大数据、高校同类专业开设学校数据。

产业发展状态数据，是从政府公开、互联网、行业协会、研究机构等渠道，广泛采集产业人才需求及状态数据，如政府政策指导文件、行业研究报告；产业侧人才需求大数据，是利用大数据技术从互联网采集真实存在的用人数据，然后通过大数据分析手段及人工智能技术对数据进行挖掘，再通过分类及统计方法刻画各维度的人才需求画像；高校同类专业（以大湾区为例）开设学校数据，是通过教育部公布的专业备案数据，获得开设专业的学院，再通过学校官网获得学校专业设置情况。

以上数据有机组合、叠加应用，为高校的人才培养提供决策支持服务。

(三) 方法与组织

本章旨在利用大数据和人工智能技术，将专业（群）设置与产业人才需求紧密结合，以适应产业需求和产业结构调整为目标，构建人才培养与产业人才需求对接模型，旨在将所挖掘的数据应用于人才培养决策支持和教育教学支撑全过程。

首先，利用现有成熟的大规模数据处理与存储技术，实现产业人才需求数据的汇总、采集、预处理与结构化存储；其次，基于文本挖掘、机器学习、知识图谱等主流人工智能方法，研究并建立多样化的数据挖掘、分析与数据呈现模型，从而实现对不同产业、行业人才技能需求的精准刻画；最后，进一步由具有教育学专业背景的报告分析人员进行关联分析，形成决策支持报告，支持用户的业务发展。

二、国内外产业发展基本状态分析

虚拟现实技术是一种综合技术，包括实时三维计算机图形技术，广角立体显示技术，对观察者头、眼和手的跟踪技术，以及触觉/力觉反馈、立体声、网络传输、语音输入/输出技术等。虚拟现实技术利用现实生活中的数据，通过计算机技术产生的电子信号，将其与各种输出设备结合使其转化为能够让人们感受到的现象，这些现象可以是现实中真实的物体，也可以是我们肉眼所看不到的物质，通过三维模型表现出来。

(一) 产业发展过程

虚拟现实/增强现实（VR/AR）的产业发展阶段如图1所示。

虚拟现实技术的发展总体上经历了准备阶段、早期发展阶段和应用相对成熟阶段三个阶段。

1. 虚拟现实技术的准备阶段

20世纪50年代到70年代处于准备阶段。20世纪60年代，美国科学家Jaron Lanier（杰伦·拉尼尔）创建了一个新的计算机技术，称为"虚拟现实"。这项技术旨在通过计算机生成一个三维的虚拟环境，使用户可以使用特殊的设备，如头戴式显示器和三维交互设备与这个虚拟空间进行交互和开展探索。

2. 虚拟现实技术的早期发展阶段

在虚拟现实技术出现的最初几十年中，其发展相对缓慢。然而，20世纪80年代，随着计

图 1　VR/AR 的产业发展阶段

数据来源：腾讯研究院。

算机技术的进步和成本的降低，虚拟现实技术开始得到更多的关注和应用。这个时期，虚拟现实技术走出实验室，开始在医学、教育、游戏等领域得到应用。

3. 虚拟现实技术的应用相对成熟阶段

20 世纪 80 年代末期到 21 世纪初，代表性研究由 MIT 媒体实验室等产出。其开发了融合计算机和听觉、视觉、广播与网络的一体化技术，之后虚拟可视环境头盔系统（VIVEDHMD）问世，至此虚拟现实技术系统开始逐渐被呈现出来。

在游戏行业中，虚拟现实技术使得游戏体验更加逼真，为其带来了全新的游戏方式。在医疗行业，虚拟现实技术被用于诊断和治疗各种疾病，提高了医疗效果。在教育行业，虚拟现实技术使得学习交互性更好、更加有趣，提高了学生的学习效果。得益于技术发展进步，以及获得成本的降低，虚拟现实下沉到场景的应用蓬勃发展。

（二）产业经济规模

自虚拟现实相关产业进入新的发展阶段以来，市场前景广阔，颇受资本青睐。全球虚拟现实相关产业规模呈快速发展态势，产品获取成本更加低廉，内容体验更好，同时交互手段也更加多样化。在强有力的资本支持与市场推广作用下，2017 年虚拟现实产业的市场规模达到 667.5 亿元，同比增长 120.8%。

2018 年后，虚拟现实相关产品逐渐暴露出一些发展瓶颈，行业内大量出现内容质量不高、体验性较差、变现困难等产品，让市场信心受到一定打击，这些问题导致虚拟现实产业在资本市场和产品市场均有不同程度的收缩。到 2018 年年底，虚拟现实相关产业市场规模为 1 116.3 亿元，行业增速较前两年有所放缓，自此进入市场成熟期。2020 年以来，在 5G 商用进程加速和新型冠状病毒感染疫情背景下，"非接触式"经济的新需求为虚拟现实产业发展带来了新的机遇。

IDC 数据显示，2021 年全球增强与虚拟现实市场总投资规模接近 146.7 亿美元，并有望在2026年增至747.3亿美元，五年复合增长率将达38.5%。预计到2023年年底，全球市场规模将超过4 500亿美元，年复合增长率保持30%以上。

我国虚拟现实相关产业起步较晚，在经历了2016年的火爆、2018年的遇冷期后，虚拟现实相关产业呈现稳步务实的特点。近年来，我国数字经济实现跨越式发展，数字经济政策框架逐步搭建，为虚拟现实等相关产业快速发展保驾护航。根据国家"十四五"规划和2035年远景目标纲要，"虚拟现实和增强现实"被列为数字经济重点产业。随着产业政策不断加码、资本不断投入、应用场景需求不断增长，以及5G、人工智能、云计算、大数据等技术不断突破，近年来我国虚拟现实相关产业持续高速发展。

2020年我国虚拟现实相关产业市场规模达到413.5亿元，同比增长46.2%，得益于技术驱动软硬件升级、行业应用场景拓展等因素，预计2023年年底将超过千亿元，约占全球虚拟现实市场规模四分之一份额（图2）。

图2 我国虚拟现实相关产业市场规模

数据来源：火石创造根据公开资料整理。

我国虚拟现实相关产业发展并不均衡。企业的分布情况比较符合目前技术发展趋势，虚拟现实技术相关产业属于高技术产业，优先集中在我国经济、文化最发达的地区。从空间分布看，全国VR50强企业中，有42%位于北京，16%位于上海，16%位于广东，这三个地区是虚拟现实TOP50中企业的主要聚集地（图3）。

从虚拟现实省域分布TOP10来看，广东虚拟现实企业5 771家，排名第一，其次是北京1 539家，陕西1 384家位列第三；此后依次为江苏、浙江、山东、上海，余下省域虚拟现实皆不足1 000家（图4）。

除此之外，地方也在抢抓虚拟现实产业的发展机遇，纷纷布局产业集群及聚集区。目前各地建立的虚拟现实相关产业基地、园区、精品项目众多，部分项目如表1所示。

表1 地方产业布局

地区	虚拟现实精品项目
北京	中关村虚拟现实产业园

续表

地区	虚拟现实精品项目
深圳	深圳市 VR 产业园
广州	影动力 VR 产业园
长沙	立典希城 VR 影视产业园区
成都	中国西部虚拟现实产业园
昆明	中关村电子城（昆明）虚拟现实科技产业园
福州	VR 智创中心
南昌	南昌虚拟现实（VR）产业基地、江西智能 5G＋VR 产业园、南昌小蓝 VR 产业基地
青岛	和达国际虚拟现实产业园、中国虚拟现实产业技术创新中心
嘉兴	嘉兴国际游戏 VR 产业园
晋中	山西虚拟现实产业基地
潍坊	潍坊虚拟现实科技园
盐城	斯当特虚拟现实产业基地
衡水	衡水虚拟现实小镇

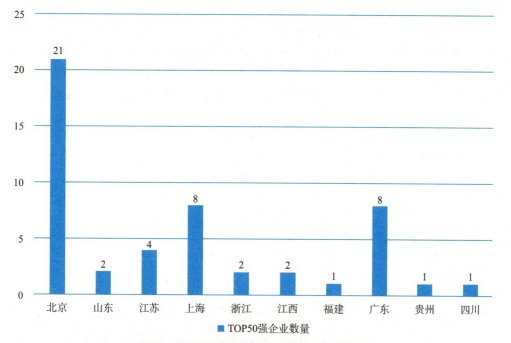

图 3　我国 VR/AR 产业链按省份分布 TOP50

数据来源：中国信通院数据研究院。

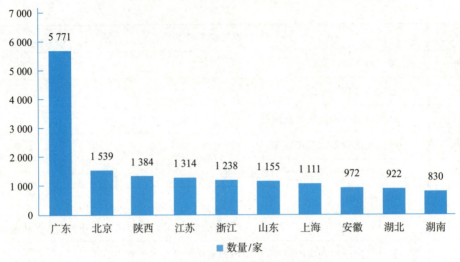

图 4　虚拟现实企业按省份分布 TOP10

数据来源：中国信通院数据研究院。

三、产业岗位群分析

在研究产业未来发展的岗位群分布时，尤其是诸如虚拟现实由国外传入进而在中国本土发展壮大的产业，充分分析和调研世界范围的岗位需求对人才需求的洞察有很大的必要性。

根据就业市场公开招聘信息的统计数据，虚拟现实行业的年均薪资因职位不同而有所差异。跟踪全球范围虚拟现实行业的岗位发现，虚拟现实内容创作师、三维模型设计师的年均薪资在该行业的岗位中处于较低的水平；用户体验设计师、游戏设计师、虚拟现实开发工程师的年均薪资在该行业的岗位中处于中等的水平；虚拟现实项目经理、虚拟现实硬件工程师、虚拟现实测试工程师、游戏开发工程师的年均薪资在该行业的岗位中处于较高的水平。而且除了游戏开发工程师外，在虚拟现实行业中各个岗位的年均薪资的浮动范围在 40 000～65 000 美元，具体如表 2 所示。

表 2　全球虚拟现实产业的主要岗位及薪资水平

岗位名称	岗位职责	薪资水平/（美元/年）
虚拟现实开发工程师（virtual reality developer）	负责设计和开发虚拟现实应用程序和软件	75 000～130 000
三维模型设计师（3D model designer）	使用专业的建模软件创建虚拟现实环境中的物体、场景和角色模型	60 000～100 000
用户体验设计师（user experience designer）	设计虚拟现实应用程序的用户界面和用户体验，以确保用户能够直观地操作并与虚拟环境进行互动	65 000～120 000
游戏设计师（game designer）	设计和开发适用于虚拟现实平台的游戏概念、关卡设计、交互体验等	70 000～120 000

续表

岗位名称	岗位职责	薪资水平/(美元/年)
虚拟现实内容创作师(virtual reality content creator)	负责创作虚拟现实中的内容,如交互式故事、虚拟演出、虚拟旅游等	50 000~90 000
虚拟现实项目经理(virtual reality project manager)	协调和管理虚拟现实项目的开发和实施,确保项目按计划完成并达到预期目标	80 000~150 000
游戏开发工程师(game developer)	负责客户端架构设计、模块划分、编辑器规划;引擎维护与人员分工/游戏客户端与公司技术平台的整合;协调与服务器端、策划、美术和公司其他技术支持部门之间的关系;对客户端质量负全责	80 000~180 000
虚拟现实测试工程师(virtual reality test engineer)	负责测试虚拟现实应用程序和设备,以确保其稳定性、性能和用户体验	80 000~150 000
虚拟现实硬件工程师(virtual reality hardware engineer)	负责设计、开发和维护虚拟现实设备的硬件部分,例如头盔、手柄和传感器等	80 000~140 000

就虚拟现实产业而言,由于其发展阶段还称不上成熟,且国内的技术发展还处在跟随和应用阶段,产业所需要的工作岗位以虚拟现实技术应用为主。将全球岗位分布映射到经济发达的区域,会发现需求最多的同样为虚拟现实开发工程师、虚拟现实技术专家(系统架构及高级开发)、虚拟现实技术顾问、虚拟现实项目经理。而对于投资分析、数据科学家等这些岗位在国内市场上还相对稀缺,且非虚拟现实专业专属岗位,不作为虚拟现实专业的培养重点方向。国内外虚拟现实产业热门岗位对比情况如表3所示。

表3 国内外虚拟现实产业热门岗位对比

岗位类别	国外热门岗位	国内热门岗位	备注
设计岗	三维模型设计师(3D model designer)	3D模型师	
	用户体验设计师(user experience designer)	用户体验设计师	非虚拟现实技术应用专业专属岗位
开发岗	虚拟现实开发工程师	虚拟现实应用开发工程师	
	游戏开发工程师(game developer)	游戏开发工程师	
	虚拟现实硬件工程师(virtual reality hardware engineer)	虚拟现实设备工程师	非虚拟现实技术应用专业专属岗位
	虚拟现实项目经理(virtual reality project manager)	项目经理	大部分由开发工程师成长
测试岗	虚拟现实测试工程师(virtual reality test engineer)	软件测试工程师	非虚拟现实技术应用专业专属岗位
内容创作	虚拟现实内容创作师(virtual reality content creator)	3D动画师	

就以上热门岗位而言,虚拟现实测试工程师、硬件工程师、用户体验设计师专业不限,并非虚拟现实专业的专属岗位。虚拟现实项目经理大部分由开发工程师成长而来,因此可作为进阶岗位看待。因此,与虚拟现实专业密切相关的岗位主要为虚拟现实开发工程师、游戏开发工程师、3D 模型师、3D 动画师(图 5)。

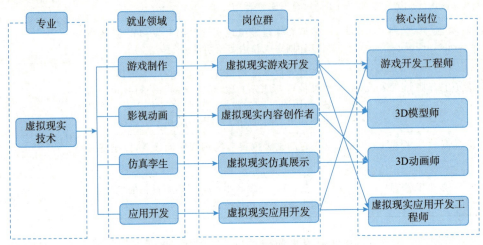

图 5　虚拟现实技术使用领域及岗位

四、人才需求状态分析

(一)专业面向的岗位群

根据以上分析,本章重点研究和刻画国内核心岗位的人才需求画像。根据大数据计算,核心岗位的基本分布情况如表 4 所示。

表 4　核心岗位名称及学历分布情况

核心岗位名称	用人规模排名	学历组成
虚拟现实应用开发工程师	1	本科:58.96%,高职(专科):33.33%,其他:5.98%,研究生(工程教育):1.73%
3D 动画师	2	高职(专科):58.68%,本科:28.1%,其他:13.22%
游戏开发工程师	3	本科:44.66%,高职(专科):43.69%,其他:10.67%,研究生(工程教育):0.98%
3D 模型师	4	高职(专科):60.71%,本科:22.62%,其他:16.67%

(二)产业人才需求综合分析

1. 岗位群重点岗位需求规模

通过监测公开的招聘信息数据,针对虚拟现实相关岗位群需求信息统计整理可以发现,针对虚拟现实应用开发类岗位需求占比最高,达到 57.12%,其次是 3D 动画制作岗位,占比 17.18%,同时游戏开发和 3D 模型制作岗位的需求数量占比分别为 14.09% 和 11.61%,具体数据如图 6 所示。

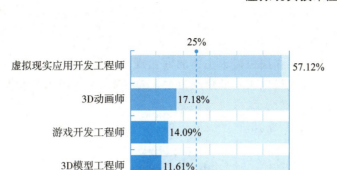

图 6　虚拟现实相关工作岗位需求分布

2. 岗位群平均薪资状态

根据岗位需求和薪资数据监测结果可以看出,虚拟现实相关工作岗位的薪资分布比较均衡,其中虚拟现实应用开发工程师和游戏开发工程师相关岗位的平均月薪均超过 12 000 元,3D 模型工程师和 3D 动画师的平均月薪大约 11 000 元,相差不大,具体数据如图 7 所示。

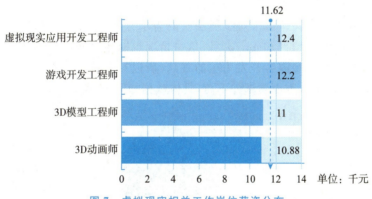

图 7　虚拟现实相关工作岗位薪资分布

3. 岗位群单位性质类型分布

根据虚拟现实相关工作岗位需求主体的监测结果可以看到,虚拟现实相关工作岗位所在的单位性质类型主要集中在民营实体,占比超过 72%,对比发现其他一些类型的实体(如国企、股份制企业等)需求占比均不超过 5%,具体数据如图 8 所示。

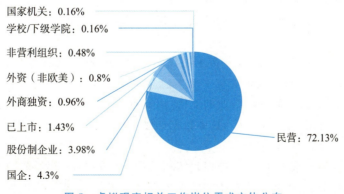

图 8　虚拟现实相关工作岗位需求主体分布

4. 岗位群单位规模类型分布

根据虚拟现实相关工作岗位需求主体的商业规模数据监测结果可以看出，虚拟现实相关工作岗位所在的实体规模以中小型企业为主。500人以下规模的企业提供了超过80%的工作岗位，具体数据如图9所示。

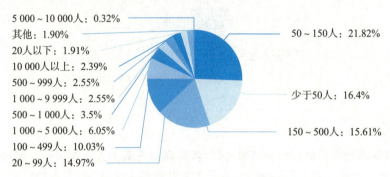

图9　虚拟现实相关工作岗位群单位人员规模分布

5. 岗位群学历层次需求分布

在虚拟现实相关工作岗位需求对学历层次的需求方面，本科学历和高职（专科）学历的需求占比较大，分别为46.81%和42.73%。这一情况也对应了我国目前在虚拟现实相关产业中主要集中在应用领域和内容开发为主的现状，所以对岗位技能的要求也主要体现为实现型技能为主，在学历层次方面要求并不高，具体数据如图10所示。

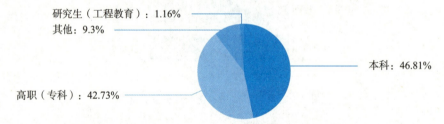

图10　虚拟现实相关工作岗位群学历层次需求分布

6. 岗位群适用专业需求分布

同时监测的虚拟现实相关工作岗位对岗位人才所学专业的需求数据也与虚拟现实技术及其应用领域的相关性保持一致，主要分布于计算机和美术相关专业，其中计算机和软件相关专业需求共计占比接近40%，美术相关专业占约8.73%（图11）。

7. 岗位群城市需求规模分布

虚拟现实相关工作岗位的地域分布主要集中在北上广深一线城市和成都、杭州等信息技术相对发达的地区，这与虚拟现实技术对信息技术的依赖关系相关。虚拟现实相关企业的配套技术需要5G、芯片、软件等行业的支持，而具有这些产业基础的区域在虚拟现实领域的发展也相对较快，岗位需求也较多，具体数据如图12所示。

8. 岗位群工作年限需求分布

在对工作经验的需求方面，由于虚拟现实相关产业目前仍处于发展初期，大量从业人员的行业经历都不是很长，用人单位对招聘的需求相对务实，对5年以内虚拟现实相关行业的

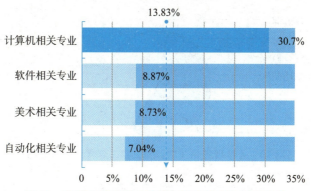

图 11　虚拟现实相关工作岗位群适用专业需求分布

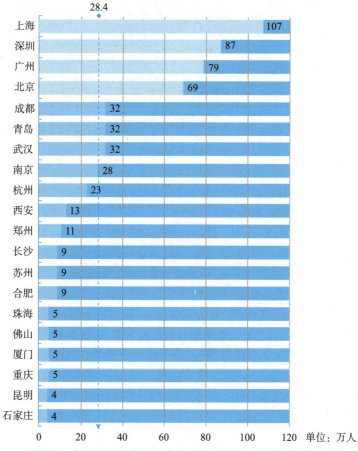

图 12　虚拟现实相关工作岗位群城市对人才需求规模分布

任职经历认可度普遍较高,总计达到80%以上。同时也表明虚拟现实相关产业是典型的"朝阳"产业(图13)。

9. 用人单位示例

本章对虚拟现实相关产业的人才需求分析是建立在公开的招聘信息数据基础上的,通过采集公开渠道的岗位需求,经过去重、过滤、分类和量化而来。本节列出部分采集数据供读者参考,如表5所示。

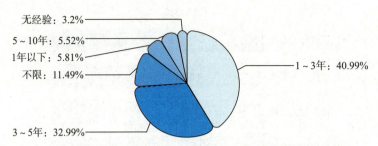

图 13 虚拟现实相关工作岗位群工作年限需求分布

表 5 部分岗位需求数据

序号	用人单位名称	所在城市	招聘职位	岗位招聘人数/人	薪资区间(最低~最高)/人民币千元
1	青岛北方互联信息技术有限公司	青岛	VR/AR 虚拟现实开发工程师、VR/AR 开发工程师(周末双休)、VR/AR 开发工程师(实习生)	13	4.0~8.0
2	青岛快时代传媒科技有限公司	青岛	VR 工程师、Unity 3D 开发工程师、AR/VR 游戏开发工程师、VR/AR 开发工程师	7	4.5~8.0
3	北京欣如信科技有限公司	大连、哈尔滨、成都、郑州	VR 虚拟现实实习生	6	4.0~8.0
4	紫龙游戏	上海	资深 3D 动画设计师(欧美奇幻卡通)、3D 动画(日系)设计师、3D 动画设计师、3D 动画(机甲写实)设计师	5	15.0~30.0
5	深圳市腾讯计算机系统有限公司	上海	资深游戏美术 3D 动画设计师、风格化现代战争 3D 动画设计师、《王者荣耀》高级游戏美术 3D 动画设计师	4	10~15
6	上海姚际信息科技有限公司	上海	3D 模型师	4	8.0~25.0
7	体知(上海)信息技术有限公司	上海	高级软件工程师、后台开发工程师、后台架构工程师、3D 模型师、3D 设计师、开发运维工程师	4	8.0~30.0
8	成都荣讯达电子科技有限公司	成都	计算机游戏开发助理	3	4.5~6.0
9	中科星图科技(南京)有限公司	南京	C++开发工程师、C++游戏开发工程师、VR 开发工程师	3	13.0~20.0

续表

序号	用人单位名称	所在城市	招聘职位	岗位招聘人数/人	薪资区间（最低～最高）/人民币千元
10	广州易博网络信息有限公司	重庆、武汉、广州	Unity 3D 游戏开发工程师	3	16.0～20.0
11	武汉市楚天中创数字科技有限公司	武汉	3D 动画高级制作师、3D 动画中级制作师、3D 动画初级制作师	3	5.5～10.0
12	深圳国泰安教育技术有限公司	深圳	Unity 3D 开发工程师、3D 模型师（实习生）、3D 模型师	3	3.0～25.0
13	深圳丝路数字视觉股份有限公司	深圳	Unity 3D 开发工程师、AR/VR 交互开发工程师、游戏 3D 模型师	3	10.0～25.0
14	北京金恒博远科技股份有限公司	北京	Unity 3D 高级程序员、3D 模型师	3	6.0～30.0
15	深圳市九象数字科技有限公司	深圳	Unity 3D 开发工程师	3	8.0～16.0
16	上海上业信息科技股份有限公司	上海	Unity 开发工程师	3	8.0～15.0
17	福建亿安智能技术股份有限公司	漳州	Unity 3D 开发工程师	3	10.0～15.0
18	深圳市瑞立视多媒体科技有限公司	深圳	VR 开发工程师、行业销售经理、总监	3	8.0～18.0
19	南京翱翔信息物理融合创新研究院有限公司	南京	开发工程师、C/C++开发工程师、Unity 3D 应用工程师	3	5.0～20.0
20	北京水晶石数字科技股份有限公司	北京	Unity 3D 引擎开发工程师	3	10.0～20.0
21	威海歌尔创客学院有限公司	威海	虚拟现实与数字内容高级关卡美术、Unreal Engine 开发工程师	3	4.0～15.0
22	南京药育智能科技有限公司	南京	Unity 3D 软件工程师	3	6.0～15.0
23	北京众友联拓科技有限公司	上海、北京	Unity 3D 工程师	3	5.0～20.0
24	上海孪数科技有限公司	上海	视频软件开发工程师、云渲染产品开发工程师、WebRTC 云渲染产品开发工程师	3	20.0～25.0

续表

序号	用人单位名称	所在城市	招聘职位	岗位招聘人数/人	薪资区间（最低～最高）/人民币千元
25	上海数展文化创意有限公司	上海	Unity 3D 开发工程师	2	7.0～15.0
26	上海庞矿利电子科技有限公司	上海	Unity 3D 游戏开发工程师	2	10.0～20.0
27	宁波迷之游戏有限公司	宁波	游戏 3D 模型师、游戏开发工程师	2	8.0～20.0
28	广州纷享科技发展有限公司	广州	高级 Unity 3D 游戏开发工程师	2	10.0～15.0
29	深圳市八斗才数据有限公司	北京	Unity 3D 游戏开发工程师、游戏开发工程师（北京）	2	10.0～15.0
30	上海烛龙信息科技有限公司	上海	资深游戏开发工程师（单机项目）、游戏开发工程师（图形引擎、物理引擎）	2	10.0～20.0
31	成都力比科技有限公司	成都	初级 Unity 游戏开发工程师、Unity 3D 游戏开发工程师	2	7.0～14.0
32	深圳市前海环娱网络科技有限公司	深圳	Unity 3D 游戏开发工程师（中/高级）	2	15.0～25.0
33	广州深海软件股份有限公司	广州	Unity 3D 小游戏开发工程师	2	12.0～18.0
34	福建网龙计算机网络信息技术有限公司	福州	游戏开发程序员（Unity 3D）、（校招）游戏开发程序员（C++/C#）	2	10～18.0
35	杭州营拓网络科技有限公司	杭州	VR 虚拟现实/Unity 3D 游戏开发师助理	2	7.5～14.8
36	湖南朵儿创艺文化传播有限公司	长沙	2D/3D 动画实习生、3D 动画特效师	2	4.0～8.0
37	三七互娱	广州	高级 3D 动画设计师、中级 3D 动画设计师	2	12.0～25.0
38	广州市道桥科技有限公司	广州	3D 动画渲染师	2	4.0～12.0
39	完美世界（上海）/完美时空	上海	资深 3D 动画专家、资深 3D 动画师	2	25.0～30.0
40	米粒影业	上海	3D 动画技术指导、AR/VR 开发工程师	2	8.0～20.0

续表

序号	用人单位名称	所在城市	招聘职位	岗位招聘人数/人	薪资区间（最低~最高）/人民币千元
41	广州市乐淘动漫设计有限公司	广州	3D动画师	2	3.0~7.0
42	安徽阳光心健科技发展有限公司	合肥	Unity 3D/VR/虚拟现实应用开发工程师、三维动画/3D动画/Maya动画设计师	2	4.0~13.0
43	广州华态信息科技有限公司	广州	Unreal Engine 4 开发工程师、游戏3D模型师	2	5.0~20.0
44	深圳市华图测控系统有限公司	深圳	3D模型师/建模师、Unity 3D开发工程师	2	6.0~15.0
45	湖南潭州教育网络科技有限公司广州分公司	广州	3D模型讲师	2	4.0~8.0
46	上海易宝软件有限公司深圳分公司	深圳	C++开发工程师、高级3D模型师	2	15.0~30.0

（三）区域岗位群共性分析

1. 区域岗位群共性需求（总览）

1）知识技能共性需求

在虚拟现实相关行业的人才需求画像中（图14），知识性需求比较高的三个方面分别是Unity 3D引擎开发、Unity 3D软件平台和3D渲染领域的知识，分别占比45.66%、30.06%和12.21%，此项数据可以为虚拟现实相关专业人才培养体系和课程安排提供重要依据。

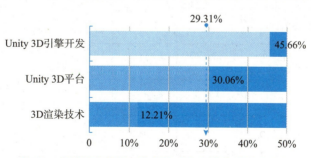

图14 虚拟现实相关工作岗位对知识技能的需求分布

2）综合素质共性需求

在综合素质方面（图15），团队合作精神、沟通协调能力、学习能力位列综合素质需求的前三，充分说明当前虚拟现实相关需求通常涉及多个工作岗位。团队合作完成，既包括美术类制作需求，也包括软件类、数据库类、网络类、硬件平台类任务需求。面向虚拟现实相关产业的人才培养也需要在培养方案和学生能力成长规划中合理布局，在保证学生具有充足的行业知识基础上，着重训练学生的团队协作能力。

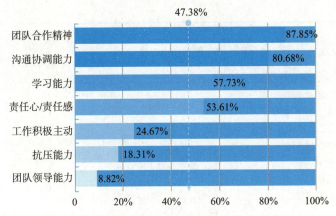

图15 虚拟现实相关工作岗位对综合素质的需求

2. 区域岗位群共性需求（明细）

通过整理虚拟现实相关行业岗位需求数据，表6中列出了虚拟现实相关专业人才培养的知识技能需求和综合素养需求。

表6 岗位群共性明细需求

需求类别	具体需求	普遍性排序	普遍性占比	程度要求及占比
知识技能	Unity 3D 引擎开发	1	44.53%	熟悉：41.98%，熟练：23.46%，精通：14.81%，能够：7.41%
	Unity 3D 软件平台	2	37.24%	熟练：33.85%，熟悉：27.69%，掌握：15.38%，能够：6.15%
	3D 渲染技术	3	14.83%	熟悉：20.00%，精通：15.00%，掌握：15.00%，熟练：15.00%，深入的理解：15.00%，能够：15.00%，了解：5.00%
	C 语言	4	14.58%	熟悉：23.08%，掌握：19.23%，熟练：19.23%，能够：7.69%
综合素养	团队合作精神	1	97.83%	良好：45.27%，较强：18.91%，具备：15.42%，较好的：5.47%
	沟通协调能力	2	75.91%	良好：40.48%，具备：30.95%，优秀：9.52%，较强：8.73%，较好的：5.56%
	学习能力	3	61.73%	具备：35.78%，较强：29.36%，良好：22.94%，强烈：8.26%
	责任心/责任感	4	56.45%	具备：57.47%，较强：16.09%，良好：8.05%，强烈：6.90%
	工作积极主动	5	28.14%	具备：71.79%，较强：12.82%，良好：10.26%，较好的：5.13%
	抗压能力	6	26.74%	具备：50.00%，较强：18.42%，富有：15.79%，善于：7.89%，良好：5.26%
	语言表达能力	7	15.31%	良好：67.86%，具备：28.57%
	分析判断能力	8	10.22%	具备：50.00%，良好：33.33%，较强：11.11%，优秀：5.56%
	执行能力	9	10.0%	较强：71.43%，具备：28.57%

五、人才供需分析(以大湾区为例)

(一)专业举办情况

截至2023年9月,职业院校虚拟现实相关专业主要有虚拟现实技术应用(高职、专科),广东省内开设虚拟现实技术应用(510208)专业的学校共12所。

(二)专业规模分布

广东省职业院校虚拟现实技术应用专业规模及分布情况如表7所示。

表7 广东省职业院校虚拟现实技术专业规模及分布情况

学校名称	城市	专业名称	学历	学制/年	2022年招生规模/人	备注
深圳职业技术大学	深圳	虚拟现实技术应用	高职(专科)	3	120	在办
广东邮电职业技术学院	广州	虚拟现实技术应用	高职(专科)	3	75	在办
广东工程职业技术学院	清远	虚拟现实技术应用	高职(专科)	3	100	在办
深圳信息职业技术学院	深圳	虚拟现实技术应用	高职(专科)	3	104	在办
广东工贸职业技术学院	广州	虚拟现实技术应用	高职(专科)	3	105	在办
广东省外语艺术职业学院	广州	虚拟现实技术应用	高职(专科)	3	30	在办
广州现代信息工程职业技术学院	广州	虚拟现实技术应用	高职(专科)	3	30	在办
广东理工职业学院	广州	虚拟现实技术应用	高职(专科)	3	30	在办
广州华南商贸职业学院	广州	虚拟现实技术应用	高职(专科)	3	73	在办
广州铁路职业技术学院	广州	虚拟现实技术应用	高职(专科)	3	—	2023年新增,未正式招生
东莞职业技术学院	东莞	虚拟现实技术应用	高职(专科)	3	75	在办
广东农工商职业技术学院	广州	虚拟现实技术应用	高职(专科)	3	90	在办

(三)专业培养目标设计

本节内容整理了广东省部分职业院校虚拟现实技术应用专业能力培养目标,供读者参考。具体内容如表8所示。

表8 广东省部分职业院校虚拟现实技术应用专业能力培养目标汇总

学校名称	专业名称	能力培养目标设计
深圳职业技术大学	虚拟现实技术应用	本专业围绕虚拟现实、元宇宙等新一代信息技术产业发展需求,培养掌握虚拟现实(VR)、增强现实(AR)相关理论知识,具有VR/AR项目开发和系统集成能力,包括3D模型制作、3D动画制作、3D场景制作、交互软件开发、软硬件平台搭建、系统调试运维等能力,培养从事VR/AR相关项目设计、开发、调试、运维等工作的高素质技能型人才

续表

学校名称	专业名称	能力培养目标设计
广东邮电职业技术学院	虚拟现实技术应用	本专业培养德、智、体、美全面发展,具有良好职业道德和人文素养,掌握虚拟现实、增强现实技术相关专业理论知识,具备虚拟现实、增强现实项目交互功能设计与开发、三维模型与动画制作、软硬件平台设备搭建和调试等能力,从事虚拟现实、增强现实项目设计、开发、调试等工作的高素质技术技能人才
广东工程职业技术学院	虚拟现实技术应用	本专业培养理想信念坚定,德、智、体、美、劳全面发展,具有一定的科学文化水平,良好的人文素养、职业道德和创新意识,精益求精的工匠精神,较强的就业能力和可持续发展的能力;掌握虚拟现实、增强现实技术相关专业理论知识,具备虚拟现实技术应用、增强现实应用与开发、三维模型与动画制作、VR全景素材制作、VR设备安装配置与维护等专业技术技能,有一定专业拓展和创新能力,良好职业道德和团队精神的高素质技术技能人才
深圳信息职业技术学院	虚拟现实技术应用	本专业培养德、智、体、美、劳全面发展,掌握扎实的科学文化基础和虚拟现实与增强现实引擎、三维建模与动画、界面交互及软硬件系统搭建知识,具备虚拟现实与增强现实引擎应用、建模和动画、界面交互、软硬件系统搭建能力,具有工匠精神和信息素养,能够从事虚拟现实及增强现实项目的设计、制作、调试等工作的高素质技术技能人才
广东工贸职业技术学院	虚拟现实技术应用	本专业培养目标是培养可从事虚拟现实设计师、Unity 3D互动开发工程师、虚拟现实游戏设计师、展示设计师、虚拟现实设计师、UI设计师、次世代建模师、影视后期制作师、美术编辑、图形设计软件认证师等岗位的高技能人才
广东省外语艺术职业学院	虚拟现实技术应用	本专业面向数字内容服务业的虚拟现实开发、服务人员职业群,培养能够从事VR数字媒体资源设计、VR程序开发、VR集成系统配置等虚拟现实技术应用开发工作,职业素质高、就业能力强、发展潜力大的高素质技术技能人才
广州现代信息工程职业技术学院	虚拟现实技术应用	本专业培养掌握虚拟现实、增强现实技术相关专业理论知识,具备虚拟现实、增强现实项目交互功能设计与开发、三维模型与动画制作、软硬件平台设备搭建和调试等能力,从事虚拟现实、增强现实项目设计、开发、调试及应用等工作的高素质技术技能人才
广东理工职业学院	虚拟现实技术应用	本专业培养掌握虚拟现实、增强现实技术相关专业理论知识,具备虚拟现实、增强现实项目交互功能设计与开发、三维模型与动画制作、软硬件平台设备搭建和调试等能力
广州华南商贸职业学院	虚拟现实技术应用	本专业培养有觉悟、讲责任,德技兼修,德、智、体、美、劳全面发展,适应区域经济社会发展和产业发展需要,面向游戏、影视、军工、医疗、旅游、教育等虚拟现实应用领域,掌握VR制作的基本理论,具有较强的三维动画制作、全景拍摄与制作、交互性程序开发等知识和技术技能,具有良好公民素质、人文科技素质且身心健康、人格健全的高素质技术技能人才
广州铁路职业技术学院	虚拟现实技术应用	本专业旨在培养培养德、智、体、美、劳全面发展,具有良好职业素养,具有一定的美术基础和良好的审美能力,具有良好的设计创意思维,具备自主学习与适应市场变化的能力,掌握虚拟现实设计与制作专业知识,能熟练操作虚拟现实相关设计制作软件,掌握虚拟现实交互应用技术,具备较强虚拟现实资源设计与制作和交互开发技能,能够从事虚拟现实行业设计制作、经营、项目管理等岗位的高端技能型人才

续表

学校名称	专业名称	能力培养目标设计
东莞职业技术学院	虚拟现实技术应用	本专业要求学生掌握虚拟现实技术相关专业理论知识，具有虚拟现实技术相关项目的软件开发和系统集成能力，包括虚拟现实领域的高级三维模型制作、三维动画制作、虚拟现实场景制作、交互功能开发、虚拟现实软硬件平台搭建和调试等能力。培养从事虚拟现实技术项目设计、开发、调试等岗位的德、智、体、美、劳全面发展的高素质技术技能人才
广东农工商职业技术学院	虚拟现实技术应用	本专业培养理想信念坚定，德、智、体、美、劳全面发展，具有一定的科学文化水平，良好的人文素养、职业道德和创新意识，精益求精的工匠精神、较强的就业能力和可持续发展的能力，掌握虚拟现实、增强现实技术相关专业理论知识，具备虚拟现实技术应用、增强现实应用与开发、三维模型与动画制作、VR全景素材制作、VR设备安装配置与维护等专业技术技能，具备认知能力、合作能力、创新能力、职业能力等支撑终身发展、适应时代要求的关键能力，具有较强的就业创业能力，面向虚拟现实行业领域，能够从事虚拟现实产品策划、增强现实项目设计、虚拟现实交互设计、虚拟现实系统开发、虚拟现实系统调试等工作的高素质技术技能人才

六、结论

（一）虚拟现实终端市场开启产业爆发式增长新空间

当前，虚拟现实领域的投融资市场表现强劲，预计2026年，我国虚拟现实产业规模将超3 500亿元（图16），虚拟现实对国民经济的赋能作用逐步释放，将带动万亿级市场。同时，虚拟现实在传感、交互、建模、呈现等领域技术的不断成熟，也势必进一步推动虚拟现实终端市场规模的进一步扩大。

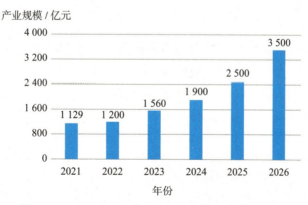

图16　2021—2026年我国虚拟现实产业规模及预测

数据来源：腾讯研究院。

（二）虚拟现实从拉动新型消费已逐步转向行业赋能

在大众消费领域，虚拟现实在VR触觉背心、力反馈手套、头戴显示设备、VR全向跑步机、VR全景相机、体感互动设备、汽车抬头显示等方面的消费状态得到了快速拉动，2022年全球 VR 全景相机市场规模约 42 亿元、全球汽车抬头显示器市场规模约 400 亿元。强劲的消费状态,已促使虚拟现实广泛应用于各行各业,尤其在融合媒体、工业生产、教育培训、文化旅游、商贸创意、体育健康、安全应急、演艺娱乐、智慧城市、残障辅助等十大行业领域更为凸显,展现了强大的行业赋能态势。市场空间状态预测如表 9 所示。

表 9 市场空间状态预测

行业领域	赋能方向	市场空间预测
融合媒体	国外重度游戏领先,国内发力轻度内容	预计中国 2026 年 773 亿元,2022—2026 年 CAGR 41%
工业生产	虚拟现实加速工业企业数字化、智能化转型,降本增效	预计中国 2026 年 613 亿元,2022—2026 年 CAGR 80%
教育培训	中小学/职业/高等教育快速落地,海外目前普适性更高	预计中国 2026 年 242 亿元,2022—2026 年 CAGR 62%
文化旅游	海外主题乐园应用推广,国内虚拟现实赋能传统文旅资源	预计中国 2026 年 263 亿元,2022—2026 年 CAGR 63%
商贸创意	虚拟购物/虚拟展示中外差距较小,Meta/微软等海外大厂引领虚拟现实办公	预计中国 2026 年 110 亿元,2022—2026 年 CAGR 38%
体育健康	国内新一代 Pancake VR 加速健身应用渗透,健康领域应用探索中	预计中国 2026 年 174 亿元,2022—2026 年 CAGR 44%
安全应急	模拟训练沉浸式虚拟演练,实操层面海外布局更深	预计中国 2026 年 118 亿元,2022—2026 年 CAGR 46%
演艺娱乐	线下娱乐演出提升数字化体验,搭建常态化虚拟现实线上演出	预计中国 2026 年 78 亿元,2022—2026 年 CAGR 36%
智慧城市	政策引领下快速发展,韩国或为国内发展路径提供指引	预计中国 2026 年 131 亿元,2022—2026 年 CAGR 51%
残障辅助	残障辅助应用目前集中于视听障碍辅助及运动康复,海外起步较早	预计中国 2026 年 104 亿元,2022—2026 年 CAGR 52%

(三) 虚拟现实+教育培训在职业教育的应用市场前景广阔

根据工业和信息化部、教育部等五部门联合印发的《虚拟现实与行业应用融合发展行动计划(2022—2026 年)》,虚拟现实+教育培训在职业教育的应用是指在职业院校建设一批虚拟现实课堂、教研室、实验室与虚拟仿真实训基地,面向实验性与联想性教学内容,开发一批基于教学大纲的虚拟现实数字课程,强化学员与各类虚拟物品、复杂现象与抽象概念的互动实操,推动教学模式向自主体验升级,打造支持自主探究、协作学习的沉浸式新课堂。

国内方面,据《职业教育提质培优行动计划(2020—2023 年)》要求,未来将遴选 100 个左右示范性虚拟仿真实训基地。国外方面,动手能力要求较强的专业如电气、机械、临床医学等,实训需求较大的专业如供应链管理、金融投资、计算机编程等在虚拟仿真实验室均有布局。因此,虚拟现实+教育培训要服务国家重大战略,推进"虚拟仿真实验教学 2.0",支持建设一批虚拟仿真实验实训重点项目,解决"三高三难"(高投入、高损耗、高风险及难实施、难观摩、难再现)等实训问题,加快培养紧缺人才。

(四)虚拟现实产教融合不断深入推动专业人才的培养

近年来,国内包括南昌、青岛、北京、深圳、杭州等多地政府,纷纷建设虚拟现实产业基地或产业园,各地虚拟现实产业集群、产业基地逐渐成型,这给专业人才的培养供给提出了更加多元的需求。结合各地的产业分布和发展情况,虚拟现实相关产业发展逐渐表现出比较鲜明的地域特色,具体内涵如图17所示,在人才聚集优势突出的国内一线城市,主要聚焦于虚拟现实相关技术研发,并逐渐发展为虚拟现实技术的研发中心和创新中心。

图 17 虚拟现实将遵循高科技产业发展特点

数据来源:腾讯研究院。

江西省有超过30所院校开设了VR相关学科和VR专业方向。2020年,南昌市虚拟现实及相关企业250余家,营业收入约220亿元,招引了HTC、科大讯飞、上海影创等全国VR50强企业,招引华为南昌研究所、北航江西研究院、北理工南昌VR研究院等行业顶级创新平台10个。江西泰豪动漫职业学院和江西科技师范大学两所院校的VR专业学生达数千人,其中近六成学生正成为本地VR产业发展人才的储备力量。华为南昌研究所、VR科创城等创新平台也不断发挥聚集人才的作用。南昌红谷滩区成立了全省首家VR产业院士工作站,打造了VR产业技术创新平台17个,VR产业公共服务平台16个,聚集了包括周立伟、赵沁平、金国藩、庄松林四位院士在内的3 000余名专家及专业人才。2020年10月,HTC威爱联合南昌大学、江西理工大学等13个单位共同发起成立江西省虚拟现实教育联盟,推动江西省虚拟现实教育产业的繁荣发展。

青岛市以崂山区为中心,积极打造"中国虚拟现实产业之都"。2017年1月,崂山区获科技部批复建设全国首个虚拟现实高新技术化基地,探索实践"人才+技术+产业+资本+服务"的招才引智"千山"模式,助力人才项目从单一引进向"科产才"交互转变、深度融合。围绕虚拟现实产业发展,引进北京航空航天大学青岛研究院、北京师范大学青岛虚拟现实工程研究院等10个高端研究院,设立虚拟现实技术与系统国家重点实验室青岛分室,获批全国首个虚拟现实高新技术产业化基地。

北京依托全国科技创新中心优势,在虚拟现实领域具有较强的技术积累。清华大学、北京大学、北京理工大学、北京航天大学、北京师范大学以及中科院自动化所等多家高校和研究机构在虚拟现实领域开展了研究,多位专家学者在全球具有较高影响力。截至2021年9月,北京市虚拟现实专利申请数量达4 271项,拥有京东方、耐德佳、爱奇艺VR、中国动漫集团等一批优秀企业和核心人才。

深圳虚拟现实产业联合会联合深圳升大教育科技有限公司(以下简称升大教育)与河南

农业大学机电工程学院开展协作,旨在建立虚拟现实教育示范基地、共建VR教学创新示范实验室、打造虚拟现实教育改革样板高校等VR教改项目的合作。河南农业大学机电工程学院可以为深圳市虚拟现实产业联合会和升大教育提供农业工程等相关学科的专业知识,推动VR在具体行业的落地应用,同时,河南农业大学学生可以在深圳虚拟现实产业联合会和升大教育的协助下,创建VR创客实验室和VR体验中心,推动VR教学应用。

浙江已形成以浙江大学、浙江理工大学、浙江工商大学等高校实验室,北京航空航天大学VR/AR创新研究院等研究机构以及5G+AR+AI联合创新实验室、浙江虚拟现实文旅实验室等重点企业联合实验室为核心的多层次技术研发创新平台体系。同时,浙江拥有浙江大学、之江实验室、阿里巴巴达摩院等高级研发机构和高层次研发人才,为虚拟现实产业提供基础性、智能化支撑。

(五)虚拟现实人才供给要着眼于培养体系的不断完善

数字化转型需要强大的技术底座支撑,数字技术更新迭代较快、专业性较强,对人力资本的需求不单单只考虑"量",更多地开始向"质"转变,需要具有专业性、复合性和实用性水平的人才。同时由于数字化转型涉及范围较广,所以一定程度上还要求相关人员具备全局视角、战略思维、深度分析能力以及敏锐的市场洞察力,由此导致数字人才特别是高端数字人才供应不足。

自2018年以来,虚拟现实产业的发展明显在提速。虚拟现实产业具有丰富的应用场景和发展前景,找准职业面向定位,开设虚拟现实相关专业对于产业经济的发展具有重要的贡献。当前,产业人才需求的规模远大于人才供给的规模,同时,由于产业业务模式处在探索期,技术创新也在快速发展,培养学生基本专业知识和职业素养,培养较好的英语能力,增强学生对前沿技术的研究方法和学习能力较为重要。

而且,在毕业生就业前景良好的同时,供给数量整体不足的情况下,也明显存在供给结构性的短缺(前述数据显示,虚拟现实专业硕士及以上的需求相对较小,本科和高职(专科)层次的需求是最核心的需求,均在40%以上。而且,基于产业状态,本科生的需求略高于高职(专科)生的需求),因此,建立覆盖中等职业教育、高等职业教育专科、高等职业教育本科、研究生层次职业教育的人才培养体系,对于虚拟现实技术未来发展的支撑作用将更加明显。

虚拟现实技术应用专业人才培养方案（范例版）

一、专业描述

- 专业名称：虚拟现实技术应用
- 专业代码：510208
- 入学要求：普通高级中学毕业、中等职业学校毕业或具备同等学力
- 学历层次：高职专科
- 学制：三年

二、职业面向

本专业职业面向如表1所示。

表1　本专业职业面向

所属专业大类(代码)	所属专业类(代码)	对应行业(代码)	主要职业类别(代码)	主要岗位(群)或技术领域举例	职业类证书举例
电子信息大类(51)	计算机类(5102)	软件和信息技术服务业(65)	虚拟现实工程技术人员(2-02-10-14)	3D模型工程师、3D动画工程师、Unity 3D开发工程师、Unreal Engine开发工程师	1. 工信部信息技术水平证书 2. "1+X"虚拟现实工程技术职业技能中级证书 3. 人社部国家职业技能标准虚拟现实工程技术人员初级证书

三、培养目标

本专业培养理想信念坚定，能够践行社会主义核心价值观，德、智、体、美、劳全面发展的社会主义现代化建设事业的建设者和接班人。本专业面向软件和信息技术服务行业的虚拟现实工程技术人员，培养扎实掌握本专业知识和技术技能，能够从事3D模型/动画制作、3D场景制作、Unity/Unreal Engine应用开发等工作，具备一定科学素养、人文素养、工匠精神、可持续发展能力的复合式、创新型、高素质技术技能人才。

四、培养规格

本专业毕业生应在系统学习本专业知识并完成有关实习实训基础上,全面提升素质、知识、能力,强化核心素养养成。总体上须达到以下要求。

(1) 思想道德:坚定拥护中国共产党领导和中国特色社会主义制度,以习近平新时代中国特色社会主义思想为指导,践行社会主义核心价值观,具有坚定的理想信念、深厚的爱国情感和中华民族自豪感。

(2) 社会责任:能够熟练掌握与本专业从事职业活动相关的国家法律、行业规定,掌握绿色生产、环境保护、安全防护、质量管理等相关知识与技能,具有可持续发展意识,遵守职业道德准则和行为规范,具备社会责任感和担当精神。

(3) 科学文化:掌握支撑本专业学习和可持续发展必备的数学、外语等科学文化基础知识,具有良好的科学、人文与工程素养,具备良好的语言、文字表达能力和职业生涯规划能力。

(4) 专业知识:掌握虚拟现实(VR)技术、增强现实(AR)技术的基础理论知识;掌握计算机编程技术、3D模型/动画制作技术、3D场景制作技术、Unity/Unreal Engine 引擎开发技术、全景制作与应用开发,能够将所学专业知识应用到虚拟仿真开发、虚拟游戏开发、虚拟影视制作等工作中。

(5) 问题分析:掌握模拟、动画、场景制作和应用开发等技术技能,具有虚拟资产和虚拟应用运行效率和性能优化等专业问题的分析能力。

(6) 解决方案:掌握 3D 模型/动画制作、3D 场景制作、Unity 引擎开发、Unreal Engine 引擎开发等技术技能,具有制作 3D 虚拟资产、开发虚拟应用软件、部署虚拟应用系统等能力。

(7) 调查研究:具有综合运用 3D 建模、动画和场景制作、Unity 引擎和 Unreal Engine 引擎等知识对虚拟资产制作、虚拟应用开发等问题进行调查研究的能力。

(8) 团队合作:具有良好沟通能力、团队合作意识和项目管理知识,能撰写工作总结、展示工作流程和成果。

(9) 数字工具:具有适应产业数字化发展需求的基本数字技能,掌握信息技术基础知识、专业信息技术能力,基本掌握虚拟现实领域数字化技能。

(10) 终身学习:具有自主学习和终身学习的意识,具备探究学习与职业发展能力。

(11) 身心健康:具有健康的体魄、心理和健全的人格,掌握基本运动知识和1~2项运动技能,达到国家大学生体质测试合格标准,养成良好的运动、卫生和行为习惯;具备一定的心理调节适应能力。

(12) 审美能力:掌握必备的美育知识,具有一定的文化修养、审美能力,具备一定的审美素养。

(13) 工匠精神:培育劳模精神、劳动精神、工匠精神,弘扬劳动光荣、技能宝贵、创造伟大的时代精神,热爱劳动人民,珍惜劳动成果,具备与本专业职业发展相适应的劳动素养、劳动技能。

五、课程设置

本专业的课程①包括通识教育课程、专业教育课程以及实践教学环节三大类,其中,实践教学环节除了通识教育课程、专业教育课程中涵盖的实践教学课程外,还有集中实践教学课程。本方案中提供了一套完整的课程体系规划,总学分为 144 学分(注:不同学校可根据实际情况进行调整)。

(一)通识教育课程

本方案中,通识教育课程分为基础课程、核心课程、一般课程三大类,总学分为 54 学分,其中必修学分 40 学分,指定性选修学分 6 学分,选修学分 8 学分。

1. 通识教育基础课程

通识教育基础课程包括思想道德与法治、毛泽东思想和中国特色社会主义理论体系概论、习近平新时代中国特色社会主义思想概论、形势与政策、军事理论与技能、公共外语、写作与沟通、体育与健康、大学生职业规划与指导、创新思维、大学生心理健康教育、大学生安全教育与应急处理训练、信息素养、计算机应用基础实训、高级办公软件应用实训、劳动教育与体验性实习(社会实践)等课程,共 40 学分,全部为必修课程。

2. 通识教育核心课程

通识教育核心课程为指定性选修课,即在通识教育核心课程备选库中由专业指定必选的课程。总学分建议选修 6 学分,其中基本技能实训须修读 2 个学分。

3. 通识教育一般课程

通识教育一般课程涵盖"语言文学与文化传承""科学精神与生命关怀""社会科学与现代社会""艺术创作与审美体验""创新创业与多元实践"五大模块,建议修满 8 学分。

(二)专业教育课程

专业教育课程包括专业基础课程、专业核心课程、专业拓展课程,总共 68 学分。

1. 专业基础课程

本方案设置 8 门专业基础课程,28 学分,全部为必修课程(表 2)。

表 2 专业基础课程设置

序号	课程代码	课 程 名 称	学分	学时	开课学期
1	××××	程序设计基础(C 语言)	4	64	1
2	××××	人工智能引论	2	32	1
3	××××	图像处理软件及应用(Photoshop)	4	64	1
4	××××	面向对象程序设计(C#)	4	64	2
5	××××	虚拟现实技术基础	2	32	2

---

① 本方案中部分专业基础课、专业拓展课不在本书所列的课程清单中,且个别专业课程的属性与本书所列课程标准中的描述存在不一致现象。各个学校在制定人才培养方案时,可以根据自身情况进行设置,不必与本书课程设置完全一致。

续表

序号	课程代码	课程名称	学分	学时	开课学期
6	××××	工程应用数学（计算机类）	4	64	2
7	××××	虚拟现实建模技术	4	64	2
8	××××	虚拟现实引擎技术（Unity）	4	64	2

2. 专业核心课程

本方案设置5门专业核心课程，20学分，全部为必修课程（表3和表4）。

表3　专业核心课程设置

序号	课程代码	课程名称	学分	学时	开课学期
1	××××	虚拟现实场景制作	4	64	3
2	××××	虚幻引擎技术	4	64	3
3	××××	增强现实引擎技术	4	64	3
4	××××	虚拟现实交互技术	4	64	4
5	××××	虚拟现实游戏开发	4	64	5

表4　专业核心课程主要教学内容

序号	专业核心课程	典型工作任务描述	主要教学内容
1	虚拟现实场景制作	1. 场景开发软件环境搭建和维护 2. 场景构成及光影分析 3. 导入基本模型 4. 制作主材质 5. 地型和室外场景制作 6. 生成渲染视频展示制作成果	1. 理解材质概念、工作原理和使用方法 2. 制作不同种类的材质，使用材质节点的方法 3. 地形的含义、基本要素、编辑工具、制作方法 4. 场景视频的渲染、编辑和输出
2	虚幻引擎技术	1. 虚幻引擎的下载、安装和配置方法 2. 虚幻引擎的编辑器布局及面板功能 3. 蓝图编辑器的使用方法 4. 触发器、时间轴、粒子系统、动画蓝图的使用方法	1. 虚幻引擎版本介绍，软硬件安装需求，登录器界面介绍，虚幻引擎制作流程介绍 2. 地形编辑器、植被编辑器、光照渲染、天空球的使用 3. 蓝图、变量的使用，触发器、Timeline、粒子系统、动画系统的使用
3	增强现实引擎技术	1. 认识增强现实技术的工作原理，学习开发工具的安装测试 2. 使用增强现实实现图片识别、形状识别、3D物体识别和自定义物体识别 3. 使用AR开发工具完成典型应用项目的开发，实现图片识别、动态加载模型、手势交互等效果	1. 学习增强现实技术的特点、应用场景、基本原理 2. 增强现实插件功能、开发流程 3. 动态加载与静态加载 4. AR典型应用项目的开发，实现图片识别、动态加载模型、手势交互等效果

续表

序号	专业核心课程	典型工作任务描述	主要教学内容
4	虚拟现实交互技术	1. 使用键盘鼠标交互的方法 2. 利用SteamVR实现VR头盔、手柄交互 3. 利用VRTK实现VR头盔、手柄交互 4. 利用大空间多人动作捕捉设备实现多人交互应用 5. 利用全身动捕设备实现动画录制应用 6. Unity平台语音交互功能	1. 虚拟现实交互的原理、种类、设备及应用场景 2. Input类键盘交互函数，虚拟轴，射线检测技术 3. VR头盔的功能和使用方法，SteamVR、VRTK的功能，VR手柄与物体交互，VR手柄与UI交互 4. 动捕技术的原理和分类，动捕设备的功能和使用方法，动捕开发环境配置 5. 大空间多人应用开发的基本框架搭建方法 6. 全身动捕的原理和实现方法，语音交互的原理和实现方法，手势交互的原理和实现方法
5	虚拟现实游戏开发	1. 认识常见虚拟实游戏类型 2. 熟悉硬件开发环境：VIVE、GearVR、PICO 3. 掌握VIVE平台游戏开发流程 4. 掌握PICO平台游戏开发流程 5. 初步掌握游戏运营技术	1. 虚拟游戏的发展过程、技术特点和基本类型 2. 虚拟游戏开发环境的组成，常见硬件环境的搭建，分析硬件设备技术特点 3. 运用SteamVR和VRTK系统，开发VIVE平台和PICO平台游戏交互，运用粒子系统、光照系统、动画系统、UI系统实现游戏效果 4. 游戏项目的开发、调试、发布和运维

3. 专业拓展课程

本方案设置10门专业拓展课程，全部为选修课程，共34学分，建议至少修满20学分（表5）。

表5 专业拓展课程设置

序号	课程代码	课程名称	学分	学时	开课学期
1	××××	全景制作与应用开发	4	64	3
2	××××	全景应用开发实训	2	32	3
3	××××	影视特效编辑	4	64	4
4	××××	计算机图形渲染	4	64	4
5	××××	AR/MR应用开发	4	64	4
6	××××	XR应用开发实践	2	32	4
7	××××	数字孪生应用开发	4	64	5
8	××××	数字人技术与应用	4	64	5
9	××××	虚拟现实仿真技术	4	64	5
10	××××	虚拟现实综合项目开发	2	32	5

（三）实践教学环节

本专业的实践教学环节主要包括实验、实训、实习、毕业设计、社会实践、毕业岗位实习（毕业作品）等。实验实训在校内实验实训室、校外实训基地等开展完成；社会实践、岗位实习在校企共建的生产性实训基地以及相关企业完成。实训实习主要内容包括高级办公软件应用实训、全景应用开发实训、虚拟现实综合项目开发等。严格执行《职业学校学生实习管理规定》和《高等职业学校虚拟现实技术应用专业岗位实习标准》。

实践教学环节除了通识教育课程中的实践课程，如高级办公软件应用实训，以及专业教育课程中的实践课程，如全景应用开发实训、虚拟现实综合项目开发等课程外，其他毕业设计、毕业岗位实习（毕业作品）等课程的学分数为22。

（四）培养规格与课程体系支撑矩阵

虚拟现实技术应用专业人才培养规格与课程体系支撑矩阵如表6所示。

表6 培养规格与课程体系支撑矩阵

课程	培养规格											
	思想道德	社会责任	科学文化	专业知识	问题分析	解决方案	调查研究	团队合作	数字工具	终身学习	身心健康	审美能力	工匠精神
思想道德与法治	H	H											
毛泽东思想和中国特色社会主义理论体系概论	H												
习近平新时代中国特色社会主义思想概论	H												
形势与政策		H											
体育与健康											H		
公共外语			H										
写作与沟通			H										
军事理论与技能	H	M											
大学生心理健康教育											H		
创新思维													H
大学生安全教育与应急处理训练		M											
大学生职业规划与就业指导		M								H			
信息素养								H					
劳动教育与体验性实习													H
通识一般课程（文化艺术类）												H	

续表

课程	培养规格											
	思想道德	社会责任	科学文化	专业知识	问题分析	解决方案	调查研究	团队合作	数字工具	终身学习	身心健康	审美能力	工匠精神
计算机应用基础实训									M	M			
高级办公软件应用实训									H				
程序设计基础(C语言)				H									
人工智能引论						M							
图像处理(Photoshop)									H			H	
面向对象程序设计(C♯)				H									
虚拟现实技术基础				H	M								
工程应用数学(计算机类)				M		M			H				
虚拟现实建模技术									H			H	
虚拟现实引擎技术(Unity)				H					H	M			
虚拟现实场景制作												H	
虚幻引擎技术									H				
增强现实引擎技术				H									
虚拟现实交互技术				H								H	
虚拟现实游戏开发					H								
全景制作与应用开发						M			H			H	
全景应用开发实训						M			H				
影视特效编辑							M					H	
计算机图形渲染				H						M			
AR/MR应用开发									H				
XR应用开发实践									H				
数字孪生应用开发						M			H				
数字人技术与应用						M			H				
虚拟现实仿真技术						M			H				
虚拟现实综合项目开发						H	M	H					
毕业岗位实习(毕业作品)					H	M	H					H	

注:H表示高度支撑,M表示中度支撑。

（五）毕业应取得的技能证书与课程关联表

本专业学生毕业应取得的技能证书与开设课程息息相关，部分专业课程教学内容与相关技能技术的关联如表 7 所示。

表 7　专业课程主要教学内容与"课证融合"证书

序号	专业课程	相关教学内容	技能证书（可多个课程对应一个证书）	证书知识点覆盖率
1	程序设计基础（C 语言）；面向对象程序设计（C＃）	1."程序设计基础（C 语言）"主要教学内容：①C 语言的基本语法；②面向过程的程序设计方法；③数组、结构体、指针、函数的定义和使用 2."面向对象程序设计"主要教学内容：①C＃语言的基本语法知识；②面向对象程序设计思想；③C＃语言的常用类和命名空间；④C＃语言实现 Windows 应用程序设计	工信部信息技术水平证书	98％
2	程序设计基础（C 语言）；面向对象程序设计（C＃）；虚拟现实建模技术；虚拟现实引擎技术（Unity）；虚拟现实游戏开发	1."程序设计基础（C 语言）"主要教学内容：①C 语言的基本语法；②面向过程的程序设计方法；③数组、结构体、指针、函数的定义和使用 2."面向对象程序设计（C＃）"主要教学内容：①C＃语言的基本语法知识；②面向对象程序设计思想；③C＃语言的常用类和命名空间；④C＃语言实现 Windows 应用程序设计 3."虚拟现实建模技术"主要教学内容：①虚拟 3D 模型基本结构及特征；②3D 材质的基本构成及工作原理；③灯光的性质和布光的基本原理；④渲染器的工作原理；⑤三维动画的工作原理和技术种类 4."虚拟现实引擎技术（Unity）"主要教学内容：①Unity 软件基本操作方法；②Unity 工程框架包含的虚拟资产、虚拟对象、虚拟场景；③Unity 引擎的物理模块、灯光模块、GUI 模块、动画模块、粒子系统、导航模块的使用 5."虚拟现实游戏开发"主要教学内容：①虚拟游戏开发的基本工具集；②虚拟游戏开发的软硬件设备，游戏工程的结构和逻辑；③游戏场景制作，游戏编程，游戏交互，游戏跨平台发布	1."1＋X"虚拟现实工程技术职业技能中级证书 2.人社部国家职业技能标准虚拟现实工程技术人员初级证书	95％

六、学时学分安排

本方案中，总学时为 2 640 学时，总学分为 144 学分，每 16 学时折算 1 学分（集中实践课程每 28 学时折算成 1 学分）。其中，通识教育课程学时占总学时的 37.5％；实践性教学学时1 724 学时占总学时的 65.3％，其中岗位实习累计时间为 6 个月；专业拓展课程学时占总学时的 20.6％。

七、毕业要求

本专业学生达到毕业标准各类课程学分（及占比）、应取得的证书及综合素质的要求，如表8所示。

表8　专业毕业标准

课程类型		建议学分	占总学分比例	应取得的证书	综合素养
通识教育课程	通识基础课程	40	27.8%	下列专业技能证书之一： 1. 工信部信息技术水平证书 2. "1+X"虚拟现实工程技术职业技能中级证书 3. 人社部国家职业技能标准虚拟现实工程技术人员初级证书	1. 完成修读6学分的体育必修课，且体质健康测试成绩达标（≥50分） 2. 完成修读"语言文学与文化传承"或"艺术创作与审美体验"等美育模块选修课2学分
	通识核心课程	6	4.2%		
	通识一般课程	8	5.5%		
专业教育课程	专业基础课程	28	19.4%		
	专业核心课程	20	13.9%		
	专业拓展课程	20	13.9%		
实践教学课程	毕业设计、毕业岗位实习（毕业作品）等课程	22	15.3%		
合计		144	100%		
说明	1. 通识教育拓展课程学分不纳入总学分，完成修读拓展课程模块的学生，其所获学分可以替代通识教育一般课程8学分。 2. 总学分中，集中实践课程为28学分。其中，通识教育集中实践6学分（军事理论2学分、军事技能2学分、基本技能实训2学分），专业教育集中实践22学分（指整周安排的综合实训、岗位实习等）				

八、教学基本条件[①]

（一）教学团队

1. 团队结构

学生数与本专业专任教师数比例应不高于××%；"双师型"教师占专业课教师数比例应不低于50%，高级职称专任教师的比例应不低于20%。充分考虑团队职称、年龄的梯队结构，组建模块化教学团队，基础性课程以具有专业背景的校内专任教师主讲为主，实践性课程主要由企业、行业技术技能骨干担任的校外兼职教师讲授为主。

本专业教学团队现有××名专任教师。学生数与专任教师数比例××%；专业课专任教师中"双师型"教师比例××%。专任教师中，具有研究生学位教师占比达到××%，其中博士学位教师占比达××%；具有高级职称的教师占比达××%，其中具有正高职称的教师占比达××%；具有海外留学或研修经历的教师占比达××%；教师年龄结构优化，青年教师（40周岁以下）占比为××%。兼职教师总数占专业课教师比例达××%。

[①] 由于每个学校的教学条件都不一样，这里只列出模版，隐去具体信息。

2. 专业带头人

本专业带头人应具有高级职称,能够较好地把握国内外行业、专业发展情况,能广泛联系行业企业,了解行业企业对本专业人才的需求实际,教学设计、专业研究能力强,组织开展教科研工作能力强,在本专业或本领域具有一定的专业影响力。

本专业现任带头人×××教授,是×××××××(注:此处主要为学术头衔),曾获××××××××××××××××××××××××××××(注:此处可列几项代表性的成就、成果、获奖等)。

3. 专任教师

本专业专任教师应具有高校教师资格;有理想信念、有道德情操、有扎实学识、有敬业精神;教师为人师表,从严治教,教学改革意识和质量意识强,具有较强信息化教学能力,能够高水平地开展课程教学改革;定期走进企业实践,不断提高技能水平;具有较强的科学研究、社会服务和技术转化能力。

本专业现有××名专任教师中,有××名国家教学名师,××名地方领军人才,××名市优秀教师(注:此处可根据实际情况增删);专任教师每5年累计走进企业实践经历不少于6个月;本专业教师获××××××××(注:有重要的教学和科研方面的国家级、省级奖项可以列几项)。

4. 兼职教师

兼职教师主要从相关行业企业的一线管理、技术人员和能工巧匠中聘任,要求具备良好的思想政治素质、职业道德和工匠精神,具有扎实的专业知识和丰富的实际工作经验,具有中级及以上相关专业职称,能承担专业课程教学、实习实训指导和学生职业发展规划指导等教学任务。本专业注重对兼职教师的教学能力培训。

本专业现聘有兼职教师××(注:数量)名。此外,本专业组建了××(注:数量)人的校外专家库,成立了由××(注:数量)位企业专家组成的产学研用指导委员会。

(二)实践教学条件

1. 校内实训室基本要求

本专业建设具有真实(或仿真)职业氛围、设备先进、软硬件配套、智慧化程度高的校内实训基地,完善实践教学相关管理制度,能够完全满足教学计划的安排,实践教学经费有保障,行业、企业参与实践教学条件建设。根据本专业实践教学的需要,校内实训基地以本专业职业岗位要求为基础,参照本专业主要课程模块分别设置虚拟现实技术、增强现实技术、虚拟仿真技术、××××××等实训室。

1)虚拟现实技术实训室

虚拟现实技术实训室主要用于支撑虚拟现实专业基础课程的教学和实训任务,包括三维建模、三维骨骼动画制作、虚拟场景搭建、光照渲染、物理系统、粒子系统等技术学习和技能训练。可支撑多种软硬件平台的教学任务,包括 Unity 和 Unreal Engine 引擎、HTC VIVE、Focus、Oculus、PICO 等常用硬件平台。

2)增强现实技术实训室

增强现实技术实训室配备国内外一流水平的 AR/MR 教学实训设备,包括 Microsoft Hololens、Shadow Creator Action One 等增强现实专用显示交互设备,可以支持单人和多人不同场景下的增强现实演示和交互应用。同时,实训室也配备了便携式图像采集摄像设备,方便学生快速获取实时实地场景,完成课堂教学和训练中的增强现实案例开发。

3) 虚拟仿真技术实训室

虚拟仿真技术实训室配备了多种具有 3D 显示和交互能力的教学实训设备,包括 Realis 大场景多人动捕系统、Bandu 3D 显示交互屏幕。实训资源包括服务器拆装仿真系统、多人交互仿真系统等,可支持虚拟仿真和数字孪生等相关专业方向的教学实训任务。

4)××××××实训室

×××实训室配备……(注:此处列举主要配置、主要功能等,体现出先进性、时代性)。

2. 校外实训基地基本要求

本专业与××××、××××等企业合作建立稳定的校外实训基地。能承接虚拟仿真开发、增强现实开发、虚拟场景开发、虚拟交互应用等相关实训活动,实训设施齐备,实训岗位、实训指导教师确定,实训管理及实施规章制度齐全。目前,本专业有稳定的校外实训基地××个。

3. 岗位实习基地基本要求

本专业与××××、××××等企业合作稳定的校外实习基地。供三维模型工程师、三维动画工程师、VR 应用开发工程师等相关岗位实习,涵盖当前虚拟现实发展的基本要求,可接纳一定规模的学生实习;配备相应数量的指导教师对学生实习进行指导和管理;有保证实习生日常工作、学习、生活的规章制度,有安全、保险保障。目前,本专业有稳定的校外实习基地××个。

(1)××××公司是全球领先的虚拟现实教育科技公司,被美国权威科技杂志 Digi-Capital 评为"2017&2018 全球 VR/AR 行业领军企业",2017 年年初获全球 VR 行业龙头企业 HTC VIVE 投资,多次获得行业奖项与政府科技项目资助。目前重点开发新能源汽车、无人机应用等专业方向的标准化 VR 课程资源及定制化技术支持,并提供国家级虚拟仿真实验中心/数字多媒体实训中心整体解决方案。

(2)×××××公司成立于 2011 年,高科技技术人才有近 40 人,其中博士 1 人,硕士 5 人,本科以上学历 24 人。多年来主要从事工业、产业及智慧城市物联网大数据、可视化、人工智能软硬件解决方案设计和实施。为腾讯、华为、凯捷、AMT、软通动力、赛意等提供大数据方面的解决方案支持和实施。

(3)××××××××公司(此处内容省略,简要介绍,100~150 字)。

(三)教学资源

1. 教材选用基本要求

本专业在学校和学院教材选用委员会的指导下,经过规范程序选用教材,优先选用职业教育国家和省级规划教材,积极承担国家和省级规划教材编写任务。根据本专业人才培养和教学实际需要,依据专业教学标准、课程标准、顶岗实习标准等国家教学标准要求,补充编写反映自身专业特色的教材,与行业企业合作开发实训教材。开发活页式、工作手册式新形态教材,使专业课程教材充分反映产业发展最新进展,对接科技发展趋势和市场需求,及时吸收比较成熟的新技术、新工艺、新规范等,开发数字教材。境外教材的选用,严格按照国家有关政策执行。目前,本专业选用《××××××××》等国家和省级规划教材×部,编写《××××××××》等国家和省级规划教材×部,与行业企业合作开发《××××××××》等专业校本特色教材×部,开发新形态一体化教材、数字化教材×部。

2. 图书文献配备基本要求

本专业配备充足的图书文献和教辅资料，以更好地满足人才培养、专业建设、教学科研等工作的需要，方便师生查询、借阅。专业类图书文献主要包括：有关计算机行业的政策法规、职业标准，计算机编程、三维模型制作、三维动画技术、虚拟现实开发、增强现实开发等必备资料，××种以上与专业相关的中外文期刊，同时也提供最新的中外虚拟现实方面的技术文献数据库师生检索学习，包括SpringerLink、Web of Science等世界知名的学术数据库。

3. 数字教学资源配置基本要求

本专业建设"能学、辅教"的虚拟现实技术应用专业教学资源库。建设涵盖专业教学标准规定内容、覆盖专业基本知识点和技能点，颗粒化程度较高、表现形式恰当，能够支撑标准化课程的基本资源；积极引入企业标准，建设针对产业发展需要和用户个性化需求的特色性、前瞻性资源；建设各级各类专业培训资源，服务于全体社会学习者的技术技能培训；开发符合相关标准的职业技能等级证书培训资源和课程，支持学习者通过资源库学习，获取多类职业技能等级证书，提升业务水平和可持续发展能力。开发文本类、演示文稿类、图形（图像）类、音频类、视频类、动画类和虚拟仿真类等多样化优质资源，资源总量达到×条（注：一般为8 000~20 000条）。目前，本专业建设专业教学资源库×个，其中国家级×个、省级×个、校级×个；在线开放课程×门，其中国家级×门、省级×门、校级×门。

4. 信息化教学基本要求

本专业大力推进人工智能背景下教学方法与手段的转型。以学习者为中心，构建自主、泛在、个性化学习的教学模式，普及线上/线下混合式教学模式、基于移动的无缝学习模式、基于5G+VR/AR/MR的实践学习模式；致力于构建以教学环境为保障、教学资源为基础、教学平台为支撑、教学模式为核心、标准规范为准则、信息素养为手段的教育信息化新业态。利用丰富的数字化教学资源库和集智慧教学、智能管理功能为一体的新型多媒体教室，有效应用现代信息技术进行模拟教学，营造网上融"教、学、做"为一体的情境，依托一批高质量在线开放课程实施理实一体化教学、案例教学、项目教学等。

九、质量保障

（一）过程监控

成立由专业带头人、骨干教师、行业企业专家、外校专家等组成的质量保证小组。建立健全专业教学质量全过程监控管理制度。完善课堂教学、教学评价、实习实训、毕业设计及专业调研、人才培养方案更新、资源建设等方面质量标准建设。建立规范的日常教学运行和秩序检查动态监控体系，加强日常教学组织运行与管理，定期开展课程建设水平和教学质量诊断与改进，建立健全巡课、听课、评教、评学等制度。充分发挥专业产学研用指导委员会专家的作用，建立与企业联动的实践教学环节督导制度，严明教学纪律，强化教学组织功能。定期开展公开课、示范课、专题研讨等教研活动。

（二）诊断与改进机制

在院校质量诊断与改进委员会的指导下，组织专业教师持续开展产业调研，动态更新专业内涵、培养目标、课程设置，定期修订专业教学标准、课程标准、实践教学标准，保持人才培养与产业需求对接、课程内容与职业标准对接、教学过程与生产过程对接。加强教育教学研究和教师培训,持续提升专业教师跟踪新技术的能力,持续提升专业教师创新教学方法与手段的能力。加强学生学习成效的分析研究,汇聚教学平台、督导评价系统、课堂行为等课内数据和影响学习的课外数据,采用大数据和智能技术分析,为教与学提供全面精准个性化的服务,持续提升教与学的质量。

(三)建立集中备课制度

专业教研组织应建立集中备课制度,定期召开教学研讨会议,利用评价分析结果有效改进专业教学,持续提高人才培养质量。

(四)毕业生跟踪调研

建立毕业生跟踪反馈机制,了解用人单位对毕业生的思想品德、专业知识、业务能力和工作业绩等方面的总体评价和要求,听取毕业生对教学环境、专业课程设置和教学内容、教学方式、考核方法、实践技能培养等方面的意见和建议,逐步建立常态反馈渠道和评价制度,定期评价人才培养质量和培养目标达成情况,为教学改革提供依据。

(五)第三方评价

积极推进第三方评价机制。通过独立第三方评价体系,企业评价体系,毕业生评价体系,针对学生毕业之后的工作适应能力、实践能力、知识运用等方面进行调查和分析,充分利用评价分析结果有效改进专业教学,持续提高人才培养质量。

十、教学进度安排[①]

本专业的专业基础课、专业核心课、专业拓展课的教学进度安排如表9所示。

表9 教学进度一览表

平台	课程类别	课程代码	课程名称	学分	学时	实践学时	学周	周学时按学期分配						备注
								一	二	三	四	五	六	
专业教育课程	专业基础课程	××××	人工智能引论	2	32	12	16	2						
		××××	程序设计基础(C语言)	4	64	32	16	4						
		××××	图像处理软件及应用(Photoshop)	4	64	48	16	4						
		××××	面向对象程序设计(C#)	4	64	32	16		4					
		××××	虚拟现实技术基础	2	32	12	16		2					
		××××	工程应用数学(计算机类)	4	64	6	16		4					
		××××	虚拟现实建模技术	4	64	48	16		4					
		××××	虚拟现实引擎技术	4	64	48	16		4					
			小 计	28	448	238								

---

① 仅提供专业课程部分供参考。

续表

平台	课程类别	课程代码	课程名称	学分	学时	实践学时	学周	周学时按学期分配						备注
								一	二	三	四	五	六	
专业教育课程	专业核心课程	××××	虚幻引擎技术	4	64	40	16			4				
		××××	虚拟现实场景制作	4	64	48	16			4				
		××××	增强现实引擎技术	4	64	48	16			4				
		××××	虚拟现实交互技术	4	64	48	16				4			
		××××	虚拟现实游戏开发	4	64	44	16					4		
			小　计	20	320	228								
	专业拓展课程	××××	全景制作与应用开发	4	64	40	16			4				
		××××	全景应用开发实训	2	32	30	2		16					
		××××	影视特效编辑	4	64	48	16				4			
		××××	计算机图形渲染	4	64	32	16				4			
		××××	AR/MR应用开发	4	64	48	16				4			
		××××	XR应用开发实践	2	32	30	2				16			
		××××	虚拟现实综合项目开发	2	32	32	2					16		
		××××	数字孪生应用开发	4	64	48	16					4		
		××××	数字人技术与应用	4	64	48	16					4		
		××××	虚拟现实仿真技术	4	64	48	16					4		
			小　计	34	544	396								

"虚拟现实技术基础"课程标准

KCBZ-××××-×××× (KCBZ-课程代码-版本号)

谢建华　刘明　宫娜娜　慕万刚　张艳　王影

一、课程概要

课程名称	中文：虚拟现实技术基础 英文：Fundamentals of Virtual Reality Technology		课程代码	××××	
课程学分	2	课程学时	共32学时，理论20学时，实践12学时		
课程类别	☑专业基础课程 □专业核心课程 □专业拓展课程				
课程性质	☑必修 □选修		适用专业	虚拟现实技术应用	
先修课程	无		后续课程	虚拟现实建模技术、虚拟现实引擎技术等	
建议开设学期	第一学期 √	第二学期	第三学期	第四学期	第五学期	第六学期

二、课程定位

本课程是虚拟现实技术应用专业的专业基础课程，将按照专业培养目标，培养学生热爱祖国，拥护中国共产党的领导，树立科学的世界观、人生观和价值观；培养学生认真细致、一丝不苟、团队合作的职业素养。

本课程全面介绍了虚拟现实技术发展的历程和现状，针对虚拟现实技术、增强现实技术、混合现实技术所包含的典型内容（硬件、软件、开发工具、开发方法、应用场景、项目开发流程等），进行系统性梳理和讲解，为进一步完成虚拟现实技术专业知识的学习，建立专业认知和知识框架。

［作者简介］　谢建华，广州番禺职业技术学院；刘明，重庆电子工程职业学院；宫娜娜，广东工程职业技术学院；慕万刚，河北东方学院；张艳，陕西职业技术学院；王影，广东松山职业技术学院。

三、教学目标

（一）素质（思政）目标

（1）培养学生热爱祖国、热爱人民、拥护中国共产党的领导，拥有高尚的爱国情操，树立强烈的民族自豪感。

（2）培养学生敬业、乐业、勤业精神。

（3）培养学生独立思考、自主创新的意识。

（4）培养学生认真细致、一丝不苟的工作态度。

（5）培养学生科学严谨、标准规范的职业素养。

（6）培养学生团队协作、表达沟通能力。

（7）培养学生信息检索与综合运用能力。

（二）知识目标

（1）了解虚拟现实技术的概念。

（2）了解虚拟现实技术的发展历程、现状和趋势。

（3）理解虚拟现实项目的关键技术。

（4）熟悉虚拟现实的硬件。

（5）熟悉虚拟现实软件的开发工具。

（6）掌握虚拟现实项目的开发一般流程。

（7）了解三维全景制作技术和流程。

（8）掌握虚拟现实技术、增强现实技术、混合现实技术的区别与联系。

（三）能力目标

（1）能够积极分析、探索新技术。

（2）能够组装、维护常见虚拟现实设备。

（3）能够简单使用主流虚拟现实引擎。

（4）能够使用虚拟现实三维建模、开发软件。

（5）能够领会增强现实技术、混合现实技术并应用。

（6）能够使用常见的三维全景制作设备及其软件工具。

四、课程设计

本课程的教学应认真探索以教师为主导、以学生为主体的教学思想的内涵和具体做法：采用"教、学、做"相结合的引探教学法，引导学生在"动手做"中学习理论；指导学生查阅有关的技术资料，完成项目的制作，写出实验报告。

课程内容的选择以培养学生探索虚拟现实技术为核心，应特别注重反映最新技术的应用。教学过程中理论教学和实践应相互融合，协调进行，以期达到培养学生工程技术应用能力的目标。本课程的内容思维导图如下。

"虚拟现实技术基础"内容思维导图

五、教学内容安排

单元(项目)	节(任务)	知识点	技能点	素质(思政)内容与要求	学时 讲授	学时 实践
1. 虚拟现实技术概述	1.1 虚拟现实概念 1.2 虚拟现实技术发展 1.3 虚拟现实技术分类 1.4 虚拟现实技术应用领域	1. 虚拟现实的定义 2. 虚拟现实技术的分类 3. 虚拟现实的特征 4. 国内外发展及趋势 5. 虚拟现实技术的应用	1. 辨别不同类型虚拟现实产品 2. 能提出虚拟现实技术在现实中的应用案例	通过引入钱学森先生写给汪成为的信,增强学生学习热情和自信心	4	2
2. 虚拟现实关键技术	2.1 立体显示技术 2.2 三维建模技术 2.3 人机交互技术 2.4 虚拟现实引擎	1. 立体显示技术概念 2. 立体显示技术分类 3. 三维建模技术分类 4. 手势识别技术 5. 语音识别技术 6. 体感交互技术 7. 力触觉交互技术 8. 眼动跟踪技术 9. 虚拟现实引擎架构	1. 分辨不同立体现实技术的异同 2. 使用常见三维建模软件 3. 分辨不同人机交互技术的异同 4. 使用常见的虚拟现实引擎	介绍国内科学家、企业家在相关技术领域的贡献,增加学生的学习热情	4	2
3. 虚拟现实系统硬件设备	3.1 虚拟现实生成设备 3.2 虚拟现实输入设备 3.3 虚拟现实输出设备	1. 高性能个人计算机 2. 高性能图形工作站 3. 三维位置跟踪器 4. 人机交互设备 5. 图形显示设备(包括常见HMD设备)	1. 组装、配置、维护常见虚拟现实设备 2. 使用虚拟现实设备体验虚拟现实项目	通过介绍相关虚拟现实国产设备,增强学生的爱国热情和自信心	4	2
4. 虚拟现实系统开发软件	4.1 三维建模软件 4.2 虚拟现实开发引擎	1. 常见建模软件:3ds Max、Maya	1. 制作VR模型素材	通过建模软件创建红色主题素材,通过虚拟引擎开发红军长征项目,	4	2

39

续表

单元 (项目)	节(任务)	知识点	技能点	素质(思政) 内容与要求	学时	
					讲授	实践
4. 虚拟现实系统开发软件	4.3 开发语言和SDK 4.4 虚拟现实开发流程	2. 主流开发引擎：Unity 3D、Unreal Engine、VRP 3. 常见开发语言及工具：C#、C++、Vuforia、ARKit、ARCore、EasyAR	2. 下载和安装Unity 3D或Unreal Engine、Visual Studio软件 3. 根据方法开发虚拟现实交互功能 4. VR应用项目开发流程	激发学生的爱国热情和掌握技术的信心		
5. 增强现实技术、混合现实技术	5.1 增强现实的概念 5.2 混合现实的概念 5.3 虚拟现实、增强现实、混合现实的联系与区别	1. 增强现实的概念 2. 混合现实的概念 3. 虚拟现实、增强现实、混合现实的联系与区别	1. 增强现实、混合现实技术应用 2. 深入应用3R技术	通过介绍国产硬件设备和软件引擎及其应用,提升学生掌握技术的信心	2	2
6. 三维全景技术	6.1 三维全景概述 6.2 全景照片拍摄硬件 6.3 全景漫游制作	1. 三维全景概念 2. 三维全景的应用 3. 全景技术分类 4. 全景图拍摄方法 5. 全景图缝合方法 6. 全景漫游制作方法 7. 全景视频制作方法	1. 使用常见的全景制作设备 2. 使用全景制作软件工具	通过国产Insta 360等全景相机完成校园漫游项目,增强学生爱国、爱校的热情	2	2
	总计:32 学时				20	12

六、实施建议

(一) 教学团队

本课程团队应具有相对稳定的高水平教学研究和实践能力。团队成员职称、学历、年龄等结构合理,成员中一般应配备不少于一名"双师型"教师,项目类课程建议增配不少于一名实验师。建议课程负责人应由具有中、高级专业技术职称、教学经验丰富、教学特色鲜明的教师担任。专任教师应具有高校教师资格、信息类专业本科以上学历,建议具有虚拟现实、增强现实相关产品开发工作经历或双师资格。兼职教师应具有信息类专业本科以上学历,具有虚拟现实、增强现实相关产品开发工作经历并能应用于教学。

(二) 教学设施

(1) 计算机硬件：VR 专用实训室一个、各类 HMD、全景相机。
(2) 计算机软件：Visual Studio(VS) 2019 或以上版本、3ds Max、Maya、Unity 3D、Unreal Engine、全景缝合软件、漫游软件等。
(3) 操作系统：Windows 10 操作系统。
(4) 教辅设备：投影仪、多媒体教学设备等。

(三) 教学方法与手段

(1) 以学生为中心的项目驱动、过程驱动式教学方法的探索与应用。
(2) 依托信息化技术开展翻转课堂、混合式教学探索与设计。
(3) 熟练运用 VR、AR、MR 等现代信息技术教学手段进行课程教学。

(四) 教学资源

1. 推荐教材

罗国亮. 虚拟现实导论[M]. 北京：清华大学出版社，2022.

2. 资源开发与利用

资源类型	资源名称	数量	基本要求及说明
教学资源	教学课件/个	≥6	每个教学单元配备 1 个及以上教学课件
	教学教案/个	≥1	每个课程配备 1 个及以上教案
	微视频/(个/分钟)	数量≥16 个 时长≥128 分钟	每个学分配备 8 个及以上教学视频、教学动画等微视频
	习题库/道	≥80	每个教学任务配备习题，每个学分配备的习题不少于 40 道，其中，开放式/非标准答案测验题、案例题等综合应用题不少于 20%。每个习题均要提供答案及解析

(五) 教学评价

1. 教学评价思路

本课程的考核采用形成性考核方式，期末采用笔试考核方式，具体考核方式采用由过程性考核、总结性考核、奖励性评价三部分构成的评价模式。

2. 评价内容与标准

教学评价说明

考核方式	过程性考核 (60 分)				总结性考核 (40 分)	奖励性评价 (10 分)
	平时考勤	平时作业	阶段测试	线上学习	期末考试 (闭卷)	大赛获奖、考取证书等
分值设定	10	20	10	20	40	1～10
评价主体	教师	教师	教师	教师、学生	教师	教师
评价方式	线上、线下结合	线上	随堂测试	线上	线下闭卷笔试	线下

课程评分标准

考核方式	考核项目	评分标准（含分值）
过程性考核	平时考勤	全勤10分，迟到早退1次扣0.3分，旷课1次扣1分
	平时作业	作业不少于10次，作业包括操作类作业、编程类作业和报告类作业，操作类作业不少于5次。作业全批全改，每次作业按百分制计分，最后统计出平均分
	阶段测试	闭卷，随堂测试，线上考试，满分100分，题型包括单选题（50分）、判断题（20分）、填空题（20分）、简答题（10分）
	线上学习	考核数据从本课程学习网站平台上导出，主要是相关知识点的学习数据，完成全部知识点的学习，得10分
总结性考核	闭卷笔试	闭卷，线下考试，满分100分，题型包括单选题、多选题、判断题，考试时间120分钟
奖励性评价	大赛获奖	与课程相关的虚拟现实技术类奖项，一类赛项一等奖10分、二等奖7分，二类赛项一等奖7分、二等奖4分；每人增值性评价总分不超过10分
	职业资格证书获取	与课程相关的职业资格证书获取，一项5分，每人增值性评价总分不超过10分

"程序设计基础（C语言）"课程标准

KCBZ-××××-×××× （KCBZ-课程代码-版本号）

李银树　姜义平　王瑶　黄晓生　吴新颖　孙洪民

一、课程概要

课程名称	中文：程序设计基础(C语言) 英文：C Language Programming		课程代码	××××
课程学分	4	课程学时	共64学时，理论32学时，实践32学时	
课程类别	☑专业基础课程 □专业核心课程 □专业拓展课程			
课程性质	☑必修 □选修		适用专业	虚拟现实技术应用
先修课程	《信息技术》		后续课程	面向对象编程技术(C#)、数据库技术
建议开设学期	第一学期 √	第二学期	第三学期	第四学期	第五学期	第六学期

二、课程定位

本课程是虚拟现实技术应用专业的专业基础课程，将按照专业培养目标，培养学生热爱祖国、拥护中国共产党的领导，树立科学的世界观、人生观和价值观；培养学生认真细致、一丝不苟、团队合作的职业素养。本课程同时要求学生掌握程序设计基本概念、数据类型与运算、程序设计结构、数组、函数、指针、结构体、共用体和文件等知识；通过上机实验，掌握程序的设计与调试方法，逐步形成正确的程序设计思想。

[作者简介]　李银树,台州职业技术学院；姜义平,广东轻工职业技术学院；王瑶,重庆城市职业学院；黄晓生,华东交通大学；吴新颖,江西泰豪动漫职业学院；孙洪民,广西工业职业技术学院。

三、教学目标

（一）素质（思政）目标

（1）培养学生热爱祖国、热爱人民、拥护中国共产党的领导，拥有高尚的爱国情操，树立强烈的民族自豪感。

（2）培养学生敬业、乐业、勤业精神。

（3）培养学生独立思考、自主创新的意识。

（4）培养学生认真细致、一丝不苟的工作态度。

（5）培养学生科学严谨、标准规范的职业素养。

（6）培养学生团队协作、表达沟通能力。

（7）培养学生信息检索与综合运用能力。

（二）知识目标

（1）掌握 C 语言的常量、变量的定义与使用方法。

（2）掌握 C 语言各种运算符的计算方法及其优先级。

（3）掌握标准输入/输出函数、字符的输入/输出函数及字符串的输入/输出函数的使用方法。

（4）掌握选择结构的 if、if-else 和 switch 语句的书写格式、执行顺序，以及选择语句的嵌套。

（5）掌握循环结构的 while、do-while、for 三种语句的书写格式、执行顺序，以及循环语句的嵌套；掌握 goto、break、continue 语句在循环体中的使用方法。

（6）掌握一维数组和二维数组的概念，定义方法及初始化方法，了解数组作为函数参数的使用方法。

（7）掌握函数的定义和使用方式，以及函数参数的传递方式。

（8）理解编译预处理命令的定义及使用方法。

（9）了解指针与指针变量的概念，使用指针引用数组中数据的方法，了解指针与函数的关系。

（10）理解字符串与字符数组的概念，掌握字符指针、字符串函数的使用方法。

（11）掌握结构体、共用体变量的定义与引用，了解结构体与数组、指针和函数等结合使用的方法。

（12）了解计算机中流和文件的概念，了解文件的打开、关闭、读写和文件指针的使用方法。

（三）能力目标

（1）能够阅读、调试与运行 C 语言程序。

（2）能利用顺序、选择、循环三种程序设计结构编写程序的能力。

（3）能够利用模块化程序设计思想进行程序设计。

（4）能够利用数组处理大批量同类型数据。

（5）能够定义指针变量，使用指针处理数据的交换、数组元素访问、字符串数据处理等。

(6) 能够利用结构体、共用体处理复合数据。
(7) 能够进一步学习其他计算机程序语言。

四、课程设计

本课程的教学应认真探索以教师为主导、以学生为主体的教学思想的内涵和具体做法：采用"教、学、做"相结合的引探教学法,引导学生在"动手做"中学习理论；指导学生查阅有关的中英文技术资料,完成 C 语言程序设计项目的制作,写出实验报告。

课程内容的选择以培养学生的 C 语言的编程能力为核心,应特别注重反映学生编程能力的提升。教学过程中理论教学和实践应相互融合,协调进行,以期达到培养学生的工程技术应用能力的目标。注意把有关的英文技术名词、英文手册、英文技术资料等渗透到教学过程中。本课程的内容思维导图如下。

"程序设计基础(C 语言)"内容思维导图

五、教学内容安排

单元（项目）	节（任务）	知识点	技能点	素质（思政）内容与要求	学时	
					讲授	实践
1. C 语言概述	1.1 C 语言的历史和特点 1.2 主流开发工具的下载与安装 1.3 开发工具的使用	1. C 语言的发展历程及特点 2. 开发工具 VS 的使用方法 3. "HelloWorld"案例的编写和运行方法	1. 下载安装开发工具 2. 使用 VS 开发工具	通过介绍编程语言的发展历史,增加学生的民族自豪感	1	1
2. 数据类型与运算符	2.1 常量与变量的概念与定义 2.2 数据类型 2.3 运算 2.4 类型转换	1. 常量与变量的定义 2. 不同数据类型间的转换规则 3. 各种运算符的使用规则 4. 运算符的优先级	1. 定义常量和变量 2. 给变量赋值 3. 利用各种运算符书写表达式	通过将身边的信息表达成数据和运算式,增强学生学习的热情和自信心	2	2

续表

单元 (项目)	节(任务)	知 识 点	技 能 点	素质(思政) 内容与要求	学时 讲授	学时 实践
3. 格式化输入与输出	3.1 数据的格式化屏幕输出 3.2 数据的格式化键盘输入 3.3 单个字符的输入/输出 3.4 用％c、getchar()输入数据存在的问题分析	1. 数据格式化输入、输出函数scanf()、printf()的语法格式 2. 字符输入、输出函数putchar()、getchar()的语法格式 3. 转义字符的用法	1. 使用函数scanf()和printf()进行数据格式化输入与输出 2. 使用函数putchar()和getchar()进行字符数据的输入与输出	通过对输入输出格式的学习,培养学生认真细致、一丝不苟的工作态度	1	1
4. 选择结构程序设计	4.1 画流程图 4.2 关系运算符和逻辑运算符 4.3 条件语句(if-else) 4.4 开关语句(switch)	1. 算法的概念 2. 关系运算符的使用方法 3. if、switch判断语句各种选择情况 4. 选择语句的嵌套使用方法	1. 画选择结构的流程图 2. 使用关系运算符书写关系表达式 3. 使用选择语句解决实际问题 4. 调试程序,解决错误	通过介绍程序的基本结构,培养学生强烈的工作规范意识	4	4
5. 循环结构程序设计	5.1 计数控制的循环for语句 5.2 while循环和do-while循环 5.3 循环的嵌套 5.4 跳转语句(break、continue、goto)	1. for、while、do-while三种循环结构的使用方法 2. break、continue、goto语句的用法	1. 画循环结构的流程图 2. 使用for、while、do-while三种循环结构的思想解决实际问题 3. 运行程序调试解决错误	通过对循环结构的理解和设计,培养学生独立思考的意识	4	4
6. 函数	6.1 函数的定义、声明、参数传递 6.2 变量的作用域 6.3 函数调用 6.4 递归	1. 函数的定义、声明和调用方法 2. 函数的参数传递方法 3. 变量的作用域和存储类型 4. 递归函数的设计和调用方法	1. 运用函数解决实际问题 2. 模块化程序设计	结合函数的特点与应用,强调团队协作的重要性	4	4
7. 数组	7.1 一维数组 7.2 二维数组 7.3 数组作为函数参数 7.4 冒泡排序法	1. 一维、二维数组的定义和初始化方法 2. 数组元素的引用方式 3. 数组的遍历和搜索方法 4. 常用数组排序方法 5. 数组作为函数参数的使用方法	1. 运用一维、二维数组解决实际问题 2. 使用数组作为函数参数进行数据传递	结合数组的应用,强调诚信的品质和敬业精神	4	4

续表

单元 (项目)	节(任务)	知 识 点	技 能 点	素质(思政) 内容与要求	学时 讲授	学时 实践
8.指针	8.1 认识和定义指针变量 8.2 指针操作一维数组 8.3 使用指针操作二维数组 8.4 使用指针实现函数间数据传递 8.5 使用指向函数的指针	1.指针变量的使用方法及指针运算规则 2.指针与数组的用法 3.指针与函数的用法 4.const 修饰指针变量 5.二级指针定义	1.运用指针指向变量 2.运用指针变量作为函数参数 3.运用指针指向数组	独立完成相关学习任务,帮助学生养成认真、严谨的学习习惯	4	4
9.字符串	9.1 字符串的概念 9.2 字符串的输入/输出、字符串操作函数 9.3 数字与字符串转换、回文字符串	1.字符串和字符数组 2.字符串与指针 3.常见的字符串输入/输出函数 4.字符串的操作函数 5.数字与字符串的转换	1.定义字符串 2.使用字符串指针 3.使用常见的字符串处理函数 4.实现数字与字符串的转换	结合字符串的使用特点,培养学生一丝不苟、科学严谨的工作态度	2	2
10.结构体与共用体	10.1 结构体类型和结构体变量定义 10.2 typedef 给数据类型取别名 10.3 结构体指针变量 10.4 结构数组 10.5 共用体的定义、初始化和引用 10.6 链表的概念和基本操作	1.结构体的定义、初始化与使用方法 2.typedef 的用法 3.结构体指针的定义与使用方法 4.结构体数组的定义与使用方法 5.共用体的定义、初始化和引用方法 6.链表的基本操作方法	1.定义结构体和共用体 2.使用结构体解决复合数据类型的相关操作	结合结构体、共用体的特点与应用,培养学生友善、包容的品质	4	4
11.文件	11.1 计算机中的流及文件的概念 11.2 文件的打开与关闭 11.3 文件的读/写操作	1.文件的概念 2.文件的打开与关闭方法 3.文件的读/写操作方法	1.使用文件指针打开和关闭文件 2.对文件内容进行读和写的操作	结合文件的应用,培养学生包容、和谐、协作的意识	2	2
合计:64 学时					32	32

六、实施建议

(一)教学团队

本课程团队应具有相对稳定的高水平教学研究和实践能力,团队成员职称、学历、年龄等结构合理,成员中一般应配备不少于一名"双师型"教师,项目类课程建议增配不少于一名实验师。建议课程负责人应由具有中、高级专业技术职称、教学经验丰富、教学特色鲜明的教师担任。专任教师应具有高校教师资格、信息类专业本科以上学历,建议具有软件开发工作经历或双师资格。兼职教师应具有信息类专业本科以上学历,两年以上行业相关经历,具有软件开发工作经历并能应用于教学。

(二)教学设施

(1) 计算机硬件:高性能计算机机房一间。
(2) 计算机软件:Dev-C++或 VS 2019 或以上版本集成开发环境。
(3) 操作系统:Windows 10 操作系统。
(4) 教辅设备:投影仪、多媒体教学设备等。

(三)教学方法与手段

(1) 以学生为中心的项目驱动、过程驱动式教学方法的探索与应用。
(2) 依托信息化技术开展翻转课堂、混合式教学探索与设计。
(3) 熟练运用 AI、VR、AR、MR 等现代信息技术教学手段进行课程教学。

(四)教学资源

1. 推荐教材

暂无。

2. 资源开发与利用

资源类型	资源名称	数量	基本要求及说明
教学资源	教学课件/个	≥11	每个教学单元配备 1 个及以上教学课件
	微视频/(个/分钟)	数量≥32 个 时长≥256 分钟	每个学分配备 8 个及以上教学视频、教学动画等微视频
教学资源	习题库/道	≥160	每个教学单元配备习题,每个学分配备的习题不少于 40 道,其中,开放式/非标准答案测验题、案例题等综合应用题不少于 20%。每个习题均要提供答案及解析

(五)教学评价

1. 教学评价思路

本课程的考核采用形成性考核方式,期末采用笔试考核方式,具体考核方式采用由过程性考核、总结性考核、奖励性评价三部分构成的评价模式。

"程序设计基础(C语言)"课程标准

2. 评价内容与标准

教学评价说明

考核方式	过程性考核(60分)				总结性考核(40分)	奖励性评价(10分)
	平时考勤	平时作业	阶段测试	线上学习	期末考试(闭卷)	大赛获奖、考取证书等
分值设定	10	20	10	20	40	1~10
评价主体	教师	教师	教师	教师、学生	教师	教师
评价方式	线上、线下结合	线上	随堂测试	线上	线下闭卷笔试	线下

课程评分标准

考核方式	考核项目	评分标准(含分值)
过程性考核	平时考勤	全勤10分,迟到早退1次扣0.3分,旷课1次扣1分
	平时作业	作业不少于15次,作业一般为操作类作业、编程类作业和报告类作业,其中,操作类作业不少于10次。作业全批全改,每次作业按百分制计分,最后统计出平均分
	阶段测试	闭卷,随堂测试,线上考试,满分100分,题型包括单选题(50分)、判断题(20分)、填空题(20分)、简答题(10分)
	线上学习	考核数据从本课程学习网站平台上导出,主要是相关知识点的学习数据,完成全部知识点的学习,得10分
总结性考核	闭卷笔试	闭卷,线下考试,满分100分,题型包括单选题、多选题、判断题,考试时间120分钟
奖励性评价	大赛获奖	与课程相关的ACM奖项,一类赛项一等奖10分,二等奖7分,二类赛项一等奖7分、二等奖4分;每人增值性评价总分不超过10分
	职业资格证书获取	与课程相关的职业资格证书获取,一项5分,每人增值性评价总分不超过10分

"面向对象编程技术（C♯）"课程标准

KCBZ-××××-×××× （KCBZ-课程代码-版本号）

江荔　谢建华　张拓

一、课程概要

课程名称	中文：面向对象编程技术（C♯） 英文：Object Oriented Programming（C♯）		课程代码		××××	
课程学分	4		课程学时		共64学时，理论32学时，实践32学时	
课程类别	☑专业基础课程　□专业核心课程　□专业拓展课程					
课程性质	☑必修　□选修		适用专业		虚拟现实技术应用	
先修课程	程序设计基础（C语言）		后续课程		虚拟现实引擎技术 等应用开发类课程	
建议开设学期	第一学期	第二学期 √	第三学期	第四学期	第五学期	第六学期

二、课程定位

本课程是虚拟现实技术应用专业的专业基础课程，将按照专业培养目标，培养学生热爱祖国，拥护中国共产党的领导，树立科学的世界观、人生观和价值观；培养学生认真细致、一丝不苟、团队合作的职业素养。同时要求学生掌握虚拟现实编程的基本概念、编程语言、编程工具及编程方法，了解虚拟现实典型应用案例中的各个功能模块编程实现的过程，结合上机实验，掌握虚拟现实的编程技术。

［作者简介］　江荔，福州职业技术学院；谢建华，广州番禺职业技术学院；张拓，江西泰豪动漫职业学院。

三、教学目标

（一）素质（思政）目标

（1）培养学生热爱祖国、热爱人民，拥护中国共产党的领导，拥有高尚的爱国情操，树立强烈的民族自豪感。

（2）培养学生敬业、乐业、勤业精神。

（3）培养学生独立思考、自主创新的意识。

（4）培养学生认真细致、一丝不苟的工作态度。

（5）培养学生科学严谨、标准规范的职业素养。

（6）培养学生团队协作、表达沟通能力。

（7）培养学生信息检索与综合运用能力。

（二）知识目标

（1）了解开发平台的软件组成和作用。

（2）掌握C♯程序结构和语法基础。

（3）理解类、对象、封装、继承、多态等面向对象的含义。

（4）掌握程序异常处理的概念，掌握异常处理的结构。

（5）掌握捕获异常的语法和处理方法。

（6）掌握C♯中委托及事件的使用方法。

（7）掌握集合类的用法及遍历方法。

（8）掌握泛型类、接口、方法、事件及委托的使用方法。

（9）掌握字符串类的创建和字符串的使用方法。

（10）掌握正则表达式的基本用法。

（11）理解Windows窗体和控件以及属性、事件和方法等概念。

（12）掌握常用控件的使用与设置方法。

（三）能力目标

（1）能够安装、运用Visual Studio 2019开发环境。

（2）能够使用Visual Studio 2019编写简单的C♯程序。

（3）能够使用Visual Studio 2019进行C♯面向对象编程。

（4）能够使用Visual Studio 2019处理程序异常。

（5）能够使用Visual Studio 2019处理委托及事件。

（6）能够应用Visual Studio 2019中的C♯集合与泛型。

（7）能够应用Visual Studio 2019中的字符串与正则表达式。

（8）能够应用Visual Studio 2019中Windows窗体编程思想和常用控件。

（9）能够阅读英文资料。

四、课程设计

本课程的教学应认真探索以教师为主导、以学生为主体的教学思想的内涵和具体做法:采用"教、学、做"相结合的引探教学法,引导学生在"动手做"中学习理论;指导学生查阅有关的中英文技术资料,完成各单元实验报告。

课程内容的选择以培养学生的面向对象编程能力为核心,应特别注重反映最新C♯编程技术的应用。教学过程中理论教学和实践应相互融合,协调进行,以期达到培养学生的C♯编程技术应用能力的目标,为后续虚拟现实引擎技术打下基础。同时注意把有关的英文技术名词、英文手册、英文技术资料等渗透到教学过程中。本课程的内容思维导图如下。

"面向对象编程技术(C♯)"内容思维导图

五、教学内容安排

单元 (项目)	节(任务)	知识点	技能点	素质(思政) 内容与要求	学时	
					讲授	实践
1. C♯语言基础	1.1 认识C♯语言 1.2 C♯基本语法 1.3 数据类型 1.4 变量和常量 1.5 运算符和表达式 1.6 流程控制语句 1.7 输入/输出语句	1. 虚拟现实平台的软件组成和作用 2. Visual Studio 2019 开发环境的使用方法 3. 标识符、关键字和注释 4. 数据类型,变量和常量的声明和使用,运算符和表达式等知识 5. 类型转换方法 6. 分支、循环结构程序设计思维 7. 输入/输出语句 8. using语句的作用	1. 安装 Visual Studio 2019 开发环境 2. 开发第一个C♯应用程序 3. 使用各种类型数据 4. 声明和使用变量、常量,运用运算符和表达式 5. 转换数据类型 6. 使用if语句、switch语句编写分支结构程序,使用三目条件运算符作逻辑判断 7. 使用for、while、do-while语句完成循环结构程序设计 8. 使用输入/输出语句 9. 使用using语句	通过了解C♯语言的作用,激发求知欲	5	5

续表

单元 (项目)	节(任务)	知 识 点	技 能 点	素质(思政) 内容与要求	学时 讲授	学时 实践
2. 面向对象的C#	2.1 类和对象 2.2 面向对象的基本特征 2.3 虚方法和覆写方法 2.4 接口 2.5 命名空间 2.6 预处理指令 2.7 抽象类和抽象方法	1. 类的概念,字段、构造函数、方法和属性等成员的作用 2. 类的静态方法和静态属性的定义 3. this 关键字和 readonly 修饰符的用法 4. 访问修饰符的用法 5. 虚方法和覆写方法 6. 类的继承、派生和多态 7. 类的封装性 8. 接口的定义和实现方法 9. 命名空间的使用方法 10. 预处理指令的使用方法 11. 抽象类和抽象方法的使用方法	1. 定义类,编写字段、构造函数、方法和属性等成员,能编写抽象类并使用 new 构建对象 2. 使用访问修饰符控制类成员的可访问性 3. 创建类静态方法和静态属性 4. 应用类的继承和多态编程 5. 使用基类编写派生类 6. 定义接口、实现接口 7. 编写抽象类和抽象方法	通过理解相关知识点,培养面向对象的编程思维,较强的逻辑思维能力	9	9
3. 异常处理	3.1 异常处理结构 3.2 异常处理实例 3.3 自定义异常	1. 程序异常处理的概念 2. 异常处理的结构 3. 捕获处理异常的方法 4. C#异常类的方法 5. 自定义异常的使用方法	1. 捕获并处理异常 2. 创建和处理自定义异常	通过对异常的处理,培养学生认真细致、一丝不苟的工作态度	2	2
4. 委托和事件	4.1 委托的应用 4.2 事件的处理	1. 委托的声明方法 2. 委托的应用方法 3. 事件的声明方法 4. 事件的处理方法	1. 定义和使用委托 2. 创建和应用委托的多播 3. 定义和使用事件 4. 给对象添加事件并处理事件	通过对委托与事件的学习,培养学生科学严谨的职业素养	2	2
5. 集合	5.1 集合类 5.2 集合类方法的使用	1. 集合类 ArrayList 类、Queue 类、Stack 类、HasTable 类的定义 2. 集合类的遍历方法	1. 利用 ArrayList 类、Queue 类、Stack 类、HasTable 类编程 2. 使用 foreach 循环语句遍历集合类	通过对集合的理解,培养学生标准规范的职业素养	3	3

续表

单元 (项目)	节(任务)	知识点	技能点	素质(思政) 内容与要求	学时 讲授	学时 实践
6. 泛型	6.1 泛型集合类 6.2 泛型方法 6.3 泛型委托	1. 泛型集合 List⟨T⟩类、Dictionary⟨K,V⟩类等特点 2. 泛型类和泛型方法的使用方法 3. 泛型委托的使用方法	1. 利用 List⟨T⟩类、Dictionary⟨K,V⟩类编程 2. 利用泛型类、泛型方法编程 3. 利用类型参数定义和使用泛型委托	通过对泛型的学习,培养学生自主创新的意识	3	3
7. 字符串和正则表达式	7.1 字符串 7.2 正则表达式	1. 创建 String 对象的方法、String 类的属性 2. StringBuilder 类和 DateTime 类的常用方法 3. 正则表达式的定义 4. Regex 类的常用方法	1. 通过给 String 变量指定一个字符串 2. 通过使用 String 类构造函数 3. 通过使用字符串串联运算符 4. 通过检索属性或调用一个返回字符串的方法 5. 通过格式化方法来转换一个值或对象为它的字符串表示形式 6. 使用正则表达式实现文本验证	通过本单元的学习,培养学生独立思考的意识	4	4
8. Windows 窗体	8.1 Windows 窗体应用程序的创建 8.2 常用窗体控件的使用	1. Windows 窗体项目的创建方法 2. 控件的继承层次 3. 窗体属性、方法和事件 4. Windows 窗体常用控件(标签、文本框、按钮、单选按钮、复选框、复选列表框、列表框等控件)的使用与设置方法 5. 控件的调用方法 6. 事件的添加方法	1. 使用控件创建用户界面 2. 理解图形界面中的事件驱动编程机制 3. 正确使用控件和事件来处理用户输入及显示数据 4. 编写窗体程序解决实际问题	通过本单元的学习,培养学生的综合应用能力和全局意识	4	4
合计:64 学时					32	32

六、实施建议

（一）教学团队

本课程团队应具有相对稳定的高水平教学研究和实践能力,团队成员职称、学历、年龄等结构合理,成员中一般应配备不少于一名"双师型"教师,项目类课程建议增配不少于一名实验师。建议课程负责人一般应由具有中、高级专业技术职称、教学经验丰富、教学特色鲜明的教师担任。专任教师应具有高校教师资格,信息类专业本科以上学历,建议具有软件开发工作经历或双师资格。兼职教师应具有信息类专业本科以上学历,两年以上企业行业相关经历,具有面向对象编程开发工作经历并能应用于教学。

（二）教学设施

（1）计算机硬件:高性能计算机机房一间。
（2）计算机软件:Visual Studio 2019 或以上版本集成开发环境。
（3）操作系统:Windows 10 操作系统。
（4）教辅设备:投影仪、多媒体教学设备等。

（三）教学方法与手段

（1）以学生为中心的项目驱动、过程驱动式教学方法的探索与应用。
（2）依托信息化技术开展翻转课堂、混合式教学探索与设计。
（3）熟练运用 AI、VR、AR、MR 等现代信息技术教学手段进行课程教学。

（四）教学资源

1. 推荐教材

郑卉,陈海珠. C♯程序设计[M]. 3 版. 北京:高等教育出版社,2022.

2. 资源开发与利用

资源类型	资源名称	数 量	基本要求及说明
教学资源	教学课件/个	≥8	每个教学单元配备 1 个及以上教学课件
	微视频/(个/分钟)	数量≥32 个 时长≥256 分钟	每个学分配备 8 个及以上教学视频、教学动画等微视频
	习题库/道	≥160	每个教学单元配备习题,每个学分配备的习题不少于 40 道,其中,开放式/非标准答案测验题、案例题等综合应用题不少于 20%。每个习题均要提供答案及解析

（五）教学评价

1. 教学评价思路

本课程的考核采用形成性考核方式,期末采用笔试考核方式,具体考核方式采用由过程性考核、总结性考核、奖励性评价三部分构成的评价模式。

2. 评价内容与标准

教学评价说明

考核方式	过程性考核（60分）				总结性考核（40分）	奖励性评价（10分）
	平时考勤	平时作业	阶段测试	线上学习	期末考试（闭卷）	大赛获奖、考取证书等
分值设定	10	20	10	20	40	1~10
评价主体	教师	教师	教师	教师、学生	教师	教师
评价方式	线上、线下结合	线上	随堂测试	线上	线下闭卷笔试	线下

课程评分标准

考核方式	考核项目	评分标准（含分值）
过程性考核	平时考勤	全勤10分，迟到早退1次扣0.3分，旷课1次扣1分
	平时作业	作业不少于15次，作业一般为操作类作业、编程类作业和报告类作业，操作类作业不少于10次。作业全批全改，每次作业按百分制计分，最后统计出平均分
	阶段测试	闭卷，随堂测试，线上考试，满分100分，题型包括单选题（50分）、判断题（20分）、填空题（20分）、简答题（10分）
	线上学习	考核数据从本课程学习网站平台上导出，主要是相关知识点的学习数据，完成全部知识点的学习，得10分
总结性考核	闭卷笔试	闭卷，线下考试，满分100分，题型包括单选题、多选题、判断题，考试时间120分钟
奖励性评价	大赛获奖	与课程相关的编程类奖项，一类赛项一等奖10分、二等奖7分，二类赛项一等奖7分、二等奖4分；每人增值性评价总分不超过10分
	职业资格证书获取	与课程相关的职业资格证书获取，一项5分，每人增值性评价总分不超过10分

课程内容的选择以培养学生的数据操作以及数据库设计能力为核心,特别是注重反映最新虚拟现实技术应用到的数据库技术。本课程将 MySQL 视为一个整体项目过程,打破传统 MySQL 教学的条块界限,按照 MySQL 的实际项目过程作为课程的教学主线。

课程以项目需求为驱动,课堂教学主要把握知识的结构和重点,强调特征性问题。教学过程以学生为主体,以项目的完成为贯穿主线,启发引导学生提升自学能力和解决问题的能力。学生在项目设计开发的过程中,自行学习相关知识,搜集相关资料,从而掌握数据库相关技术的主要内容。

课程内容应结合专业教学经验与专业工作过程特点,按照功能模块细分为任务,从一个项目雏形的分析和实现,逐步加入新的功能需求直到完成整个项目,并激励学生对功能进行扩展。从学生的认知与技能特点出发,采用由易到难与设计项目相结合的方式来展开教学;通过学习领域、知识点、技能点的典型案例分析与讲解等情境来组织教学,引导学生在项目教学过程中掌握移动程序设计的专业知识,培养学生初步具备实际工作过程的专业技能。既满足循序渐进开发的要求,又给予学生一个较大项目完成过程的实际体验。

本课程是虚拟现实技术应用专业的专业基础课程,是学生从事虚拟现实技术工作岗位群的核心能力,是学生参加"1+X"考证的基础,是参加虚拟现实技术比赛应具备的专业技能。该课程思政的开发与实践,是"政、岗、课、赛"一体化教学改革的创新,将有利于专业课程与思政课程同向同行,构建多层次、系统化的课程思政,为培养品德高尚、敬业爱国、技能精湛、创新务实的技术技能型人才打下基础。本课程的内容思维导图如下。

"数据库技术"内容思维导图

五、教学内容安排

单元 (项目)	节(任务)	知 识 点	技 能 点	素质(思政) 内容与要求	学时	
					讲授	实践
1. 数据库基础	1.1 数据库概述 1.2 数据库设计	1. 数据与数据库的基本概念 2. 数据库的发展 3. 数据库管理系统和数据库系统基本概念 4. 结构化查询语句 5. 大数据时代结合虚拟技术的数据库管理系统应用知识 6. 数据库模型	1. 区分数据库系统中的专业名词 2. 根据需求确定实体、属性和关系 3. 将实体、属性和联系转化为 E-R 图 4. 将 E-R 模型图转化为关系模型	1. 培养学生热爱中国共产党和中国人民,拥有高尚的爱国情操,树立强烈的民族自豪感 2. 培养学生敬业、乐业、勤业精神	2	2

续表

单元 (项目)	节(任务)	知识点	技能点	素质(思政) 内容与要求	学时 讲授	学时 实践
1. 数据库基础		7. 关系型数据库基本理论				
2. MySQL环境和安装	2.1 MySQL 软件介绍及下载 2.2 MySQL 软件的安装步骤 2.3 数据库服务器的连接与断开	1. MySQL 数据库主要特点 2. MySQL 数据库版本 3. MySQL 软件的下载与安装方法 4. 连接与断开服务器方法	1. 下载与安装 MySQL 软件 2. 对 MySQL 服务器的配置 3. 使用运行命令登录服务器 4. 直接以管理员身份登录 5. 使用命令退出服务器	1. 信息化建设需要自主创新 2. 培养学生独立思考、自主创新的意识 3. 培养学生认真细致、一丝不苟的工作态度	1	1
3. MySQL图形化界面使用	3.1 MySQL workberch 认知 3.2 phpMyAdmin 认知 3.3 Navicat for MySQL 认知 3.4 SQLyog 认知	1. 不同的图形化管理工具的基本界面 2. 各种图形化管理工具的特点	使用图形化管理工具对数据库进行基本操作	培养学生信息检索与综合运用能力	2	2
4. 数据库操作	4.1 创建管理数据库 4.2 创建管理数据库表 4.3 案例实践操作	1. 数据库的概念 2. 数据表的概念 3. 数据类型 4. 数据库及数据表的操作方法	1. 创建数据库 2. 操作数据库,如修改和删除、显示 3. 创建数据库表 4. 操作数据库表,如建表、增加、改表字段 5. 对表进行复制及删除	1. 培养学生科学严谨、标准规范的职业素养 2. 培养学生团队协作、表达沟通能力	2	2
5. MySQL存储引擎	5.1 MySQL 体系结构及存储引擎介绍 5.2 几种主要存储引擎的介绍	1. MySQL 的体系结构 2. 数据库存储引擎基础知识	1. 分析 MySQL 体系结构 2. 认识 MySQL 存储引擎	培养学生科学严谨、标准规范的职业素养	1	1
6. MySQL数据类型	6.1 数值型 6.2 日期与时间型 6.3 字符串 6.4 数据类型属性	1. 整型、浮点型数值型类型 2. 日期与时间型数据类型 3. 字符串类型 4. 数据类型属性,如主键、自动增加、默认值、唯一、外键约束	1. 区分不同数据的数据类型 2. 确立数据表中字段的数据类型 3. 使用数据类型属性确立数据表的主键及相关数据属性	培养学生信息检索与综合运用能力	1	1

"数据库技术"课程标准

续表

单元 (项目)	节(任务)	知识点	技能点	素质(思政) 内容与要求	学时 讲授	学时 实践
7. My-SQL 数据表操作	7.1 创建表 7.2 修改表 7.3 删除表 7.4 查看表结构 7.5 表数据的插入 7.6 表数据的更改 7.7 表数据的删除	1. 数据的插入操作命令格式 2. 数据插入操作命令 3. 数据修改操作命令 4. 数据删除操作命令格式	1. 使用 insert into 插入数据 2. 使用 update 语句修改数据 3. 使用 delete 语句删除语句	1. 培养学生热爱中国共产党和中国人民,拥有高尚的爱国情操,树立强烈的民族自豪感 2. 培养学生敬业、乐业、勤业精神	4	4
8. My-SQL 数据查询	8.1 select 基本语法 8.2 简单查询 8.3 统计查询 8.4 多表查询 8.5 子查询	1. select 基本语句 2. 结合 where、order by、limit 子句实现简单查询的用法 3. 运用 group by 子句及集合函数实现统计查询命令格式 4. 交叉连接查询、内连接查询、外连接查询命令格式 5. 子查询语句的命令格式	1. 实现数据的基本查询 2. 使用集合函数及分组查询处理数据 3. 编写多表查询语句 4. 编写子查询语句	1. 信息化建设需要自主创新 2. 培养学生独立思考、自主创新的意识 3. 培养学生认真细致、一丝不苟的工作态度	4	4
9. My-SQL 常用函数	9.1 数学函数 9.2 日期与时间函数 9.3 字符串函数 9.4 聚合函数 9.5 系统信息函数 9.6 流程控制函数	1. 常用函数的功能作用 2. 常用函数的使用方法	1. 使用函数处理数据 2. 正确拼写函数 3. 结合常用函数实现数据的查询	培养学生信息检索与综合运用能力	1	1
10. My-SQL 索引	10.1 索引的概念与分类 10.2 索引的创建 10.3 索引的删除 10.4 查看索引操作	1. 索引的概念 2. 索引的分类 3. 创建表时对索引的创建方法 4. create index 语句创建索引的方法 5. 掌握 alter table 创建索引的方法 6. 使用 drop index 及 alter table 删除索引的方法 7. 使用 show index from 语句查看索引的方法	1. 使用图形管理工具及命令代码创建不同类型的索引 2. 运用索引的概念区分实际对数据表中字段创建所对应的类型的所索引 3. 通过命令语句实现对索引的删除、查看操作	1. 培养学生科学严谨、标准规范的职业素养 2. 培养学生团队协作、表达沟通能力	2	2

续表

单元(项目)	节(任务)	知识点	技能点	素质(思政)内容与要求	学时 讲授	学时 实践
11. MySQL 视图	11.1 视图的基本概念 11.2 创建视图 11.3 查看实体操作 11.4 修改与删除视图 11.5 更新视图	1. 视图的概念 2. 视图的创建方法 3. 对视图的查看、修改、删除等操作的方法 4. 对视图的操作更新数据的方法	1. 使用图像管理工具及命令创建视图 2. 操作视图，如查看视图命令、alter 修改视图、drop 删除视图 3. 使用视图更新源表数据	培养学生科学严谨、标准规范的职业素养	2	2
12. 完整性约束	12.1 数据完整性 12.2 主体完整性 12.3 参照完整性 12.4 用户自定义完整性	1. 数据完整性定义及类型 2. 主键约束概念 3. 替代约束概念 4. 参照完整性定义及规则 5. check 完整约束概念	1. 给数据表创建主键 2. 结合数据表实际意义创建外键约束 3. 结合数据表字段数据意义创建 check 约束	培养学生信息检索与综合运用能力	2	2
13. 存储过程与存储函数	13.1 创建存储过程和函数 13.2 调用存储过程和函数 13.3 查看存储过程和函数 13.4 修改存储过程和函数 13.5 删除存储过程和函数	1. 存储过程的作用及特点 2. 存储过程的创建方法 3. 存储过程函数的创建方法 4. 变量的使用方法 5. 定义条件和处理程序 6. 光标的使用方法 7. 流程控制的使用方法 8. 存储过程的调用方法 9. 对存储过程和函数的查看方法 10. 修改存储过程及函数方法 11. 删除存储过程及函数方法	1. 使用 create procedure 创建存储过程 2. 使用 create function 创建函数 3. 使用命令操作光标 4. 使用命令实现程序的流程控制 5. 使用 call 语句调用存储过程 6. 使用 show staus 语句查看存储过程及函数状态 7. 使用 alter procedure、drop procedure 修改和删除存储过程和函数	1. 培养学生热爱中国共产党和中国人民，拥有高尚的爱国情操，树立强烈的民族自豪感 2. 培养学生敬业、乐业、勤业精神	4	4
14. 触发器	14.1 触发器的概念 14.2 触发器的创建 14.3 触发器的查看 14.4 触发器的使用 14.5 触发器的删除 14.6 触发器的综合案例	1. 触发器的定义 2. 触发器的创建命令格式 3. 使用命令查看触发器的方法 4. 触发器的操作方法	1. 使用 create 创建触发器 2. 使用 show triggers 查看触发器信息 3. 使用 drop trigger 删除触发器	1. 信息化建设需要自主创新 2. 培养学生独立思考、自主创新的意识 3. 培养学生认真细致、一丝不苟的工作态度	2	2

续表

单元 （项目）	节（任务）	知 识 点	技 能 点	素质（思政） 内容与要求	学时 讲授	学时 实践
14.触发器			4.结合实际案例分析创建触发器实现数据处理			
15.备份与恢复	15.1 数据库备份的概念和重要性 15.2 MySQL 数据库备份的方法 15.3 MySQL 数据库恢复的方法 15.4 数据库备份恢复的实践 15.5 数据库备份恢复的策略	1.数据库备份的重要性 2.MySQL 数据库的物理备份及逻辑备份方法 3.数据库的物理恢复及逻辑恢复方法 4.备份恢复策略的定义、制订及管理	1.对数据库经行备份 2.利用数据库备份恢复数据库	培养学生科学严谨、标准规范的职业素养	1	1
16.权限管理与安全控制	16.1 权限管理基础 16.2 访问控制 16.3 日志审计 16.4 数据加密	1.数据库用户及角色定义 2.用户的创建及操作方法 3.用户的授权操作 4.日志审计概念 5.日志分析方法 6.对 MySQL 数据加密方法	1.创建用户及设置授权 2.利用 mysqldumpslow、mysql-binlog 工具 3.分析查询日志 4.对数据库、表、列进行加密操作	1.培养学生科学严谨、标准规范的职业素养 2.培养学生团队协作、表达沟通能力	1	1
合计：64 学时					32	32

六、实施建议

（一）教学团队

本课程团队应具有相对稳定的高水平教学研究和实践能力，团队成员职称、学历、年龄等结构合理，成员中一般应配备不少于一名"双师型"教师，项目类课程增配不少于一名实验师。建议课程负责人一般应由具有中、高级专业技术职称、教学经验丰富、教学特色鲜明的教师担任。专任教师应具有高校教师资格，信息类专业本科以上学历，建议具有数据库相关应用开发的管理工作经历或双师资格。兼职教师应具有信息类专业本科以上学历，两年以上企业行业相关经历，具有数据库相关应用开发和管理工作经历并能应用于课程教学。

（二）教学设施

（1）计算机硬件：45 座机房一个。
（2）计算机软件：MySQL、图形化管理工具。
（3）操作系统：Windows 10 操作系统。
（4）教辅设备：投影仪、多媒体教学设备等。

（三）教学方法与手段

（1）以学生为中心的项目驱动、过程驱动式教学方法的探索与应用。以项目需求为驱动，课堂教学主要把握知识的结构和重点，强调特征性问题。教学过程以学生为主体，以项目的完成为贯穿主线，启发引导学生提升自学能力和解决问题的能力。学生在项目设计开发的过程中，自行学习相关知识，搜集相关资料，从而掌握数据库相关技术的主要内容。

（2）依托信息化技术开展翻转课堂、混合式教学探索与设计。

（3）熟练运用 AI、VR、AR、MR 等现代信息技术教学手段进行课程教学。

（四）教学资源

1. 推荐教材

郎振江，曹志胜. 数据库基础与实践项目教程[M]. 北京：清华大学出版社，2022.
周德伟. MySQL 数据库基础实例教程[M]. 2版. 北京：人民邮电出版社，2021.
张成叔. MySQL 数据库设计与应用[M]. 北京：中国铁道出版社，2021.

2. 资源开发与利用

资源类型	资源名称	数量	基本要求及说明
教学资源	教学课件/个	≥16	每个教学单元配备1个及以上教学课件
	微视频/(个/分钟)	数量≥32个 时长≥256分钟	每个学分配备8个及以上教学视频、教学动画等微视频
	习题库/道	≥160	每个教学单元配备习题，每个学分配备的习题不少于40道，其中，开放式/非标准答案测验题、案例题等综合应用题不少于20%。每个习题均要提供答案及解析

（五）教学评价

1. 教学评价思路

本课程的考核采用形成性考核方式，期末采用笔试考核方式，具体考核方式采用由过程性考核、总结性考核、奖励性评价三部分构成的评价模式。

2. 评价内容与标准

教学评价说明

考核方式	过程性考核 （60分）				总结性考核 （40分）	奖励性评价 （10分）
	平时考勤	平时作业	阶段测试	线上学习	期末考试 （闭卷）	大赛获奖、考取证书等
分值设定	10	20	10	20	40	1～10
评价主体	教师	教师	教师	教师、学生	教师	教师
评价方式	线上、线下结合	线上	随堂测试	线上	线下闭卷笔试	线下

"数据库技术"课程标准

课程评分标准

考核方式	考核项目	评分标准（含分值）
过程性考核	平时考勤	全勤10分，迟到早退1次扣0.5分，旷课1次扣1分
	平时作业	作业不少于14次，作业一般为操作类作业、编程类作业和报告类作业，操作类作业不少于10次。作业全批全改，每次作业按百分制计分，最后统计出平均分
	阶段测试	闭卷，随堂测试，线上考试，满分100分，题型包括单选题（50分）、判断题（20分）、填空题（20分）、简答题（10分）
过程性考核	线上学习	考核数据从本课程学习网站平台上导出，主要是相关知识点的学习数据，完成全部知识点的学习，得10分
总结性考核	闭卷笔试	闭卷，线下考试，满分100分，题型单选题，多选，判断，考试时间120分钟
奖励性评价	大赛获奖	与课程相关的数据库设计类奖项，一类赛项一等奖10分、二等奖7分，二类赛项一等奖7分、二等奖4分；每人增值性评价总分不超过10分
	职业资格证书获取	与课程相关的职业资格证书获取，一项5分，每人增值性评价总分不超过10分

"图像处理软件及应用（Photoshop）"课程标准

KCBZ-××××-×××× （KCBZ-课程代码-版本号）

李奇泽 薛亚田 陶黎艳 李沅蓉 王影

一、课程概要

课程名称	中文：图像处理软件及应用(Photoshop) 英文：Image Processing Software and Application(Photoshop)		课程代码		××××	
课程学分	4		课程学时	共 64 学时，理论 16 学时，实践 48 学时		
课程类别	☑专业基础课程 □专业核心课程 □专业拓展课程					
课程性质	☑必修 □选修			适用专业	虚拟现实技术应用	
先修课程	虚拟现实技术基础			后续课程	贴图制作与编辑 UI 界面设计	
开设学期	第一学期	第二学期	第三学期	第四学期	第五学期	第六学期
	√					

二、课程定位

　　本课程是虚拟现实技术应用专业的专业基础课程，将按照专业培养目标，培养学生热爱祖国，拥护中国共产党的领导，树立科学的世界观、人生观和价值观；培养学生认真细致、一丝不苟、团队合作的职业素养。同时要求学生掌握图形图像处理的基本概念、基本知识，图形图像处理软件(Photoshop)的操作方法和技巧、图像色彩处理的基本知识和操作流程、绘图功能与制作、创意与设计表达等。通过课程学习，学生能够具备较强的处理、制作和设计图像的综合操作能力，初步形成设计意识和思维，并具备完成图像数字化处理、海报设计、网页设计等制作能力，为后续学习 VR 贴图和 UI 设计打下基础。

[作者简介] 李奇泽，三明学院；薛亚田，浙江纺织服装职业技术学院；陶黎艳，江西泰豪动漫职业学院；李沅蓉，江西泰豪动漫职业学院；王影，重庆城市职业学院。

三、教学目标

（一）素质（思政）目标

（1）培养学生热爱祖国，热爱人民，拥护中国共产党的领导，拥有高尚的爱国情操，树立强烈的民族自豪感。

（2）培养学生敬业、乐业、勤业精神。

（3）培养学生独立思考、自主创新的意识。

（4）培养学生认真细致、一丝不苟的工作态度。

（5）培养学生科学严谨、标准规范的职业素养。

（6）培养学生团队协作、表达沟通能力。

（7）培养学生信息检索与综合运用能力。

（二）知识目标

（1）了解图像的基本概念（种类与转换），掌握 Photoshop 软件的基本操作（工具、菜单），以及与 Adobe 公司其他软件协作处理的基本操作。

（2）掌握 Photoshop 中图形图像的绘制与设计的操作流程和方法。

（3）掌握 Photoshop 中图像色彩的基本理论、调整与修饰的操作流程。

（4）掌握 Photoshop 滤镜功能和混合样式在图像处理中的基本操作流程。

（5）掌握 Photoshop 字体特效和设计的操作流程和方法。

（6）掌握 Photoshop 中海报、网页设计的操作流程和方法。

（7）掌握版式设计与色彩搭配的基本知识和方法。

（三）能力目标

（1）能够安装、配置、维护操作 Photoshop 软件的各版本。

（2）能够使用 Photoshop 软件绘制和设计图形图像。

（3）能够使用 Photoshop 软件处理图像色彩和特效。

（4）能够使用 Photoshop 软件处理、制作与设计文字特效。

（5）能够使用 Photoshop 软件进行版式设计。

（6）能够使用 Photoshop 软件实现数字色彩搭配。

（7）能够使用 Photoshop 软件进行数字界面设计（横幅广告、公众号长图、网页、图标）。

四、课程设计

本课程以服务 VR 贴图和 UI 界面设计目标为导向，以培养学生图像处理和设计思维能力为主线，采用案例实践的教学方法，通过实践训练使得学生掌握和强化基本知识和操作，并引出相关概念、流程与设计思维，体现"练中学、学中做"的教学思路。由于 Photoshop 功能复杂且强大，本课程设计不再采用以往介绍菜单和工具的教学流程来熟悉、操作软件本身，而是采用"教、学、练"相结合的引探教学法，并融入 UI 设计师职业素养教育和传统文化的价值观引导等内容，注重提升学生的综合素质和专业竞争力。

以具体问题为导向,通过企业和社会需求调研,以职业岗位能力为起点,提炼出图像处理课程的课程内容,形成课程的知识、能力和素质目标。以 Photoshop 为实践和表达工具,从 VR 贴图制作和 UI 界面设计的任务中提取课程项目,将课程内容分解成 8 个部分,强调以能力训练为重,针对项目具体能力要素的培养设定具体目标内容,理论与实践内容结合。精心挑选训练任务,从 16 个单元 52 节知识中凝练 16 个前后关联、由易到难的实践任务,体现精训精练;把 Photoshop 软件处理图像与设计的重要功能与操作融入每个实践项目中,在重复使用重点功能中不仅可以掌握和强化对 Photoshop 软件的使用;还可以了解 Photoshop 中的次要功能。训练内容由点到线,由线到面,体现训练的综合性和系统性,为学生提供了深入学习掌握和全面了解的可能性。本课程的内容思维导图如下。

"图像处理软件及应用(Photoshop)"内容思维导图

五、教学内容安排

单元 (项目)	节(任务)	知识点	技能点	素质(思政) 内容与要求	学时	
					讲授	实践
1. 图像的基本知识和软件的基本操作	1.1 图像处理的基础知识 1.2 软件的基本操作	1. 位图和矢量图的基本概念 2. 分辨率的基本概念 3. 图像的色彩模式 4. 常用的图像文件格式 5. Photoshop 的工作界面 6. 文件的相关操作方式 7. Photoshop 首项的使用方式 8. 画布以及图像尺寸的调整方式	1. 新建分辨率、色彩模式符合要求文件 2. 存储正确的文件格式 3. 使用首选项设置软件的基本属性 4. 使用窗口菜单调整 Photoshop 面板 5. 打开、保存文件、置入、导出图片 6. 调整画布大小以及图像大小	1. 培养学生认真细致、一丝不苟的工作态度 2. 培养学生科学严谨、标准规范的职业素养	1	3
2. Photoshop 软件工具面板使用与介绍	2.1 图形图像的编辑操作 2.2 工具面板选择工具的使用 2.3 工具面板选区工具的使用	1. 图层的含义 2. 选择工具的使用方法 3. 选区工具的操作方法 4. 图像编辑的操作技巧	1. 使用选框、套索、魔棒工具选中选区 2. 对选区进行移动、羽化、取消、全选、反选操作	培养学生认真细致、一丝不苟的工作态度	1	3

"图像处理软件及应用(Photoshop)"课程标准

续表

单元 (项目)	节(任务)	知 识 点	技 能 点	素质(思政) 内容与要求	学时	
					讲授	实践
2. Photoshop软件工具面板使用与介绍			3. 对图像进行编辑：包括图像的复制删除、裁切和变换操作			
3. Photoshop软件绘画功能的使用与介绍	3.1 图像的绘制方法 3.2 画笔工具的使用 3.3 修补工具的使用 3.4 渐变工具的使用	1. 绘图工具的使用方式 2. 图像修饰工具的使用方式	1. 使用画笔、铅笔、历史记录画笔、油漆桶、吸管、渐变工具等绘制图像 2. 使用修补、模糊、减淡、橡皮擦工具等修饰图像 3. 涂抹工具等修饰图像	培养学生认真细致、一丝不苟的工作态度	1	3
4. Photoshop软件中图形制作的功能与方法	4.1 图形的绘制方式 4.2 形状工具绘制 4.3 路径绘制形状	1. 矢量图形工具的使用方法 2. 路径的概念 3. 路径的绘制工具 4. 路径的编辑技巧	1. 使用矩形等矢量图形工具绘制图形 2. 使用路径绘制、路径选择工具、直接选择工具等路径工具 3. 对路径进行新建、复制、删除、重命名、填充、描边等	培养学生认真细致、一丝不苟的工作态度	1	3
5. Photoshop软件中颜色功能的使用与介绍	5.1 颜色设定与修改 5.2 颜色的特殊处理	1. 调整图像色彩与色调的方式 2. 特殊颜色的处理方式	1. 使用色相/饱和度、色彩平衡、反向、自动对比度等对图像进行调色 2. 使用去色、匹配颜色等处理特殊颜色	1. 培养学生认真细致、一丝不苟的工作态度 2. 培养学生科学严谨、标准规范的职业素养	1	3
6. Photoshop软件蒙版与通道	6.1 使用蒙版工具制作图像 6.2 使用通道工具处理图像 6.3 使用混合模式处理图像 6.4 混合使用工具完成图像的合成与特性	1. 蒙版的含义 2. 蒙版的使用方式 3. 通道的含义 4. 通道的使用方式 5. 通道的操作技巧 6. 混合模式的基本原理	1. 使用图层蒙版、矢量蒙版、剪贴蒙版进行图像的合成 2. 使用通道快速抠图 3. 创建、复制、删除通道 4. 使用合适的混合模式合成图像	培养学生认真细致、一丝不苟的工作态度	1	3

69

续表

单元 (项目)	节(任务)	知识点	技能点	素质(思政) 内容与要求	学时 讲授	学时 实践
6. Photoshop软件蒙版与通道			5. 合成虚拟场景图像 6. 制作虚拟场景图像			
7. Photoshop软件中文字的制作与特效	7.1 使用文字的工具选项栏 7.2 掌握文字的属性 7.3 文字的局部和整体调整 7.4 文字特效制作与设计	1. 文字的基本概念 2. 字体的基本分类 3. 字体设计的常用方法 4. 字体设计的要求与原则 5. 字体的导入方式 6. 字符面板的使用方式 7. 段落面板的使用方式 8. 滤镜的使用 9. 图层样式的使用	1. 导入字体文件,选择字体类型 2. 调整文字大小、粗细、间距,调整段落间距 3. 结合字体设计的原则与方法设计字体形状 4. 使用混合功能制作与设计特效字体	培养学生独立思考、自主创新的意识	1	3
8. 色彩搭配的知识	8.1 了解色彩知识和理论(RGB) 8.2 了解色彩知识和理论(CMYK)	1. RGB和CMYK的基础知识 2. 通道里的色彩信息	1. 创建不同色相的图形与图层 2. 修改图形的色阶,调整图像的亮度对比度 3. 利用曲线调整图像的色彩 4. 利用图像/调整菜单调整曝光度	培养学生认真细致、一丝不苟的工作态度	1	3
9. 色彩搭配	9.1 了解同类色、近似色、互补色,对比色多个色彩关系 9.2 了解色彩明暗调整 9.3 了解图像色相及饱和度调整	1. 调整图像色调的方法 2. 调整色彩冷、暖色调效果的方法 3. 利用多个色彩关系配色的方法 4. 图像色彩明暗调整和色相及饱和度调整命令的使用方法	1. 调用图形菜单命令 2. 调整单、双色调效果 3. 制作高浓度色调 4. 调整图像色调 5. 根据主题内容设计色彩搭配	1. 培养学生认真细致、一丝不苟的工作态度 2. 培养学生科学严谨、标准规范的职业素养	1	3
10. Photoshop案例实训——二十四节气配色练习	10.1 案例赏析 10.2 了解色彩与主题 10.3 了解色彩与情感	1. 色彩搭配和使用的基本规律 2. 色彩搭配的使用方法	1. 混合使用色彩调整工具制作主题海报 2. 使用单色系进行主题海报的设计与制作	培养学生认真细致、一丝不苟的工作态度	1	3

续表

单元 (项目)	节(任务)	知识点	技能点	素质(思政) 内容与要求	学时	
					讲授	实践
10. Photoshop案例实训——二十四节气配色练习			3. 使用双色系进行主题海报的设计与制作 4. 使用多种颜色进行主题海报的设计与制作			
11. Photoshop案例实训——杂志或报纸排版	11.1 了解传统纸质印刷知识和理论 11.2 了解新媒体传播知识和理论 11.3 实训内容:杂志编排 11.4 实训内容:报纸编排	1. 传统纸质印刷排版规则及特点 2. 新媒体排版规则及特点 3. 杂志编排的排版方法 4. 报纸编排的排版方法	1. 制作杂志或书籍编排 2. 根据虚拟场景内容设计版式	培养学生认真细致、一丝不苟的工作态度	1	3
12. Photoshop案例实训——网页排版	12.1 了解网页编排知识和理论 12.2 优秀案例赏析 12.3 实训内容:主页编排和详情页编排	1. 网页编排的规则及特点 2. 主页编排和详情页编排排版的规则与方法 3. 文本设置的方法	1. 建立栅格系统和参考线 2. 切片的创建与修改 3. Web图形的优化与输出设置 4. 对文字大小、字体、变形混合选项呈现	培养学生团队协作、表达沟通能力	1	3
13. Photoshop案例实训——公众号排版	13.1 了解公众号编排知识和理论,优秀案例赏析 13.2 实训内容:公众号头像设计 13.3 实训内容:公众号内容编排	1. 公众号编排的排版规则及特点 2. 公众号头像设计的规则要求 3. 公众号版面编排的布局要求	1. 制作公众号或数字产品的缩略图 2. 对主题文字和图像进行编排和设计 3. 对虚拟场景界面和内容进行编排和设计	结合对热点事件的编辑,培养学生热爱中国共产党和中国人民,拥有高尚的爱国情操,树立强烈的民族自豪感	1	3
14. Photoshop案例实训——图标制作	14.1 了解Photoshop软件中制作图标的功能 14.2 了解制作图标的流程 14.3 了解制作图标的规范	1. 制作图标所使用的工具 2. 图标制作与设计的规范 3. 图标设计的流程和方法	1. 使用形状、选区、滤镜、图层混合样式等制作UI图标 2. 根据虚拟现实中的场景和内容需要制作和设计基础图标	培养学生科学严谨、标准规范的职业素养	1	3

续表

单元 (项目)	节(任务)	知识点	技能点	素质(思政) 内容与要求	学时	
					讲授	实践
15. Photoshop案例实训——UI界面设计	15.1 案例赏析 15.2 了解低保真原型图 15.3 了解高保真原型图 15.4 UI图标制作与设计案例——音乐图标	1. UI界面基本组成 2. UI设计常用图像格式和设计准则 3. 制作低保真原型图、高保真原型图的方法 4. 布尔运算原理 5. 掌握原型图制作规范	1. 制作虚拟现实产品的登录界面 2. 制作导航界面 3. 制作注册界面 4. 制作操控界面	1. 培养学生认真细致、一丝不苟的工作态度 2. 培养学生科学严谨、标准规范的职业素养	1	3
16. Photoshop案例实训——虚拟人物海报贴图制作	16.1 新建画布 16.2 调整图层 16.3 图层蒙版 16.4 文字工具 16.5 检查图层	1. 画布工具简介 2. 嵌入对象工具的使用方法 3. 图层混合模式工具的使用方法 4. 图层蒙版的使用方法 5. 文字工具、对齐、全选、羽化像素等工具的使用方法	1. 使用Ctrl+N组合键新建画布 2. 渐变填充调整图层并修改模式 3. 使用图层蒙版工具 4. 利用文字工具进行美化 5. 使用菜单栏编辑、变换、变形等工具	1. 培养学生认真细致、一丝不苟的工作态度 2. 培养学生科学严谨、标准规范的职业素养	1	3
合计:64学时					16	48

六、实施建议

(一) 教学团队

本课程团队应具有相对稳定的高水平教学研究和实践能力。团队成员职称、学历、年龄等结构合理,本课程负责人一般应由教学经验丰富、教学特色鲜明、具有高级专业技术职称的教师担任,并建立职称、学历、年龄等结构合理的专兼结合的"双师型"教学团队。专任教师应具有高校教师资格,设计艺术专业本科以上学历,建议具有图像处理、虚拟现实相关产品开发工作经历或双师资格。兼职教师主要从本专业相关的行业企业聘任,应具备良好的思想政治素质、职业道德和工匠精神,具有设计类专业本科以上学历,两年以上企业行业相关经历,具有虚拟现实、图像处理相关产品开发工作经历并能应用于教学。本专业教学团队重视科研工作的积极开展,强调教学与科研并重,鼓励教师在完成教学任务的同时,积极投入科研工作。

(二) 教学设施

(1) 计算机硬件:高性能计算机机房一间。

(2) 计算机软件:Adobe Photoshop CC 2021或以上版本。

(3) 操作系统：Windows 10 操作系统。
(4) 教辅设备：投影仪、多媒体教学设备等。

（三）教学方法与手段

(1) 在教学方法上就积极推行任务驱动法、案例教学法、情境模拟法、现场演示法等多种教学方法。

(2) 遵循"教、学、做"合一的原则，改变以教师讲课为中心的传统教学模式，以学生为主体，教师为主导，让学生边学边做，并在实训环境中熟练掌握 Photoshop 软件操作技能和图形图像制作的方法。

（四）教学资源

1. 推荐教材

周燕霞. Photoshop 案例教程（微课版）[M]. 2 版. 北京：清华大学出版社，2022.
唯美世界. Photoshop CC 从入门到精通[M]. 北京：水利水电出版社，2017.

2. 资源开发与利用

资源类型	资源名称	数量	基本要求及说明
教学资源	教学课件/个	≥16	每个教学单元配备 1 个及以上教学课件
	教学教案/个	≥1	每个课程配备 1 个及以上教案
	微视频/(个/分钟)	数量≥32 个 时长≥256 分钟	每个学分配备 8 个及以上教学视频、教学动画等微视频
	案例库/道	≥160	每个教学任务配备习题，每个学分配备的习题不少于 40 道，其中，开放式/非标准答案测验题、案例题等综合应用题不少于 20%。每个习题均要提供答案及解析

（五）教学评价

1. 教学评价思路

本课程的考核采用形成性考核方式，期末采用笔试考核方式，具体考核方式采用由过程性考核、总结性考核、奖励性评价三部分构成的评价模式。

2. 评价内容与标准

教学评价说明

考核方式	过程性考核（60 分）				总结性考核（40 分）	奖励性评价（10 分）
	平时考勤	平时作业	阶段测试	线上学习	期末考试（闭卷）	大赛获奖、考取证书等
分值设定	16	24	10	10	40	1~10
评价主体	教师	教师	教师	教师、学生	教师	教师
评价方式	线上、线下结合	线上	随堂测试	线上	线下考察	线下

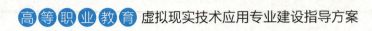

课程评分标准

考核方式	考核项目	评分标准（含分值）
过程性考核	平时考勤	全勤 16 分，迟到 1 次扣 1 分，早退 1 次扣 1 分，旷课 1 次扣 2 分
	平时作业	作业不少于 15 次，作业一般为上机操作类与实践设计类作业。作业全批全改，每次作业按百分制计分，最后统计出平均分
	阶段测试	闭卷，随堂测试，上机操作，满分 100 分，分项包括软件操作（40 分）、作品画面效果质量（30 分）、作品创意度（20 分）、文件格式（10 分）
	线上学习	考核数据从本课程学习网站平台上导出，主要是相关知识点的学习数据，完成全部知识点的学习（10 分）
总结性考核	上机测试	线下上机考试，满分 100 分，分项包括软件操作（50 分）、作品画面效果质量（20 分）、作品创意度（20 分）、文件格式（10 分），考试时间 120 分钟
奖励性评价	大赛获奖	与课程相关的 Adobe Photoshop 设计类奖项，一类赛项一等奖 10 分、二等奖 7 分，二类赛项一等奖 6 分、二等奖 3 分；每人增值性评价总分不超过 10 分
	职业资格证书获取	与课程相关的职业资格证书获取，一项 5 分，每人增值性评价总分不超过 10 分

"虚拟现实建模技术"课程标准

KCBZ-××××-××××（KCBZ-课程代码-版本号）

张玉芹　李宏　熊海　张泊平　刘雅丽　农娟

一、课程概要

课程名称	中文：虚拟现实建模技术 英文：Virtual Reality Modeling Technology		课程代码	××××	
课程学分	4	课程学时	共64学时，理论28学时，实践36学时		
课程类别	☑专业基础课程　□专业核心课程　□专业拓展课程				
课程性质	☑必修　□选修		适用专业	虚拟现实技术应用	
先修课程	虚拟现实技术基础、图像处理		后续课程	贴图制作与编辑、虚拟现实场景制作	
开设学期	第一学期	第二学期	第三学期	第四学期	第五学期	第六学期
		√				

二、课程定位

　　本课程是虚拟现实技术应用专业的专业基础课程，将按照专业培养目标，培养学生热爱祖国，拥护中国共产党的领导，树立科学的世界观、人生观和价值观；培养学生认真细致、一丝不苟、团队合作的职业素养。本课程同时要求学生掌握虚拟现实建模的基本工具、三维建模、材质、灯光、镜头的基本方法和理论，对建模基本操作、模型修改、材质赋予、灯光相机、渲染等方面建立全面的系统性认识，熟练掌握常用的资源制作类软件工具。结合上机实操，掌握虚拟现实建模技术。

　　［作者简介］　张玉芹，南京信息职业技术学院；李宏，广州铁路职业技术学院；熊海，江西泰豪动漫职业学院；张泊平，许昌学院；刘雅丽，内蒙古电子信息职业技术学院；农娟，广西工业职业技术学院。

三、教学目标

（一）素质（思政）目标

（1）培养学生热爱祖国，热爱人民，拥护中国共产党的领导，拥有高尚的爱国情操，树立强烈的民族自豪感。

（2）培养学生敬业、乐业、勤业工匠精神。

（3）培养学生良好的身体素质、心理素质。

（4）培养学生独立思考、创意创新设计意识。

（5）培养学生认真细致、一丝不苟的工作态度。

（6）培养学生科学严谨、标准规范的职业素养。

（7）培养学生团队协作精神、表达沟通能力。

（二）知识目标

（1）掌握虚拟现实建模基础知识。

（2）掌握多边形建模原理、要素、多边形法线等概念，掌握多边形建模方法、布线原则和技巧。

（3）掌握样条线生成三维模型的方法。

（4）掌握曲面建模方法。

（5）掌握动画（变形器）建模方法。

（6）掌握标准渲染器使用方法。

（7）掌握标准灯光的布置方法。

（8）掌握 VRay 灯光的布置方法。

（9）掌握光度学灯光的布置方法。

（10）掌握三维对象材质调制方法。

（11）掌握标准摄像机和 VRay 摄像机的架设方法。

（三）能力目标

（1）能够熟练安装、配置、维护常用三维建模软件，具备维护应用环境的能力。

（2）能够熟练建模虚拟现实道具、场景、角色的低精度模型、高精度模型。

（3）能够熟练使用材质编辑器，具备三维对象表面纹理、漫反射、反射、折射、贴图等表现能力。

（4）能够熟练使用灯光系统，具备室内场景、室外场景等各种环境类型的灯光表现能力。

（5）能够熟练使用渲染系统，具有低精度图像和高精度图像渲染能力。

四、课程设计

本课程的教学应认真探索以教师为主导、以学生为主体的教学思想的内涵和具体做法：采用"教、学、做"相结合的引探教学法，引导学生在"动手做"中学习理论；指导学生查阅有关的中英文技术资料，完成虚拟现实建模项目的制作。

课程内容的选择以培养学生的虚拟现实建模能力为核心,应特别注重反映最新虚拟现实建模技术的应用。教学过程中理论教学和实践应相互融合,协调进行,以期达到培养学生应用能力的目标。注意把有关的团队协作精神、科学严谨、标准规范的职业素养等渗透到教学过程中。下面是本课程的内容思维导图。

"虚拟现实建模技术"内容思维导图

五、教学内容安排

单元 (项目)	节(任务)	知识点	技能点	素质(思政) 内容与要求	学时 讲授	学时 实践
1. 虚拟现实建模基础知识	1.1 常用三维软件介绍 1.2 三维软件安装及常见问题解析 1.3 三维软件工作界面布局 1.4 三维软件基本设置 1.5 三维软件基本操作	1. 三维软件 2. 三维软件的安装方式 3. 三维软件的应用领域 4. 三维软件的工作界面 5. 三维软件中的基本操作方法	1. 安装不同版本的三维软件 2. 操作三维软件	通过介绍科技的发展,说明元宇宙建设的必要性,帮助学生树立信息技术素养	2	2
2. 多边形建模基本原理	2.1 了解多边形法线 2.2 认识多边形高模与低模	1. 点线面的基础操作 2. 法线的作用及意义 3. 高、低模的作用 4. PBR渲染流程	1. 选择点线面并进行切换 2. PBR渲染	培养学生科学严谨、标准规范的职业素养	2	2
3. 多边形建模实践操作	3.1 会创建多边形 3.2 能使用工具编辑多边形 3.3 多边形高级操作	1. 快捷方式或菜单创建命令 2. 挤出、倒角、平滑等工具的使用方法 3. 插入循环边与自由加线方法	1. 使用挤出的快捷方式 2. 模型开洞和补面	培养学生科学严谨、标准规范的职业素养	4	4
4. 多边形建模布线原则	4.1 熟悉多边形建模原则 4.2 多边形布线技巧	1. 三边面、四边面、多节点、破面、多点等 2. 四边面的不同结果类型	1. 按平行且四边原则布线 2. 按动态平均,静则结构原则布线	培养学生兼顾精简合理与美观大方的布线原则	2	2

续表

单元 (项目)	节(任务)	知识点	技能点	素质(思政) 内容与要求	学时 讲授	学时 实践
5. NURBS曲线建模	5.1 NURBS建模方式特点介绍 5.2 不同曲线的创建方法 5.3 NURBS曲线编辑	1. 与多边形基本模型的异同 2. 曲线点、等参线、壳等内容 3. 创建CV、EP、bezier曲线的方法 4. 曲线修改工具的使用方法 5. 修改曲线工具时的注意点	1. 区分曲线点、等参线、壳的作用 2. 区别每种曲线画法的不同	培养学生科学严谨、标准规范的职业素养	2	2
6. NURBS曲面	6.1 NURBS曲面基本体的创建 6.2 NURBS曲面的编辑方法	1. 放样、旋转、挤出等工具的使用方法 2. 曲面编辑工具	1. 有技巧的使用双轨扫描 2. 有技巧的使用橡胶、修剪等工具	培养学生科学严谨、标准规范的职业素养	4	4
7. 动画(变形器)建模	7.1 了解动画建模基本原理 7.2 掌握动画建模的基础操作	1. 晶格、张力、包裹等变形工具使用方法 2. 变形工具的添加移除等操作方法	使用非线性中的变形工具	培养学生科学严谨、标准规范的职业素养	2	2
8. 渲染设置	8.1 了解测试渲染的参数 8.2 掌握标准灯光的创建	1. 渲染参数的变化对效果图呈现的影响 2. 高精度渲染与测试渲染的区别	1. 设置测试渲染的参数 2. 设置高精度渲染的参数	培养学生科学严谨、标准规范的职业素养	2	4
9. 灯光	9.1 了解灯光的创建思路 9.2 掌握标准灯光的创建 9.3 创建室内灯光 9.4 创建太阳光 9.5 创建光度学灯光	1. 灯光的应用原因及创建思路 2. 聚光灯、平行光、泛光、天光的创建方法 3. 光度学灯光的目标灯光、自由灯光的参数设置 4. 在不同环境下灯光的创建选择	1. 平行光制作日光 2. 使用环境灯光 3. 设置室外的天光、日光灯 4. 根据不同情况选择合适灯光	培养学生科学严谨、标准规范的职业素养	2	4
10. 材质	10.1 了解材质的概念 10.2 材质编辑器的使用 10.3 材质的三大属性	1. 材质和贴图的区别 2. 材质编辑器的参数设置方法 3. 漫反射、反射、折射材质	1. 使用标准材质状态下精简材质编辑器 2. 使用材质插件 3. 运用材质三大属性	培养学生独立思考、创意创新的设计意识	4	6

"虚拟现实建模技术"课程标准

续表

单元 (项目)	节(任务)	知 识 点	技 能 点	素质(思政) 内容与要求	学时	
					讲授	实践
10. 材质	10.4 简单对象的材质应用(金属、塑料、陶瓷、玻璃、木纹等) 10.5 复杂场景的材质设置(丝绸、霓虹灯、多维子对象等)	4. 材质插件的使用方法 5. 简单对象材质属性面板的参数调整 6. 混合对象、多维/子对象材质的方法 7. 灯光材质的应用领域 8. 材质的概念	4. 制作金属、塑料、陶瓷、玻璃、木纹等简单对象的材质 5. 使用丝绸、霓虹灯、多维子对象等复杂对象的材质			
11. 摄像机与环境	11.1 认识摄像机 11.2 手动、自动创建摄像机 11.3 标准摄像机的使用 11.4 环境的概念及使用 11.5 为场景添加背景贴图	1. 使用摄像机的原因 2. 摄像机的创建方法 3. 摄像机视角的调整方式 4. 目标摄像机、自由摄像机、物理摄像机的使用方法 5. 使用环境的原因及掌握背景贴图的参数设计方法	1. 创建摄像机 2. 调整摄像机视角 3. 使用目标摄像机,应用剪切平面 4. 为场景添加背景贴图	培养学生团队协作、表达沟通的能力	2	4
	合计:64 学时				28	36

六、实施建议

(一)教学团队

本课程团队应具有相对稳定的高水平教学研究和实践能力,团队成员职称、学历、年龄等结构合理,成员中一般应配备不少于一名"双师型"教师,项目类课程建议增配不少于一名实验师。建议课程负责人一般应由具有高级专业技术职称、教学经验丰富、教学特色鲜明的教师担任。专任教师应具有高校教师资格,信息类或设计类专业本科以上学历,建议具有计算机虚拟三维模型相关产品开发工作经历或双师资格。兼职教师应具有信息类或设计类专业本科以上学历,两年以上企业行业相关经历,具有虚拟三维模型相关产品开发工作经历并能应用于教学。

(二)教学设施

(1) 教学场地:虚拟现实技术应用实训室。
(2) 硬件设施:计算机(每人一台),Internet 网络设备。

（3）软件设施：3ds Max 2020 或以上版本，Maya 2020 或以上版本。

（4）操作系统：Windows 10 操作系统。

（5）教辅设备：投影仪、多媒体教学设备等。

（三）教学方法与手段

（1）采用以学生为中心、以项目为载体的项目驱动、任务导向教学方法，学生边做边学，边学边做。引入递进拓展教学环节，让学生在完成基本任务的基础上进行拓展和进阶，充分锻炼学生的创新设计能力，同时又有利于学生根据自身情况进行自主学习。在递进拓展的基础上分层次进行教学，将必须掌握的基本任务作为必做项目，将要求更高的拓展任务作为选做项目，学生在完成基本任务的基础上可根据自身情况来选择完成。

在实践教学环节，采用小组教学法，实现组内互助、组间互助。对于基本项目，由组长负责组内或组间交流，共同完成，以小组为单位计分。拓展任务按照组间合作方式，共同探究，个人计分。这种课堂教学管理方式，可以极大促进学生的学习热情，并督促学生互相学习、互相帮助，营造很好的课堂学习气氛。

采用任务驱动五步式教学法，包括任务导入、实操学习、检查指导、案例练习和展示点评。

（2）开展线上线下混合式教学，将一次课分为课前、课中、课后三个阶段，课前学生根据任务进行线上自主学习和实践，通过网络和教师交流；课中教师主要针对学生课前学习存在的问题及重点、难点集中讲授，并组织学生开展实操训练、互动讨论、递进拓展、作品展示、小结测验等活动，达到运用知识、内化知识的目的，课后进行在线作业和辅导等活动。

（四）教学资源

1. 推荐教材

张泊平. 虚拟场景设计与表现[M]. 北京：清华大学出版社，2022.

陶黎艳，袁莉，李沅蓉. 3D美术模型设计与制作[M]. 北京：清华大学出版社，2023.

汪仁斌. 中文版 3ds Max 从入门到精通[M]. 北京：化学工业出版社，2022.

2. 资源开发与利用

资源类型	资源名称	数 量	基本要求及说明
教学资源	教学课件/个	≥11	每个教学单元配备1个及以上教学课件
	教学教案/个	≥1	每个课程配备1个及以上教案
	微视频/(个/分钟)	数量≥32个 时长≥256分钟	每个学分配备8个及以上教学视频、教学动画等微视频
	习题库/道	≥160	每个教学单元配备习题，每个学分配备的习题不少于40道，其中，开放式/非标准答案测验题、案例题等综合应用题不少于20%。每个习题均要提供答案及解析

（五）教学评价

1. 教学评价思路

本课程的考核采用形成性考核方式，期末采用作品考核方式，具体考核方式采用由过程性考核、总结性考核、奖励性评价三部分构成的评价模式。

2. 评价内容与标准

教学评价说明

考核方式	过程性考核 (50 分)				总结性考核 (50 分)	奖励性评价 (10 分)
	平时考勤	任务训练	阶段测试	线上学习	期末考试 (作品)	大赛获奖、 考取证书等
分值设定	10	15	10	15	50	1~10
评价主体	教师	教师	教师	教师、学生	教师	教师
评价方式	线上、线下结合	线下	线下	线上	线下	线下

课程评分标准

考核方式	考核项目	评分标准(含分值)
过程性考核	平时考勤	全勤 10 分,迟到早退 1 次扣 0.3 分,旷课 1 次扣 1 分
	任务训练	每个教学单元选取 1 次任务训练评价。全部进行评分,每次任务按百分制计分,最后统计出平均分
	阶段测试	闭卷,随堂测试,线上考试,满分 100 分,题型包括单选题(50 分)、判断题(20 分)、填空题(20 分)、简答题(10 分)
	线上学习	考核数据从本课程学习网站平台上导出,主要是相关知识点的学习数据,完成全部知识点的学习,得 10 分
总结性考核	作品考核	线下考试,满分 100 分,包括建模(50 分)、材质(20 分)、灯光(15 分)、镜头与渲染(15 分),考试时间 120 分钟
奖励性评价	大赛获奖	与课程相关的三维建模设计类奖项,一类赛项一等奖 10 分、二等奖 7 分,二类赛项一等奖 7 分、二等奖 4 分;每人增值性评价总分不超过 10 分
	职业资格证书获取	与课程相关的职业资格证书获取,一项 5 分,每人增值性评价总分不超过 10 分

"虚拟现实引擎技术（Unity）"课程标准

KCBZ-××××-××××（KCBZ-课程代码-版本号）

刚家林　解银玲　孙浩鹏　杨婷婷　周庆忠　周亚东

一、课程概要

课程名称	中文：虚拟现实引擎技术（Unity） 英文：Virtual Reality Engine Technology（Unity）	课程代码	××××
建议学分	4	建议学时	共64学时，理论32学时，实践32学时
课程类别	□专业基础课程　☑专业核心课程　□专业拓展课程		
课程性质	☑必修　□选修	适用专业	虚拟现实技术应用
先修课程	虚拟现实建模技术、程序设计基础（C语言）、面向对象编程技术（C#）	后续课程	增强现实引擎技术、应用开发类课程
建议开设学期	第一学期	第二学期 ✓	第三学期	第四学期	第五学期	第六学期

二、课程定位

本课程是虚拟现实技术应用专业的专业核心课程，将按照专业培养目标，培养学生热爱祖国，拥护中国共产党的领导，树立科学的世界观、人生观和价值观；培养学生认真细致、一丝不苟的工作态度以及团队合作的职业素养。

本课程立足于对引擎的功能学习，主要从Unity引擎本身的特点和使用方法出发学习使用虚拟现实引擎的方法。具体应包括Unity软件环境的使用，Unity工程的结构，Unity所涉及的文件类型，Unity所包含的地形和场景系统、动画系统、物理系统、输入系统、粒子系统、导航系统，光照渲染系统等核心单元的学习。

［作者简介］　刚家林，大连东软信息学院；解银玲，南京信息职业技术学院；孙浩鹏，长春工程学院；杨婷婷，三亚学院；周庆忠，华东交通大学；周亚东，杭州电子科技大学信息工程学院。

三、教学目标

(一) 素质(思政)目标

(1) 培养学生热爱祖国、热爱人民,拥护中国共产党的领导,拥有高尚的爱国情操,树立强烈的民族自豪感。
(2) 培养学生敬业、乐业、勤业精神。
(3) 培养学生独立思考、自主创新的意识。
(4) 培养学生认真细致、一丝不苟的工作态度。
(5) 培养学生科学严谨、标准规范的职业素养。
(6) 培养学生团队协作、表达沟通能力。
(7) 培养学生信息检索与综合运用能力。

(二) 知识目标

(1) 掌握 Unity 软件基本操作方法。
(2) 掌握 3D 模型资源导入 Unity 工程的方法。
(3) 掌握虚拟场景搭建方法。
(4) 掌握天空盒与远景贴图的制作和使用方法。
(5) 掌握 Unity 系统中光源的使用方法。
(6) 掌握虚拟现实系统中的第一人称和第三人称角色使用方法。
(7) 掌握 Unity 中简单动画的制作方法。
(8) 掌握预制体资源的制作、编辑和应用方法。
(9) 掌握 UGUI 系统的使用方法。
(10) 掌握 Unity 系统的输入系统使用方法。
(11) 掌握粒子系统的使用方法。
(12) 掌握遮挡剔除、寻路导航功能的实现方法。
(13) 掌握 Unity 基本类库结构,熟悉 Unity 脚本常用的系统函数。
(14) 了解 Unity 工程开发文档的撰写方法。

(三) 能力目标

(1) 熟练掌握 Unity 各版本安装、配置、维护操作,具备维护 Unity 开发系统的能力。
(2) 熟练使用 Unity 软件,具备大型虚拟场景制作能力。
(3) 熟练使用 Unity 软件,具备第一人称和第三人称角色制作能力。
(4) 熟练使用 Unity 软件,具备动画制作和 UI 制作能力。
(5) 熟练使用 Unity 软件,具备雨、雪、雾、烟花、火焰、喷泉、风等粒子特效制作能力。
(6) 熟练使用 Unity 软件,具备遮挡剔除和导航寻路功能开发的能力。
(7) 熟练使用 C#语言,具备键盘鼠标、头盔手柄等虚拟交互功能开发的能力。
(8) 具备阅读英文资料的能力。

四、课程设计

本课程贯彻以学生为中心的教学思想,采用"教、学、做"相结合的引探式教学法,引导学生在"做中学",提高学生的动手实践能力。学生通过查阅有关的中英文技术资料,完成虚拟现实项目的制作,以及虚拟现实技术实验报告。

课程内容以培养学生利用虚拟现实引擎(Unity)编程开发能力为核心,特别注重反映最新虚拟现实技术的应用。教学过程中理论教学和实践应相互融合,协调进行,以期达到培养学生的工程技术应用能力的目标。注意把有关的英文技术名词、英文手册、英文技术资料等渗透到教学过程中。本课程的课程内容思维导图如下。

"虚拟现实引擎技术(Unity)"内容思维导图

五、教学内容安排

单元 (项目)	节(任务)	知识点	技能点	素质(思政) 内容与要求	学时	
					讲授	实践
1. Unity软件基本操作概述	1.1 什么是Unity软件 1.2 下载并安装Unity软件 1.3 创建不同类型的Unity项目 1.4 Unity编辑器窗口布局介绍 1.5 创建一个场景 1.6 在场景中创建对象	1. Unity软件简介 2. Unity软件的安装方式 3. Unity软件的项目类型 4. Unity软件的操作界面 5. Unity软件中的基本对象及其常用属性	1. 安装不同版本的Unity软件 2. 创建不同类型的Unity项目 3. 创建基本的对象类型 4. 使用Unity基本操作	提升学生对新工具的探索能力	1	1
2. 虚拟现实3D模型资源导入工程	2.1 了解虚拟现实工程中的各种资源 2.2 将资源添加到项目中 2.3 正确地设置Importing-Model 选项卡	1. 项目资源的概念 2. 模型资源的概念 3. 模型资源中的网格定义 4. 模型资源中的材质、动画相关知识 5. 导入资源的方法 6. 设置模型导入属性的方法	1. 使用不同的方式导入资源 2. 使用模型导入功能,为模型设置导入属性	培养学生认真细致、一丝不苟的工作态度,热爱探索的精神	1	1

续表

单元 (项目)	节(任务)	知 识 点	技 能 点	素质(思政) 内容与要求	学时	
					讲授	实践
2. 虚拟现实 3D 模型资源导入工程	2.4 正确地设置 Importing-Materials 选项卡 2.5 正确地设置 ImportingRig 选项卡 2.6 正确地设置 Importing-Animation 选项卡					
3. 在虚拟现实场景中搭建房屋	3.1 了解虚拟现实场景 3.2 创建一个虚拟现实场景 3.3 为虚拟现实场景添加内容 3.4 调整虚拟现实场景中的内容 3.5 学习使用 Scene 视图的功能	1. 场景的概念 2. 创建场景的方法 3. 局部坐标系和世界坐标系的概念与应用 4. 局部坐标和世界坐标的区别 5. Scene 视图功能的使用方法	1. 使用资源搭建场景 2. 使用 Scene 视图功能来帮助场景搭建 3. 使用对象的父子级关系和坐标信息来帮助场景搭建	培养学生认真细致、一丝不苟的工作态度,热爱探索的精神	1	1
4. 虚拟现实室内场景布置	4.1 了解组件 4.2 添加一个模型资源 4.3 改变对象的 Material	1. 组件的概念 2. 网格的作用 3. 网格渲染器的作用 4. 轴心的概念	1. 使用对象的轴心帮助搭建 Scene 2. 使用 Mesh Renderer 更换 Material	培养学生认真细致、一丝不苟的工作态度,热爱探索的精神	1	1
5. 制作天空盒与设置远景贴图	5.1 了解天空盒 5.2 使用天空盒 5.3 制作 Cubemap 类型的 Skybox 5.4 制作 6 Sided 类型的 Skybox	1. 天空盒的作用 2. Cubemap 的组成和特点 3. Cubemap 的制作方法 4. 天空盒的制作方法	1. 使用天空盒 2. 制作不同类型的天空盒 3. 使用属性调整天空盒的效果	以红色主题素材实现效果,使学生掌握技术	1	1
6. 虚拟现实场景中光源使用基础	6.1 了解光源基础 6.2 使用方向光 6.3 使用点光源 6.4 使用聚光灯 6.5 使用区域光	1. Unity 的光照系统 2. Unity 中各种光源的基本属性 3. 方向光、点光源和聚光灯的使用方法 4. 阴影系统的作用 5. 添加阴影效果的方法	1. 使用方向光、点光源和聚光灯实现不同的灯光效果 2. 添加阴影效果,增加场景的真实性和协调性	培养学生认真细致、一丝不苟的工作态度,热爱探索的精神	1	1

续表

单元 (项目)	节(任务)	知 识 点	技 能 点	素质(思政) 内容与要求	学时 讲授	学时 实践
7. 场景灯光的实时控制	7.1 了解脚本文件 7.2 使用键盘按键C切换光源颜色 7.3 使用键盘上下箭头控制光源强度	1. Unity的脚本 2. 通过脚本获取光源属性的方法 3. 使用脚本修改组件属性的方法	1. 使用脚本对光源对象的Light属性进行获取 2. 获取键盘按键信息 3. 利用脚本实现对Light组件属性的修改	培养学生认真细致、一丝不苟的工作态度,热爱探索的精神	1	1
8. 虚拟现实系统中的"我"	8.1 理解虚拟现实系统中的"我" 8.2 下载Unity中的标准资源库 8.3 简单使用第一人称视角角色控制器 8.4 碰撞体 8.5 刚体	1. 虚拟现实系统中"我"的概念 2. 第一人称角色控制器 3. 碰撞体组件 4. 刚体组件 5. 第三人称控制器	1. 下载Unity标准资源库 2. 使用碰撞体组件 3. 使用刚体组件 4. 使用第一人称角色控制器 5. 使用第三人称角色控制器	以红色主题素材实现效果,使学生掌握技术	1	1
9. 制作自动门	9.1 导入资源 9.2 触发检测——制作自动门 9.3 碰撞检测——制作推拉门 9.4 射线检测——修改推拉门	1. 碰撞检测、触发检测、射线检测的含义 2. 碰撞函数、触发函数以及射线检测的实现方法	1. 实现碰撞检测、触发检测、射线检测 2. 调用碰撞函数、触发函数 3. 编写基本的射线检测方法	以制作自动门实现效果,使学生掌握技术	1	1
10. 制作感应灯的预制体	10.1 制作感应灯 10.2 制作感应灯预制体	1. 修改灯光属性的方法 2. 预制体的概念、制作方法、使用方法 3. 预制体与模型的区分方法	1. 使用触发器进行触发检测 2. 使用脚本控制灯光属性 3. 将对象转为预制体 4. 使用预制体	以制作感应灯实现效果,增强学生掌握技术能力	1	1
11. 制作虚拟电视机	11.1 了解视频基础 11.2 导入视频片段 11.3 使用视频播放器组件	1. Unity的视频系统 2. Unity中视频组件的基本属性 3. 场景中视频播放的制作方法 4. 使用视频插件的方法	1. 在工程中导入视频资源,并设置导入的视频资源属性 2. 使用导入的视频资源制作多媒体效果,实现对现实世界多媒体设备的模拟 3. 通过Easy Movie Texture视频插件制作视频	以制作虚拟电视机实现效果,增强学生掌握技术能力	2	2

续表

单元 (项目)	节(任务)	知 识 点	技 能 点	素质(思政) 内容与要求	学时 讲授	学时 实践
12. 虚拟立体声的实现	12.1 了解音频系统 12.2 添加音频监听器组件 12.3 导入音频片段 12.4 使用音频源组件	1. Unity 的音频系统 2. Unity 中音频源和音频片段的基本属性 3. 导入音频资源的方法 4. 场景音频的制作和使用方法	1. 导入音频资源，并设置导入的音频资源属性 2. 使用音频系统制作和使用音频资源，能够实现 3D 立体声效果	以制作虚拟立体声实现效果，增强学生掌握技术能力	1	1
13. Unity 的 UGUI 系统	13.1 了解 UGUI 系统 13.2 了解 Canvas 对象 13.3 了解 Rect Transform 组件 13.4 了解 Text 组件 13.5 了解 Image 组件	1. UI 概念 2. Unity 3D 中的 UGUI 系统 3. Canvas（画布）的作用 4. Rect Transform（矩形变换）的作用 5. Text（文本）和 Image（图像）的作用 6. UGUI 的基本使用方法	1. 使用 Text 制作场景中的文字 UI 2. 使用 Image 制作场景中的图片 UI 3. 使用 UGUI 的不同类型	培养学生认真细致、一丝不苟的工作态度，热爱探索的精神	2	2
14. 制作互动 UI	14.1 按钮 14.2 切换开关 14.3 滑动条 14.4 滚动条 14.5 输入框	1. 按钮、切换开关、滑动条、滚动条对象的作用和使用方法 2. 输入框、滚动视图、下拉列表对象的作用和使用方法	1. 实现按钮、切换开关、滑动条、滚动条对象的功能 2. 实现输入框、滚动视图、下拉列表对象功能	培养学生认真细致、一丝不苟的工作态度，热爱探索的精神	2	2
15. 手柄的使用方法	15.1 了解 HTC Vive 15.2 了解 SteamVR 15.3 了解 VRTK 15.4 连接 HTC Vive 15.5 为项目导入 SDK 15.6 在 HTC Vive 上运行项目	1. HTC Vive 设备的组成 2. HTC Vive 的软件支持 3. SteamVR 软件开发方法 4. VRTK 开发软件 5. HTC Vive 的基本配置方法 6. VRTK 插件的使用方法	使用 VRTK 插件搭建 VR 场景	培养学生认真细致、一丝不苟的工作态度，热爱探索的精神	1	1

续表

单元 (项目)	节(任务)	知识点	技能点	素质(思政) 内容与要求	学时 讲授	学时 实践
16. 虚拟场景中的位置传送	16.1 移动逻辑 16.2 添加手柄射线 16.3 添加可移动区域 16.4 添加可移动点 16.5 添加不可移动区域	1. 射线的概念 2. VRTK 的射线功能 3. 移动的逻辑 4. VRTK 的移动功能 5. HTC Vive 的手柄操作	1. 使用 VRTK 布置可移动区域 2. 使用 VRTK 布置可移动点 3. 使用 VRTK 布置不可移动区域 4. 使用 VRTK 布置不可移动点	以红色主题素材实现效果,使学生掌握技术	1	1
17. 虚拟场景中的物体交互	17.1 物体抓取逻辑 17.2 添加手柄交互组件 17.3 添加对象交互组件 17.4 两个手柄协同交互	1. 抓取物体功能的逻辑 2. VRTK 的可交互对象功能及使用方法 3. VRTK 的可交互对象四种操作(Action)	1. 使用 VRTK 的可交互对象功能设置 Near Touch 动作 2. 会使用 VRTK 的可交互对象功能设置 Release 动作 3. 会使用 VRTK 的可交互对象功能设置 Grab 动作 4. 会使用 VRTK 的可交互对象功能设置 Use 动作	以红色主题素材实现效果,使学生掌握技术	2	2
18. 虚拟太空装饰制作	18.1 了解动画系统 18.2 资源模块之获取动画片段 18.3 控制模块之制作动画控制器 18.4 实体模块之运用 Animator 组件	1. Unity 的动画系统 2. 动画系统工作流的资源模块、控制模块和实体模块 3. 外部导入动画和内部创建动画的方法 4. 动画重定向的概念和作用	1. 导入动画资源,并设置导入的动画资源属性 2. 利用 Unity 的动画系统制作动画片段,实现内部创建所需的动画	以制作虚拟太空装饰实现效果,使学生掌握技术	1	1
19. 虚拟沙盘模型制作	19.1 了解地形编辑器 19.2 了解 Terrain Collider 组件 19.3 利用 Terrain 组件创建地形	1. Unity 的地形编辑器 2. 地形编辑器的各个绘制工具 3. 地形编辑器绘制地形的方法 4. 了解风区的概念和作用	1. 使用地形编辑器制作地形,包括地形白模,地貌、树木以及草丛 2. 为树木和草丛增加风力作用,增加地形环境的真实效果	以制作校园虚拟沙盘实现效果,使学生掌握技术	1	1

续表

单元 (项目)	节(任务)	知识点	技能点	素质(思政) 内容与要求	学时 讲授	学时 实践
20.制作虚拟镜框	20.1 了解渲染工具 20.2 创建并使用材质球 20.3 指定着色器 20.4 添加渲染纹理图	1. Unity 的渲染工具 2. 材质、着色器和纹理之间的关系 3. 创建材质和着色器的方法 4. 渲染纹理的使用方法	1. 根据需要为材质指定着色器,并能够正确使用标准材质 2. 利用渲染工具实现镜像效果且制作虚拟镜框	以制作虚拟镜框实现效果,使学生掌握技术	1	1
21.粒子系统	21.1 粒子系统概述 21.2 粒子系统的创建以及 Particle Effect 视图 21.3 粒子系统组件	1. 粒子系统的大致概念 2. 粒子系统的相关组件 3. 粒子系统主要组件的各个模块 4. 粒子系统的用途	1. 创建粒子系统 2. 合理设置粒子系统中主要组件的常用模块参数	培养学生认真细致、一丝不苟的工作态度,热爱探索的精神	2	2
22.粒子系统实例	22.1 制作雪的粒子系统 22.2 制作雨的粒子系统 22.3 制作火的粒子系统	1. Particle System 组件 2. Particle System 组件各模块的使用方法 3. 一个初始的 Particle System 对象一步步变成特效的流程	1. 使用 Particle System 组件 2. 使用 Unity 的粒子系统制作雪、雨和火特效	以制作常见天气现象实现效果,使学生掌握技术	2	2
23.LOD优化虚拟对象	23.1 LOD 概述 23.2 LOD Group 组件 23.3 LOD 优化对象	1. LOD 的概念和适用场景 2. LOD 的主要组件及其组件属性 3. LOD 的使用方法	1. 使用 LOD Group 组件 2. 使用 LOD 优化虚拟对象	培养学生认真细致、一丝不苟的工作态度,热爱探索的精神	1	1
24.遮挡剔除	24.1 遮挡剔除 24.2 遮挡剔除视图 24.3 遮挡剔除使用方法	1. 遮挡剔除的概念以及作用 2. Occlusion 视图 3. 遮挡剔除的适用范围 4. 遮挡区域的概念及作用	1. 使用 Occlusion 视图中的各属性 2. 使用遮挡剔除	培养学生认真细致、一丝不苟的工作态度,热爱探索的精神	1	1
25.场景烘焙	25.1 布置反射探头 25.2 后处理插件 25.3 Bake(烘焙)	1. 反射探头的概念与作用 2. 反射探头的使用方法 3. 后处理插件 Post Processing Stack 使用方法	1. 使用反射探头为场景对象添加反射效果 2. 使用后处理插件美化场景 3. 使用 Unity 的烘焙功能烘焙静态对象	培养学生认真细致、一丝不苟的工作态度,热爱探索的精神	1	1

续表

单元 (项目)	节(任务)	知 识 点	技 能 点	素质(思政) 内容与要求	学时	
					讲授	实践
25. 场景烘焙		4. Unity 的烘焙设置方法 5. GI 的概念 6. 对场景烘焙的方法				
26. 软件打包与发布	26.1 了解 Unity 所能发布的平台 26.2 了解不同平台打包与发布的公共设置 26.3 发布于 Windows 平台	1. Unity 项目支持的发布平台 2. Windows 平台的发布与打包方法 3. Android 开发的环境配置流程	1. 设置项目打包与平台发布的属性 2. 将 Unity 项目打包并发布于 Windows 平台	培养学生认真细致、一丝不苟的工作态度,热爱探索的精神	1	1
合计:64 学时					32	32

六、实施建议

(一) 教学团队

本课程团队应具有相对稳定的高水平教学研究和实践能力,团队成员职称、学历、年龄等结构合理,成员中一般应配备不少于一名"双师型"教师,项目类课程建议增配不少于一名实验师。建议课程负责人一般应由具有中、高级专业技术职务、教学经验丰富、教学特色鲜明的教师担任。

专任教师应具有高校教师资格,信息类专业本科以上学历,建议具有虚拟现实、增强现实相关应用开发工作经历或双师资格。兼职教师应具有信息类专业本科以上学历,两年以上企业行业相关经历,具有虚拟现实、增强现实相关应用开发工作经历并能应用于教学。

(二) 教学设施

(1) 计算机硬件:高性能计算机机房一间。

(2) 计算机软件:Unity 2021 或以上版本,VS 2019 或以上版本集成开发环境。

(3) 操作系统:Windows 10 操作系统。

(4) 教辅设备:投影仪、多媒体教学设备等。

(三) 教学方法与手段

(1) 以学生为中心的项目驱动、过程驱动式教学方法的探索与应用。

(2) 依托信息化技术开展翻转课堂、混合式教学探索与设计。

(3) 熟练运用 AI、VR、AR、MR 等现代信息技术教学手段进行课程教学。

(四) 教学资源

1. 推荐教材

石卉,何玲,黄颖翠. VR/AR 应用开发(Unity 3D)[M]. 北京:清华大学出版社,2022.

2. 资源开发与利用

资源类型	资源名称	数量	基本要求及说明
教学资源	教学课件/个	≥26	每个教学单元配备1个及以上教学课件
	微视频/(个/分钟)	数量≥32个 时长≥256分钟	每个学分配备8个及以上教学视频、教学动画等微视频
	习题库/道	≥160	每个教学单元配备习题,每个学分配备的习题不少于40道,其中,开放式/非标准答案测验题、案例题等综合应用题不少于20%。每个习题均要提供答案及解析

(五)教学评价

1. 教学评价思路

本课程的考核采用形成性考核方式,期末采用笔试考核方式,具体考核方式采用由过程性考核、总结性考核、奖励性评价三部分构成的评价模式。

2. 评价内容与标准

教学评价说明

考核方式	过程性考核 (60分)				总结性考核 (40分)	奖励性评价 (10分)
	平时考勤	平时作业	阶段测试	线上学习	期末考试 (闭卷)	大赛获奖、 考取证书等
分值设定	10	20	10	20	40	1~10
评价主体	教师	教师	教师	教师、学生	教师	教师
评价方式	线上、线下结合	线上	随堂测试	线上	线下闭卷笔试	线下

课程评分标准

考核方式	考核项目	评分标准(含分值)
过程性考核	平时考勤	全勤10分,迟到早退1次扣0.3分,旷课1次扣1分
	平时作业	作业不少于15次,作业一般为操作类作业、编程类作业和报告类作业,操作类作业不少于10次。作业全批全改,每次作业按百分制计分,最后统计出平均分
过程性考核	阶段测试	闭卷,随堂测试,线上考试,满分100分,题型包括单选题(50分)、判断题(20分)、填空题(20分)、简答题(10分)
	线上学习	考核数据从本课程学习网站平台上导出,主要是相关知识点的学习数据,完成全部知识点的学习,得10分
总结性考核	闭卷笔试	闭卷,线下考试,满分100分,题型包括单选题、多选题、判断题、考试时间120分钟

续表

考核方式	考核项目	评分标准(含分值)
奖励性评价	大赛获奖	与课程相关的 Unity 设计、开发类奖项,一类赛项一等奖 10 分、二等奖 7 分,二类赛项一等奖 7 分、二等奖 4 分;每人增值性评价总分不超过 10 分
	职业资格证书获取	与课程相关的职业资格证书获取,一项 5 分,每人增值性评价总分不超过 10 分

"虚幻引擎技术（Unreal Engine）"课程标准

KCBZ-××××-××××（KCBZ-课程代码-版本号）

杨彧　吴扬飞　晏茗　皮添翼　宫娜娜　陈根金　徐宇玲

一、课程概要

课程名称	中文：虚幻引擎技术（Unreal Engine） 英文：Unreal Engine Technology		课程代码	××××	
建议学分	4	建议学时	共64学时，理论32学时，实践32学时		
课程类别	□专业基础课程　☑专业核心课程　□专业拓展课程				
课程性质	☑必修　□选修		适用专业	虚拟现实技术应用	
先修课程	虚拟现实建模技术、面向对象编程技术（C♯）、程序设计基础（C语言）		后续课程	虚拟现实/增强现实引擎技术应用开发类课程	
建议开设学期	第一学期	第二学期	第三学期 ✓	第四学期	第五学期	第六学期

二、课程定位

本课程是虚拟现实技术应用专业的专业核心课程，将按照专业培养目标，培养学生热爱祖国、拥护中国共产党的领导，树立科学的世界观、人生观和价值观；培养学生认真细致、一丝不苟、团队合作的职业素养。同时要求学生掌握虚幻引擎（Unreal Engine，以下简称UE）的基本概念、场景美术制作、蓝图工具及编程方法，了解虚拟现实典型应用案例中的各个功能模块编程实现的过程，结合上机实验，掌握虚拟现实的编程技术。

三、教学目标

（一）素质（思政）目标

（1）培养学生热爱祖国，热爱人民，拥护中国共产党的领导，拥有高尚的爱国情操，树立强烈的民族自豪感。

［作者简介］　杨彧，江西现代职业技术学院；吴扬飞，江西现代职业技术学院；晏茗，江西泰豪动漫职业学院；皮添翼，广东科贸职业学院；宫娜娜，广东工程职业技术学院；陈根金，宜春职业技术学院；徐宇玲，江西机电职业技术学院。

(2) 培养学生敬业、乐业、勤业精神。

(3) 培养学生独立思考、自主创新的意识。

(4) 培养学生认真细致、一丝不苟的工作态度。

(5) 培养学生科学严谨、标准规范的职业素养。

(6) 培养学生团队协作、表达沟通能力。

(7) 培养学生信息检索与综合运用能力。

(二) 知识目标

(1) 熟悉 UE 软件基本操作与工作流程。

(2) 熟悉 3D 模型资源导入 UE 项目工程的方法。

(3) 理解虚拟场景搭建方法。

(4) 熟悉天空盒与远景贴图的制作和使用方法。

(5) 理解 UE 系统中光源与环境效果的使用方法。

(6) 理解虚拟现实系统中的第一人称和第三人称角色使用方法。

(7) 熟悉 UE 中简单动画的制作方法。

(8) 熟悉 bridge 资源的导入方法。

(9) 理解 GUI 系统的使用方法。

(10) 理解 UE 系统的输入系统使用方法。

(11) 熟悉 Niagara 粒子系统的使用方法。

(12) 熟悉遮挡剔除、寻路导航功能的实现方法。

(13) 理解 UE 蓝图基本类库结构,熟悉 UE 蓝图常用的节点函数。

(14) 熟悉 UE 工程开发框架搭建方法。

(三) 能力目标

(1) 熟练掌握 UE 各版本安装、配置、维护操作,具备维护 UE 开发系统的能力。

(2) 熟练使用 UE 软件,具备大型虚拟场景制作能力与场景设计能力。

(3) 熟练使用 UE 软件,具备 VR 模式下角色的制作能力。

(4) 熟练使用 UE 软件,具备动画制作和 UI 制作能力。

(5) 熟练使用 UE 软件,具备雨、雪、雾、烟花、火焰、喷泉、风等 Niagara 粒子特效制作能力。

(6) 熟练使用 UE 软件,具备切换关卡流的能力。

(7) 熟练使用 UE 蓝图,具备键盘鼠标、头盔手柄等虚拟交互功能开发的能力。

(8) 具备阅读英文资料的能力。

四、课程设计

本课程的教学应认真探索以教师为主导、以学生为主体的教学思想的内涵和具体做法:采用"教、学、做"相结合的引探教学法,引导学生在"动手做"中学习理论;指导学生查阅有关的中英文技术资料,完成虚拟现实项目的制作,写出实验报告。

课程内容的选择以培养学生的虚拟现实场景制作能力与蓝图编程能力为核心,应特别注重反映最新虚拟现实技术的应用。教学过程的理论教学和实践应相互融合,协调进行,以期达到培养学生的工程技术应用能力的目标。注意把有关的英文技术名词、英文手册、英文技术资料等渗透到教学过程中。本课程的课程内容思维导图如下。

"虚拟引擎技术（Unreal Engine）"内容思维导图

五、教学内容安排

单元 （项目）	节（任务）	知 识 点	技 能 点	素质（思政） 内容与要求	学时	
					讲授	实践
1. 初识虚幻引擎——制作第一个关卡	1.1 UE 游戏引擎架构分析 1.2 游戏开发流程 1.3 获取与安装 UE 引擎 1.4 创建项目示例 1.5 虚幻引擎界面 1.6 创建新关卡 1.7 放置 Actor 对象 1.8 多模式下运行关卡	1. UE 软件简介 2. UE 的应用范围 3. UE 新功能 4. UE 软件的安装方式 5. UE 软件的模板创建方法 6. UE 项目创建的规范 7. UE 软件的项目类型 8. UE 软件的操作界面 9. UE 软件中的基本对象及其常用属性 10. 掌握运行关卡的基本设置	1. 安装不同版本的 UE 软件 2. 创建不同类型的模板项目工程 3. 创建基本的 Actor 对象类型 4. 使用 UE 基本操作 5. 运行当前关卡	提升学生对新工具的探索能力	2	2
2. 外部资源导入 UE	2.1 虚幻引擎资源类型 2.2 将多种资源添加到项目工程 2.3 正确设置导入选项 2.4 bridge 资产导入 2.5 bridge 模型资产、贴图资产、材质资产创建	1. 项目资源的概念 2. 模型资源的概念 3. 模型资源中的网格体 4. 模型资源中的材质 5. 模型资源中的动画 6. bridge 资产库模型资源 7. bridge 资产库模型导入的方法 8. 关卡（Level）的概念 9. 创建关卡的方法	1. 使用外部资源搭建场景 2. 使用 UE 内置的 bridge 插件置入模型并放置到关卡当中 3. 使用对象的父子级关系和坐标信息来帮助场景搭建	培养学生认真细致、一丝不苟的工作态度，热爱探索的精神	2	2

续表

单元 (项目)	节(任务)	知 识 点	技 能 点	素质(思政) 内容与要求	学时	
					讲授	实践
2. 外部资源导入 UE		10. 局部坐标系和世界坐标系的概念与应用 11. 局部坐标和世界坐标的区别 12. 视口视图的操作方法				
3. land-scape 地形系统	3.1 创建 landscape 地形 3.2 地形管理模式 3.3 雕刻模式 3.4 地形样条线工具	1. UE 地形模式的管理功能 2. UE 地形模式的雕刻功能 3. 地形的雕刻、平滑、平整等方式 4. UE 世界分区	1. 使用地形管理创建地形、导入地形、选择和删除地形 2. 使用雕刻、平滑、平整等笔刷进行地形的雕刻	培养学生认真细致、一丝不苟的工作态度,热爱探索的精神	2	2
4. UE 植被系统	4.1 植被编辑器的使用 4.2 创建植被预设 4.3 植被笔刷设置 4.4 创建植被的风吹效果	1. 植被系统的作用 2. 植被系统的优势 3. 植被导入的方式 4. 植被绘制与擦除的方法 5. bridge 植被资产的风吹效果调整方法	1. 使用植被资产进行地形上的植被绘制与编辑 2. 调节植被的绘制属性、放置属性和实例设置 3. 设置植被的 Nanite 支持 4. 设置 bridge 植被资产的实例材质进行风吹效果的调整	以红色主题素材实现,使学生掌握技术	1	1
5. UE 光照系统	5.1 创建 lumen 光照系统 5.2 使用定向光照 5.3 使用点光源 5.4 使用聚光灯 5.5 使用矩形光源 5.6 使用天空光照	1. UE 的光照系统 2. UE 中各种光源的基本属性 3. 定向光照、点光源、聚光灯和矩形光源的使用方法 4. 天空光照的原理与参数 5. 灯光阴影效果调节的方法	1. 使用定向光照、点光源、聚光灯和矩形光源实现不同的灯光效果 2. 添加阴影效果,增加场景的真实性和协调性	以红色主题素材实现,使学生掌握技术	1	1
6. Post-process Volume 后期处理体积	6.1 创建后期处理体积 6.2 设置后期处理体积镜头与电影效果 6.3 设置后期处理体积颜色分级	1. UE 的后期处理逻辑 2. 后期处理体积的 Bloom、Exposure、Camera、Local Exposure 等参数设置方法	1. 使用后期处理体积对场景的曝光、辉光等效果的调节 2. 根据需求通过后期处理体积调整风格化效果	以红色主题素材实现,使学生掌握技术	1	1

"虚幻引擎技术(Unreal Engine)"课程标准

续表

单元 (项目)	节(任务)	知 识 点	技 能 点	素质(思政) 内容与要求	学时	
					讲授	实践
6. Post-process Volume 后期处理体积	6.4 全局光照设置 6.5 渲染功能设置	3. 全局光照与渲染功能的参数	3. 利用后期处理体积调整画面的色彩信息			
7. 环境光照混合器	7.1 打开环境光源混合器 7.2 设置太阳与雾效果 7.3 设置大气、云和世界光照效果	1. 了解环境光照调整的实现路径 2. 雾气效果的调整方法 3. 大气、云层、世界光照的效果调整方法 4. 通过环境光照混合器的使用方法与逻辑	1. 通过环境光照混合器整体调整关卡的环境光照效果 2. 结合灯光参数、后期处理的参数调整环境光照的效果 3. 通过调整环境光照组件实现夜晚、白天、黄昏的光照效果	以红色主题素材实现,使学生掌握技术	1	1
8. 基于物理的材质	8.1 创建基于物理的材质效果 8.2 设置 PBR 材质基础属性 8.3 设置材质属性与材质域 8.4 实例化材质 8.5 创建材质函数	1. PBR 材质的基础概念 2. UE 材质系统的实现逻辑 3. 材质域的逻辑 4. 实例材质的创建方法 5. 材质函数的计算方式 6. 材质表达式的逻辑	1. 创建 UE 材质对象 2. 编辑材质实现调色、调金属度等基础材质属性 3. 创建材质实例 4. 使用现有节点进行编辑	培养学生认真细致、一丝不苟的工作态度	2	2
9. Niagara 粒子系统	9.1 创建 Niagara 粒子特效 9.2 设置 Niagara 核心组件 9.3 制作实例例子特效并添加到关卡中	1. Niagara 粒子系统的概念 2. Niagara 粒子系统的相关组件 3. Niagara 粒子系统主要组件的各个模块 4. Niagara 粒子系统的用途 5. Niagara 例子效果的简单使用方法	1. 创建粒子系统 2. 合理设置粒子系统中主要组件的常用模块参数	以红色主题素材实现,使学生掌握技术	1	1
10. Sequencer 过场动画	10.1 创建 Sequencer 序列 10.2 设置 Sequencer 编辑器	1. Sequencer 的过场动画系统 2. UE 中 Sequencer 组件的基本属性	1. 在工程中创建 Sequencer 过场动画序列	以红色主题素材实现,使学生掌握技术	2	2

续表

单元(项目)	节(任务)	知识点	技能点	素质(思政)内容与要求	学时 讲授	学时 实践
10. Sequencer 过场动画	10.3 编辑轨道 10.4 创建 Sequencer 中的摄像机 10.5 运行 sequencer 过场动画	3. UE 中 Sequencer 轨道编辑方法 4. 制作过场动画 5. 触发过场动画	2. 使用 UE 中 Sequencer 制作简单的动画序列 3. 通过 Sequencer 设置简单的关键点 4. 触发过场动画			
11. 骨骼网格体动画系统	11.1 导入骨骼网格体 11.2 设置动画编辑器 11.3 动画资产与功能 11.4 制作 IK-RIG 编辑器 11.5 过场动画中的动画重定向	1. UE 的骨骼网格体系统 2. UE 中骨骼网格体的正确导入方式 3. UE 的 IK-RIG 使用方法	1. 正确导入 UE 的骨骼网格体 2. 控制 Sequencer 中的骨骼网格 3. 在 Sequencer 过场动画中添加骨骼网格体并且使用 IK-RIG 进行控制	培养学生认真细致、一丝不苟的工作态度	1	1
12. Sequencer 高质量渲染	12.1 Sequencer 渲染电影设置 12.2 电影渲染列队 12.3 Movie Render Queue 渲染通道 12.4 过场动画流程实例制作	1. Sequencer 渲染电影的基础设置 2. 电影渲染列队的设置方式 3. Movie Render Queue 渲染多通道 4. 电影短片的输出	1. 使用 UE 输出电影序列 2. 使用 Movie Render Queue 渲染多通道并结合基础课程进行后期制作	以红色主题素材实现,使学生掌握技术	2	2
13. 蓝图可视化脚本	13.1 创建蓝图基础功能 13.2 调节蓝图编辑器 13.3 变量和数组示例 13.4 蓝图通信示例 13.5 函数与宏示例 13.6 设置和获取 Actor 引用 13.7 蓝图功能示例	1. UE 蓝图的基本逻辑 2. UE 蓝图编辑器的基本操作 3. UE 蓝图变量与数组的关系 4. UE 蓝图通信的原理 5. UE 蓝图的函数与宏的创建方式 6. UE 蓝图中设置和获取 Actor 引用的方法	1. 蓝图的创建方法 2. 蓝图基础功能的链接流程 3. 设置和获取 Actor 4. 设置事件触发	培养学生认真细致、一丝不苟的工作态度	4	4
14. 蓝图综合项目案例——蓝图进阶	14.1 蓝图函数库列表分析 14.2 蓝图编译器设置 14.3 timeline 示例 14.4 流程控制实例	1. UE 蓝图函数的使用方法 2. UE 蓝图 timeline 的使用方法	1. 使用 UE 蓝图制作简单的交互功能 2. 使用阅读项目模板中蓝图节点	以红色主题素材实现,使学生掌握技术	4	4

"虚幻引擎技术(Unreal Engine)"课程标准

续表

单元 (项目)	节(任务)	知 识 点	技 能 点	素质(思政) 内容与要求	学时	
					讲授	实践
14. 蓝图综合项目案例——蓝图进阶	14.5 项目综合案例	3. UE蓝图流程控制的逻辑与基本工具 4. 蓝图制作完整功能模块的方式	3. 灵活处理蓝图的链接与通信			
15. UE VR 模式	15.1 VR手柄输入设置 15.2 VR手柄移动 15.3 VR手柄传送 15.4 VR设置移动区域	1. UE VR模板的蓝图功能 2. VR模式下的功能 3. VR模式下的移动逻辑 4. VR模式下的移动功能 5. 硬件设备的VR手柄操作	1. 使用VR模式下的布置可移动区域(导航网格体) 2. 使用VR模式下的布置可移动点 3. 使用VR模式下的布置不可移动区域 4. 使用HTC Vive操作手柄进行输入的事件触发	培养学生认真细致、一丝不苟的工作态度	1	1
16. VR交互设计	16.1 物体抓取逻辑实现 16.2 添加手柄交互组件 16.3 添加对象交互组件 16.4 设置手柄射线	1. 抓取物体功能的逻辑 2. VR模式下的可交互对象功能使用方法 3. VR模式下的可交互对象基础操作	1. 使用VR模式下的可交互对象功能设置(抓取与丢弃) 2. 使用VR模式下的可交互对象功能设置(绑定与触发) 3. 使用VR模式下的可交互对象功能设置(物理对象)	以红色主题素材实现,使学生掌握技术	2	2
17. 虚幻音频技术	17.1 Sound Cues创建 17.2 MetaSounds次世代音频渲染效果 17.3 音频调制设置	1. Sound Cues的音频系统 2. 音频导入与设置Sound Cues的方法 3. 蓝图调用Sound Cues的方法	1. 导入音频资源,并设置导入的音频资源属性 2. 蓝图调用音频播放与背景声音的设置	以红色主题素材实现,使学生掌握技术	1	1
18. UMG UI 设计器	18.1 为游戏添加UMG UI 18.2 设置控件组件 18.3 设置控件蓝图 18.4 创建控件 18.5 UMG布局和视觉设计	1. 按钮、切换开关、滑动条、滚动条对象的作用和使用方法 2. 输入框、滚动视图、下拉列表对象的作用和使用方法	1. 操作使用按钮、切换开关、滑动条、滚动条对象等工具 2. 实现输入框、滚动视图、下拉列表对象等功能	培养学生认真细致、一丝不苟的工作态度	1	1

续表

单元 （项目）	节（任务）	知识点	技能点	素质（思政） 内容与要求	学时	
					讲授	实践
19.软件打包与发布	19.1 发布项目 19.2 不同平台打包与发布的公共设置 19.3 发布 Windows 平台/VR 平台	1. UE 项目支持的发布平台 2. Windows 平台的发布与打包方法 3. Android 开发的环境配置流程	1. 设置项目打包与平台发布环境 2. 将实例项目打包并发布于 Windows 平台/VR 平台	培养学生认真细致、一丝不苟的工作态度	1	1
		合计：64 学时			32	32

六、实施建议

（一）教学团队

本课程团队应具有相对稳定的高水平教学研究和实践能力，团队成员职称、学历、年龄等结构合理，成员中一般应配备不少于一名"双师型"教师，项目类课程建议增配不少于一名实验师。建议课程负责人一般应由具有中、高级专业技术职务、教学经验丰富、教学特色鲜明的教师担任。

专任教师应具有高校教师资格，信息类专业本科以上学历，建议具有虚拟现实、增强现实相关应用开发工作经历或双师资格。兼职教师应具有信息类专业本科以上学历，两年以上企业行业相关经历，具有虚拟现实、增强现实相关应用开发工作经历并能应用于教学。

（二）教学设施

（1）计算机硬件：高性能计算机机房一间。

（2）计算机软件：UE、VS 2019 或以上版本集成开发环境。

（3）操作系统：Windows 10 操作系统。

（4）教辅设备：VR 一体机、VRPC 设备、投影仪、多媒体教学设备等。

（三）教学方法与手段

（1）以学生为中心的项目驱动、过程驱动式教学方法的探索与应用。

（2）依托信息化技术开展翻转课堂、混合式教学探索与设计。

（3）熟练运用 AI、VR、AR、MR 等现代信息技术教学手段进行课程教学。

（四）教学资源

1. 推荐教材

刘小娟. 虚幻引擎（Unreal Engine）基础教程[M]. 北京：清华大学出版社，2022.

"虚幻引擎技术(Unreal Engine)"课程标准

2. 资源开发与利用

资源类型	资源名称	数量	基本要求及说明
教学资源	教学课件/个	≥19	每个教学单元配备1个及以上教学课件
	微视频/(个/分钟)	数量≥32个 时长≥256分钟	每个学分配备8个及以上教学视频、教学动画等微视频
	习题库/道	≥160	每个教学单元配备习题,每个学分配备的习题不少于40道,其中,开放式/非标准答案测验题、案例题等综合应用题不少于20%。每个习题均要提供答案及解析

（五）教学评价

1. 教学评价思路

本课程的考核采用形成性考核方式,期末采用笔试考核方式,具体考核方式采用由过程性考核、总结性考核、奖励性评价三部分构成的评价模式。

2. 评价内容与标准

教学评价说明

考核方式	过程性考核（60分）				总结性考核（40分）	奖励性评价（10分）
	平时考勤	平时作业	阶段测试	线上学习	期末考试（闭卷）	大赛获奖、考取证书等
分值设定	10	20	10	20	40	1~10
评价主体	教师	教师	教师	教师、学生	教师	教师
评价方式	线上、线下结合	线上	随堂测试	线上	线下闭卷笔试	线下

课程评分标准

考核方式	考核项目	评分标准(含分值)
过程性考核	平时考勤	全勤10分,迟到早退1次扣0.3分,旷课1次扣1分
	平时作业	作业不少于15次,作业一般为操作类作业、编程类作业和报告类作业,操作类作业不少于10次。作业全批全改,每次作业按百分制计分,最后统计出平均分
	阶段测试	闭卷,随堂测试,线上考试,满分100分,题型包括单选题(50分)、判断题(20分)、填空题(20分)、简答题(10分)
	线上学习	考核数据从本课程学习网站平台上导出,主要是相关知识点的学习数据,完成全部知识点的学习,得10分
总结性考核	闭卷笔试	闭卷,线下考试,满分100分,题型包括单选题、多选题、判断题,考试时间120分钟

101

续表

考核方式	考核项目	评分标准(含分值)
奖励性评价	大赛获奖	与课程相关的 Unreal Engine 应用开发设计、开发类奖项,一类赛项一等奖 10 分、二等奖 7 分,二类赛项一等奖 7 分、二等奖 4 分;每人增值性评价总分不超过 10 分
	职业资格证书获取	与课程相关的职业资格证书获取,一项 5 分,每人增值性评价总分不超过 10 分

"增强现实引擎技术"课程标准

KCBZ-××××-××××（KCBZ-课程代码-版本号）

周亚东　刚家林　慕万刚　李旺　代君

一、课程概要

课程名称	中文：增强现实引擎技术 英文：Agument Reality Engine Technology			课程代码	××××	
建议学分	4		建议学时	共64学时,理论32学时,实践32学时		
课程类别	☐专业基础课程　☑专业核心课程　☐专业拓展课程					
课程性质	☑必修　☐选修			适用专业	虚拟现实技术应用	
先修课程	虚拟现实建模技术、程序设计基础(C语言)、虚拟现实引擎技术			后续课程	"AR/MR应用开发"应用开发类课程	
建议开设学期	第一学期	第二学期	第三学期	第四学期	第五学期	第六学期
			√			

二、课程定位

本课程是虚拟现实技术应用专业的专业核心课程，将按照专业培养目标，培养学生热爱祖国，拥护中国共产党的领导，树立科学的世界观、人生观和价值观；培养学生认真细致、一丝不苟、团队合作的职业素养。同时要求学生掌握虚拟现实编程的基本概念、编程语言、编程工具及编程方法，了解虚拟现实典型应用案例中的各个功能模块编程实现的过程，结合上机实验，掌握虚拟现实的编程技术。

本课程要求学生了解和掌握增强现实技术中的基础知识、基本理念、工作原理和实际应用技能，加深对虚拟现实(VR)、增强现实(AR)、混合现实(MR)三种技术的共同点与不同点

[作者简介]　周亚东,杭州电子科技大学信息工程学院；刚家林,大连东软信息学院；慕万刚,河北东方学院；李旺,广东虚拟现实科技有限公司；代君,九江学院。

的认识,掌握结合 Unity 3D 引擎在不同 SDK(Vuforia、EasyAR、ARCore、ARKit、MRTK3)上的开发 AR 的核心技术。

三、教学目标

(一)素质(思政)目标

(1)培养学生热爱祖国,热爱人民,拥护中国共产党的领导,拥有高尚的爱国情操,树立强烈的民族自豪感。

(2)培养学生敬业、乐业、勤业精神。

(3)培养学生独立思考、自主创新的意识。

(4)培养学生认真细致、一丝不苟的工作态度。

(5)培养学生科学严谨、标准规范的职业素养。

(6)培养学生团队协作、表达沟通能力。

(7)培养学生信息检索与综合运用能力。

(二)知识目标

(1)掌握 VR、AR、MR 的基本概念、增强现实基本工作原理、关键技术,熟悉 AR 典型应用场景。

(2)深入理解虚拟现实(VR)、增强现实(AR)、混合现实(MR)三种技术的共同点与不同点。

(3)掌握 Unity 3D 引擎在不同 SDK(Vuforia、EasyAR、ARCore、ARKit、MRTK3)上的开发 AR 的核心技术要点。

(4)培养学生使用增强现实引擎进行应用开发能力。

(三)能力目标

(1)培养具有科学的世界观、人生观和价值观的政治素养。

(2)培养认真细致、一丝不苟、团队合作的职业素养。

(3)能使用 Unity 3D 结合 Vuforia SDK 开发简单 AR 应用,并完成平台部署和测试。

(4)能掌握 EasyAR 开发微信小程序技术,并完成平台部署和测试。

(5)能使用 Unity 3D 结合 AR Foundation 开发移动平台(iOS/Android)的 AR 程序开发,并完成平台部署和测试。

(6)能使用 Unity 3D 结合 MRTK 开发在 Hololens 上运行的 AR 程序开发,并完成平台部署和测试。

四、课程设计

本课程的教学应认真探索以教师为主导,以学生为主体的教学思想的内涵和具体做法:采用"教、学、做"相结合的引探教学法,引导学生在"动手做"中学习理论;指导学生查阅有关的中英文技术资料,完成增强现实项目的制作,写出实验报告。

课程内容的选择以培养学生的增强现实引擎编程能力为核心,应特别注重反映最新增强现实技术的应用。教学过程的理论教学和实践应相互融合,协调进行,以期达到培养学生的工程技术应用能力的目标。注意把有关的英文技术名词、英文手册、英文技术资料等渗透到教学过程中。本课程的课程内容思维导图如下。

"增强现实引擎技术"内容思维导图

五、教学内容安排

单元 (项目)	节(任务)	知识点	技能点	素质(思政) 内容与要求	学时 讲授	学时 实践
1. 增强现实技术概述	1.1 VR、AR、MR 概述 1.2 三种技术比较 1.3 主流设备介绍 1.4 典型应用案例分析	1. VR、AR、MR 基本概念 2. VR、AR、MR 的异同 3. AR 典型应用场景	1. 认识 VR、AR、MR 三者区别 2. 区分 VR、AR、MR 应用场景	培养学生信息检索与综合运用能力	2	0
2. 增强现实技术	2.1 增强现实简介 2.2 增强现实关键技术 2.3 增强现实开发技术 2.4 几种开发技术对比	1. 增强现实基本概念和特点 2. 增强现实基本工作原理 3. 增强现实关键技术	区分不同开发技术的特点	培养学生信息检索与综合运用能力	2	0
3. 基于 Vuforia 的 AR 开发	3.1 Vuforia 概述 3.2 Vuforia AR 关键技术 3.3 Vuforia 开发环境 3.4 Vuforia 项目实操	1. Vuforia SDK 的核心功能 2. Vuforia AR 关键技术 3. Vuforia 开发环境配置 4. 环境、广场、设备追踪的目标识别 5. 基于目标模型、环境的目标识别	1. 注册、下载、使用 Vuforia 2. 在 Unity 中导入 vuforia package 并激活 3. 创建 license 并针对不同的应用类型创建 license key 4. 对不同类型应用场景长制作基于图像、模型、环境等识别应用	通过制作红色资源图标,增强学生的爱国热情和自信心	6	8
4. 基于 EasyAR 的 AR 开发	4.1 EasyAR 介绍 4.2 Sense Unity 插件 4.3 Mega WebChat MiniProgram	1. EasyAR Mega 的产品体系 2. EasyAR 的关键技术	1. 根据应用场景和技术路线选择合适的 Easy-AR Mega 产品进行开发	通过制作红色资源图标,增强学生的爱国热情和自信心	8	8

续表

单元 (项目)	节(任务)	知识点	技能点	素质(思政) 内容与要求	学时 讲授	学时 实践
4. 基于EasyAR的AR开发		3. EasyAR 插件在 3D 引擎 xrframe 上制作微信 AR 小程序的方法和流程	2. 导入工具,添加 EasyAR 组件 3. 导入 EasyAR Sense Unity Plugin Nreal Extension 4. 填写许可证 5. 配置 Mega 云定位服务全局 6. 配置组件 7. 编辑摆放内容 8. 开发 AR 微信小程序			
5. 基于 AR Foundation 的 AR 应用开发	5.1 安装 AR Foundation 5.2 安装并启用平台专用插件软件包(ARCore/ARKit)发布 5.3 发布	1. ARCore 和 ARKit 的基础知识和 AR Foundation 安装方法 2. ARKit 和 ARCore 每一种插件包安装方式 3. 基于 AR Foundation 的 AR 开发步骤 4. 不同平台的配置方法	1. 根据平台确定选用何种插件(ARCore 或 ARKit)功能、API 等 2. 导入插件、创建 AR 会话、在场景中显示 AR 对象 3. 使用 AR Foundation 结合 ARCore 和 ARKit 实现跨平台 AR 应用程序的设计和开发	通过制作红色资源图标,增强学生的爱国热情和自信心	6	8
6. 基于 MRTK3 的 AR 应用开发	6.1 开发前准备 6.2 开发过程 6.3 部署	1. 开发环境和工具 2. 新建项目和初始化 AR 场景基本操作 3. 物体标记 4. 手势识别和事件响应 5. 语音控制 6. 记分功能 7. 编辑器环境下模拟器使用方法 8. 将程序部署到 Hololens 方法	1. 使用混合现实功能工具导入所需的依赖项和 MRTK3 包并做配置 OpenXR 相关设置 2. 使用 Object Manipulator、BoundsControl 操控 3D 物体 3. 使用戳击、凝视、光线交互进行交互控制 4. 使用模拟器进行测试	通过制作红色资源图标,增强学生的爱国热情和自信心	8	8

续表

单元 (项目)	节(任务)	知识点	技能点	素质(思政) 内容与要求	学时	
					讲授	实践
6. 基于MRTK3的AR应用开发			5. 安装支持模块并通过Visual Studio发布程序到Hololens设备上进行使用			
合计:64学时					32	32

六、实施建议

(一)教学团队

本课程团队应具有相对稳定的高水平教学研究和实践能力,团队成员职称、学历、年龄等结构合理,成员中一般应配备不少于一名"双师型"教师,项目类课程建议增配不少于一名实验师。建议课程负责人一般应由具有中、高级专业技术职务、教学经验丰富、教学特色鲜明的教师担任。

专任教师应具有高校教师资格,信息类专业本科以上学历,建议具有虚拟现实、增强现实相关应用开发工作经历或双师资格。兼职教师应具有信息类专业本科以上学历,两年以上企业行业相关经历,具有虚拟现实、增强现实相关应用开发工作经历并能应用于教学。

(二)教学设施

(1)计算机硬件:高性能计算机机房一间。

(2)计算机软件:OpenXR、Unity 2021 或以上版本、Unity 的 XR 交互工具包。

(3)操作系统:Windows 10 操作系统。

(4)教辅设备:投影仪、多媒体教学设备等。

(三)教学方法与手段

(1)以学生为中心的项目驱动、过程驱动式教学方法的探索与应用。

(2)依托信息化技术开展翻转课堂、混合式教学探索与设计。

(3)熟练运用AR等现代信息技术教学手段进行课程教学。

(四)教学资源

1. 推荐教材

胡钦太,战荫伟,杨卓. 增强现实技术与应用[M]. 北京:清华大学出版社,2023.

吴亚峰,于复兴. VR与AR开发高级教程基于Unity[M]. 2版. 北京:人民邮电出版社,2022.

2. 资源开发与利用

资源类型	资源名称	数量	基本要求及说明
教学资源	教学课件/个	≥6	每个教学单元配备1个及以上教学课件

续表

资源类型	资源名称	数量	基本要求及说明
教学资源	微视频/(个/分钟)	数量≥32个 时长≥256分钟	每个学分配备8个及以上教学视频、教学动画等微视频
	习题库/道	≥160	每个教学单元配备习题,每个学分配备的习题不少于40道,其中,开放式/非标准答案测验题、案例题等综合应用题不少于20%。每个习题均要提供答案及解析

(五)教学评价

1. 教学评价思路

本课程的考核采用形成性考核方式,期末采用笔试考核方式,具体考核方式采用由过程性考核、总结性考核、奖励性评价三部分构成的评价模式。

2. 评价内容与标准

教学评价说明

考核方式	过程性考核 (60分)				总结性考核 (40分)	奖励性评价 (10分)
	平时考勤	平时作业	阶段测试	线上学习	期末考试 (闭卷)	大赛获奖、 考取证书等
分值设定	10	20	10	20	40	1～10
评价主体	教师	教师	教师	教师、学生	教师	教师
评价方式	线上、线下结合	线上	随堂测试	线上	线下闭卷笔试	线下

课程评分标准

考核方式	考核项目	评分标准(含分值)
过程性考核	平时考勤	全勤10分,迟到早退1次扣0.3分,旷课1次扣1分
	平时作业	作业不少于15次,作业一般为操作类作业、编程类作业和报告类作业,操作类作业不少于10次。作业全批全改,每次作业按百分制计分,最后统计出平均分
	阶段测试	闭卷,随堂测试,线上考试,满分100分,题型包括单选题(50分)、判断题(20分)、填空题(20分)、简答题(10分)
	线上学习	考核数据从本课程学习网站平台上导出,主要是相关知识点的学习数据,完成全部知识点的学习,得10分
总结性考核	闭卷笔试	闭卷,线下考试,满分100分,题型包括单选题、多选题、判断题,考试时间120分钟

续表

考核方式	考核项目	评分标准(含分值)
奖励性评价	大赛获奖	与课程相关的且使用 Unity 引擎开发的软件获得竞赛奖项,一类赛项一等奖 10 分、二等奖 7 分,二类赛项一等奖 7 分、二等奖 4 分;每人增值性评价总分不超过 10 分
	职业资格证书获取	与课程相关的职业资格证书获取,一项 5 分,每人增值性评价总分不超过 10 分

"贴图制作与编辑"课程标准

KCBZ-××××-××××（KCBZ-课程代码-版本号）

李宏　刘继敏　钟萍　黄卉卉　周洪旭

一、课程概要

课程名称	中文：贴图制作与编辑 英文：Map Making and Editing		课程代码	××××	
建议学分	4	建议学时	共64学时，理论32学时，实践32学时		
课程类别	□专业基础课程 ☑专业核心课程 □专业拓展课程				
课程性质	☑必修 □选修		适用专业	虚拟现实技术应用	
先修课程	图像处理（Photoshop）、虚拟现实建模技术		后续课程	虚拟现实图形渲染、 应用开发类课程	
建议开设学期	第一学期	第二学期 ✓	第三学期	第四学期	第五学期	第六学期

二、课程定位

本课程是虚拟现实技术应用专业的专业核心课程，将按照专业培养目标，培养学生热爱祖国，拥护中国共产党的领导，树立科学的世界观、人生观和价值观，培养学生认真细致、一丝不苟、团队合作的职业素养。以三维模型师岗位要求为目标，让学生熟练掌握材质贴图制作的基础技术。同时要求学生掌握3D设计中PBR材质设计从入门到进阶应用、贴图逻辑、3D道具材质制作的技能，了解3D贴图材质典型应用案例中的各个功能模块贴图实现的过程，结合上机实验，掌握贴图制作的技术。

［作者简介］　李宏，广州铁路职业技术学院；刘继敏，朝阳师范高等专科学校；钟萍，九江职业技术学院；黄卉卉，广东南方学院；周洪旭，成都乐成艺佳科技有限公司。

三、教学目标

（一）素质(思政)目标

（1）培养学生热爱祖国，热爱人民，拥护中国共产党的领导，拥有高尚的爱国情操，树立强烈的民族自豪感。

（2）培养学生敬业、乐业、勤业精神。

（3）培养学生独立思考、自主创新的意识。

（4）培养学生认真细致、一丝不苟的工作态度。

（5）培养学生科学严谨、标准规范的职业素养。

（6）培养学生团队协作、表达沟通能力。

（7）培养学生信息检索与综合运用能力。

（二）知识目标

（1）掌握贴图软件基本操作的知识。

（2）学习掌握手绘贴图的概念和分类，贴图制作的基础知识。

（3）掌握 PBR 贴图制作的流程和技巧。

（4）掌握 PBR 贴图制作的主流形式表现的技法。

（5）具备对物体纹理写实性表现的制作知识。

（6）具备对物体在不同光影效果下的光影分析知识。

（7）具备能够创作符合各类应用环境下背景、文化和地域的贴图素质知识。

（三）能力目标

（1）熟练掌握贴图软件各版本安装、配置、维护操作。

（2）熟练使用贴图软件，熟悉三维角色贴图绘制流程，具备三维模型贴图制作能力。

（3）熟练使用贴图软件，掌握数位板进行绘制材质、三维贴图材质表现软件工具的使用的能力。

（4）能够使用三维绘图软件绘制各种材质贴图，独立绘制场景道具贴图和人物贴图，熟悉三维角色贴图绘制流程。

（5）熟练使用贴图软件，具备针对高模的程序化贴图生成，以及皮肤，金属，布料等材质的制作能力。

（6）具备阅读英文资料的能力。

四、课程设计

本课程的教学应认真探索以教师为主导、以学生为主体的教学思想的内涵和具体做法：采用"教、学、做"相结合的引探教学法，引导学生在"动手做"中学习理论；指导学生查阅有关的中英文技术资料，完成贴图项目的制作，写出实施报告。

课程内容的选择以培养学生的贴图制作能力为核心，应特别注重反映最新贴图制作与编辑技术的应用。教学过程的理论教学和实践应相互融合，协调进行，以期达到培养学生的工程技术应用能力的目标。注意把有关的英文技术名词、英文手册、英文技术资料等渗透到教学过程中。本课程的课程内容思维导图如下。

"贴图制作与编辑"内容思维导图

五、教学内容安排

单元 (项目)	节(任务)	知识点	技能点	素质(思政) 内容与要求	学时 讲授	学时 实践
1. 软件基本操作概述	1.1 什么是贴图软件 1.2 下载并安装贴图软件 1.3 创建新项目 1.4 软件 UI 窗口布局介绍 1.5 对象基本操作 1.6 在场景中创建对象	1. 贴图软件简介 2. 软件的安装方式 3. 软件新项目创建的参数 4. 贴图软件的操作界面 5. 对象缩放、旋转、位移等基本操作	1. 安装软件 2. 创建新项目 3. 使用软件的基本操作	提升学生对新工具的探索能力	2	2
2. 新建项目与导入与导出	2.1 UV 展开的制作 2.2 新建工程与打开.spp 文件 2.3 导入 OBJ 和 FBX 格式模型 2.4（实用）清理功能 2.5 菜单功能	1. 新建项目的参数意义 2. 菜单栏的常用功能 3. 导入资源的方法 4. 模型导入参数的设置方法 5. 展 UV 的设置要求与方法	1. 新建项目 2. 操作菜单栏的常用功能 3. 将相关资源导入 SP，并设置好参数 4. 使用清理功能	提升学生对新工具的探索能力	2	2
3. 工具栏	3.1 了解工具栏的总体使用情况 3.2 笔刷工具的使用 3.3 橡皮擦工具 3.4 映射工具 3.5 涂抹工具 3.6 印章工具 3.7 材质选择器 3.8 了解模型、UV 显示的视图切换 3.9 掌握笔刷参数的调节	1. 工具栏的常用工具 2. 笔刷、物理笔刷的基本绘制方法 3. 橡皮擦、涂抹、印章工具的用法 4. 映射工具的用法 5. 材质选择器的吸取与使用方法 6. 笔刷大小、流量、透明度和间距 7. 压力曲线与对称的应用方式	1. 使用"笔刷工具""橡皮擦工具""映射工具""几何体填充工具""涂抹工具""印章工具""材质编辑器" 2. 调节工具栏工具参数 3. 使用工具栏快捷键 4. 设置工具选项参数	提升学生对新工具的探索能力	2	2

112

"贴图制作与编辑"课程标准

续表

单元 (项目)	节(任务)	知 识 点	技 能 点	素质(思政) 内容与要求	学时	
					讲授	实践
3. 工具栏	3.10 了解压力曲线、对称、渲染等按钮的使用	8. 3D/2D 视口的切换方法 9. 正透射和透视图的区别 10. 渲染的基础概念	5. 绘制贴图			
4. 图层的使用	4.1 新建图层、填充图层 4.2 图层添加特效 4.3 图层遮罩 4.4 添加预设图层 4.5 图层组的添加	1. 普通图层和填充图层的区别 2. 添加生成器、填充、色阶、对比遮罩、滤镜、锚定点的制作方法 3. 预设图层的添加和调节方式 4. 图层组的操作	1. 使用"文件夹层"进行分组 2. 基于"LAYER 层""透明层"用笔刷和粒子笔刷在上面进行绘制 3. 使用"FILL LAYER 层"填充层,在上面添加 Substance Painter 的材质 4. 利用"遮罩"与 PS 实现过滤和选择 5. 使用调节层和效果器	以红色主题素材实现,使学生掌握技术	2	2
5. 绘画属性	5.1 了解绘画属性面板的作用 5.2 使用画笔 5.3 使用透贴 5.4 使用模板 5.5 使用材质	1. 绘画属性面板的作用 2. 画笔绘制角度、抖动、透明度、间距的属性 3. 透贴的使用方法,包括缩放、旋转等 4. stencil 模板的使用方法 5. 材质的设置方法	1. 使用对称及光影着色 2. 使用绘画属性面板的画笔、透贴、模板和材质四种工具 3. 使用 stencil 模板及更改其大小	以红色主题素材实现,使学生掌握技术	2	2
6. TBX-TURB SBT 纹理集设置	6.1 了解物体进行贴图设计前需 TBXTURB SBT 纹理集的设置 6.2 学习烘焙的知识及烘焙模型贴图的几种类型 6.3 烘焙属性面板参数的设置	1. 烘焙模型贴图:法线、world space normal、ID、AO、曲率、position、厚度贴图七种形式 2. 烘焙属性参数 3. 两种 PBR 流程:一是漫反射、反射、粗糙度、法线、高度(置换)	1. 设置纹理集 2. 使用烘焙	培养学生认真细致、一丝不苟的工作态度	2	2

113

续表

单元 (项目)	节(任务)	知识点	技能点	素质(思政) 内容与要求	学时 讲授	学时 实践
6. TBX-TURBSBT 纹理集设置	6.4 PBR 流程当中,主要的两种贴图模式	二是固有色、光泽度、金属度、法线、高度				
7. 展架介绍	7.1 项目 7.2 透贴 7.3 脏迹 7.4 程序纹理 7.5 贴图 7.6 硬表面 7.7 皮肤 7.8 材质与智能材质 7.9 智能遮罩与背景	1. 展架各类别的使用方式 2. 透贴、脏迹、贴图等与图层之间的综合使用方法 3. 对象贴图效果	1. 设置贴图 2. 结合透贴属性进行调整其图案 3. 实现划痕、气泡之脏痕迹 4. 使用各连续性程序纹理 5. 使用贴图展架 6. 处理对象硬表面 7. 使用角色的皮肤材质展架 8. 实现拖曳使用材质展板	以红色主题素材实现,培养学生认真细致、一丝不苟的工作态度	2	2
8. 生物类 PBR 材质制作	8.1 皮肤材质的分析与使用 8.2 如何深入制作皮肤的变化 8.3 笔刷与遮罩结合使用 8.4 SP 导出贴图到 max\Maya\UE\U3D	1. 皮肤材质的使用方法 2. 利用图层与展板皮肤等类别工具的综合使用方法 3. Fillayer 的属性 4. 导出贴图	1. 使用材质库中皮肤的制作颜色和纹理 2. 导入素材图片制作皮肤颜色和纹理,并能够用粗糙度制作高光 3. 利用绘画工具和图层遮罩来表现物体材质 4. 会导出贴图到 max\Maya\UE\U3D	以红色主题素材实现,使学生掌握技术	6	4
9. 金属类 PBR 材质制作	9.1 金属基础材质的塑造 9.2 金属特征的变化与添加 9.3 细节仿旧的处理 9.4 处理整体艺术效果	1. 金属基础材质的塑造方法 2. 展架的脏迹、智能材质金属特征的变化与添加 3. 贴图处理的艺术效果	1. 使用资源中 materials 的 Metal 基础材质制作金属材质 2. 调节资源中 Smart-materials 的 Metal 智能材质的蒙版制作金属材质 3. 通过 Fillayer 和智能蒙版结合使用制作具有铁锈、脏迹、磨损特殊效果的金属材质	以红色主题素材实现,使学生掌握技术	4	6

"贴图制作与编辑"课程标准

续表

单元 (项目)	节(任务)	知识点	技能点	素质(思政) 内容与要求	学时 讲授	学时 实践
10.布料类PBR材质制作	10.1 特殊Alpha贴图的制作 10.2 多种材质的交互塑造 10.3 材质与材质之间的关系 10.4 半透明与通道的关系	1.透贴画笔的绘制方法 2.多重复杂材质的结合应用 3.多种材质的混合应用	1.制作Alpha透贴 2.设置不同材质的RPG属性数值 3.合理运用Alpha贴图,为材质增添细节 4.合理准确制作出不同材质质感	以红色主题素材实现,使学生掌握技术	4	4
11.综合类(油灯)项目材质制作	11.1 创建项目并烘焙Mesh Maps 11.2 制作底座材质 11.3 完成喷漆材质并制作生锈材质 11.4 使用智能材质和Instancing技术快速进行材质设置 11.5 使用ID Map对油灯其余部分进行材质设置 11.6 材质整体做旧 11.7 制作灯罩玻璃材质 11.8 渲染并导出贴图到Unity课程总结(材质制作思考框架)	1.烘焙模型贴图的设置与调整方法 2.金属材质的使用方法 3.油漆材质与智能材质的制作方法 4.ID贴图的使用方法 5.模型渲染与贴图导出方式	1.SP烘焙基础纹理贴图 2.会用ID贴图来制作对象材质 3.合理运用程序纹理和生成器制作各种材质细节,如脏迹、锈迹、划痕等 4.各种通道添加与删减 5.实现各色显示器的显示方式与切换 6.模型渲染和贴图导出	以红色主题素材实现,使学生掌握技术	4	4
合计:64学时					32	32

六、实施建议

(一)教学团队

本课程团队应具有相对稳定的高水平教学研究和实践能力,团队成员职称、学历、年龄等结构合理,成员中一般应配备不少于一名"双师型"教师,项目类课程建议增配不少于一名实验师。建议课程负责人一般应由具有中、高级专业技术职务、教学经验丰富、教学特色鲜明的教师担任。

专任教师应具有高校教师资格,信息类、艺术类专业专科以上学历,建议具有三维贴图制作、虚拟现实相关应用开发工作经历或双师资格。兼职教师应具有信息类、艺术类专业专科以上学历，两年以上企业行业相关经历，具有三维贴图制作、虚拟现实相关应用开发工作经历并能应用于教学。

（二）教学设施

（1）计算机硬件：高性能计算机机房一间。

（2）计算机软件：Substance Painter 2018 或以上版本，Photoshop 2021 或以上版本，VS 2019 或以上版本集成开发环境。

（3）操作系统：Windows 10 及以上操作系统。

（4）教辅设备：投影仪、多媒体教学设备等。

（三）教学方法与手段

（1）以学生为中心的项目驱动、过程驱动式教学方法的探索与应用。

（2）依托信息化技术开展翻转课堂、混合式教学探索与设计。

（3）熟练运用 AI、VR、AR、MR 等现代信息技术教学手段进行课程教学。

（四）教学资源

1. 推荐教材

谢怀民，林鑫，蔡毅. Substance Painter 次世代 PBR 材质制作[M]. 北京：北京理工大学出版社，2021.

2. 资源开发与利用

资源类型	资源名称	数量	基本要求及说明
教学资源	教学课件/个	≥11	每个教学单元配备 1 个及以上教学课件
	微视频/(个/分钟)	数量≥32 个 时长≥256 分钟	每个学分配备 8 个及以上教学视频、教学动画等微视频
	习题库/道	≥160	每个教学单元配备习题，每个学分配备的习题不少于 40 道，其中，开放式/非标准答案测验题、案例题等综合应用题不少于 20%。每个习题均要提供答案及解析

（五）教学评价

1. 教学评价思路

本课程的考核采用形成性考核方式，期末采用笔试考核方式，具体考核方式采用由过程性考核、总结性考核、奖励性评价三部分构成的评价模式。

2. 评价内容与标准

教学评价说明

考核方式	过程性考核 （60 分）				总结性考核 （40 分）	奖励性评价 （10 分）
	平时考勤	平时作业	阶段测试	线上学习	期末考试 （闭卷）	大赛获奖、考取证书等
分值设定	10	20	10	20	40	1～10

"贴图制作与编辑"课程标准

续表

考核方式	过程性考核 (60 分)				总结性考核 (40 分)	奖励性评价 (10 分)
	平时考勤	平时作业	阶段测试	线上学习	期末考试 (闭卷)	大赛获奖、 考取证书等
评价主体	教师	教师	教师	教师、学生	教师	教师
评价方式	线上、线下结合	线上	随堂测试	线上	线下闭卷笔试	线下

课程评分标准

考核方式	考核项目	评分标准(含分值)
过程性考核	平时考勤	全勤 10 分,迟到早退 1 次扣 0.3 分,旷课 1 次扣 1 分
	平时作业	作业不少于 15 次,作业一般为操作类作业、编程类作业和报告类作业,操作类作业不少于 10 次。作业全批全改,每次作业按百分制计分,最后统计出平均分
	阶段测试	闭卷,随堂测试,线上考试,满分 100 分,题型包括单选题(50 分)、判断题(20 分)、填空题(20 分)、简答题(10 分)
	线上学习	考核数据从本课程学习网站平台上导出,主要是相关知识点的学习数据,完成全部知识点的学习,得 10 分
总结性考核	闭卷笔试	闭卷,线下考试,满分 100 分,题型包括单选题、多选题、判断题,考试时间 120 分钟
奖励性评价	大赛获奖	与课程相关的奖项,一类赛项一等奖 10 分,二等奖 7 分,二类赛项一等奖 7 分,二等奖 4 分;每人增值性评价总分不超过 10 分
	职业资格证书获取	与课程相关的职业资格证书获取,一项 5 分,每人增值性评价总分不超过 10 分

117

"三维动画规律与制作"课程标准

KCBZ-××××-×××× （KCBZ-课程代码-版本号）

黎少　李广松　钟启鸿　黄富亮　赵春娟　赵华文

一、课程概要

课程名称	中文：三维动画规律与制作 英文：3D Animation Regularity and Production		课程代码	××××	
建议学分	4	建议学时	共 64 学时，理论 32 学时，实践 32 学时		
课程类别	□专业基础课程　☑专业核心课程　□专业拓展课程				
课程性质	☑必修　□选修		适用专业	虚拟现实技术应用	
先修课程	虚拟现实建模技术、程序设计基础（C 语言）		后续课程	增强现实引擎技术、AR/MR 应用开发	
建议开设学期	第一学期	第二学期	第三学期 √	第四学期	第五学期	第六学期

二、课程定位

本课程是虚拟现实技术应用专业的一门专业核心课程，旨在培养学生热爱祖国，拥护中国共产党的领导，树立科学的世界观、人生观和价值观；培养学生认真细致、一丝不苟、团队合作的职业素养；培养学生对三维动画的时间感、空间感、速度感和节奏感及人体角色绑定、运动规律和动画电影镜头语言等专业知识素养；培养学生掌握三维游戏动画制作能力，包括分镜制作、角色动作、关键帧动画、运动曲线调整等专业技能素养，使学生其成为从事虚拟现实技术应用的创新创业、高素质技能型人才。

[作者简介]　黎少，广东工贸职业技术学院；李广松，广东职业技术学院；钟启鸿，广东乐酱互娱信息科技有限公司；黄富亮，广东工程职业技术学院；赵春娟，宜宾职业技术学院；赵华文，江西应用职业技术学院。

三、教学目标

（一）素质（思政）目标

（1）培养学生热爱祖国，热爱人民，拥护中国共产党的领导，拥有高尚的爱国情操，树立强烈的民族自豪感。

（2）培养学生敬业、乐业、勤业精神。

（3）培养学生独立思考、自主创新的意识。

（4）培养学生认真细致、一丝不苟的工作态度。

（5）培养学生科学严谨、标准规范的职业素养。

（6）培养学生团队协作、表达沟通能力。

（7）培养学生信息检索与综合运用能力。

（二）知识目标

（1）掌握三维动画软件 Maya、3ds Max、Blender 的基本操作。

（2）熟悉三维动画制作基本原理。

（3）掌握三维动画的模型、材质、灯光、特效和渲染的制作方法。

（4）了解三维动画软件的绑定、帧率、关键帧、时间轴和动画曲线的概念。

（5）熟悉动画中的电影镜头如淡入、淡出、化、叠、划、入画、出画、定格、干格、倒正/翻转画面、起/落幅、闪回等基本语言。

（6）掌握三维软件摄影机的推、拉、摇、移、升、降、甩、跟的参数设置和物理摄影机效果。

（三）能力目标

（1）熟练掌握常用三维动画软件的安装、配置操作，具备三维动画软件的基本操作能力。

（2）熟练掌握常用三维软件的建模功能，具备快速制作三维模型的能力。

（3）熟练掌握三维模型修改器、变形器的使用，具备贴图和材质的制作能力。

（4）熟练掌握三维软件的骨骼系统、蒙皮与绑定技术。

（5）具备熟练使用常用三维动画软件进行角色动画、特效和粒子动画等制作能力。

（6）熟悉三维动画高级应用如自动补帧动画、动作混合、FK/IK（正向/逆向运动学）。

（7）熟悉三维动画项目管理和数字资产管理的工作流程和工作方法。

（8）具备开拓创新、善于使用新一代信息技术进行动画创意和设计制作的精神。

四、课程设计

本课程的设计以建构主义为原则，以教师为主导，以学生为主体，提倡以数字化新技术、新工艺、新规范为导向，采用"教、学、赛"相结合的教学法，引导学生在实践中学习理论，在项目中激发学生主观能动性。通过指引学生主动查阅线上、线下有关的前沿动画技术资料，完成三维动画项目的设计与制作，形成产教融合的职业教育特色，满足现场工程师的要求。

课程内容的选择以培养学生的三维动画制作能力为核心，注重反映新一代信息技术、人工智能生成内容技术和最新动画技术的应用。教学过程的理论教学和实践应相互融合，协调进行，以期达到培养学生的动画制作应用能力的目标。同时注重培养能够在三维动画工业化生产流程中能以新一代信息技术和综合能力解决现场技术问题的现场工程师，以期达到国家规划人才培养目标。在教学研究上，注重把有关的英文技术名词、英文手册、英文技术资料等渗透到教学过程中。本课程的课程内容思维导图如下。

"三维动画规律与制作"内容思维导图

五、教学内容安排

单元（项目）	节（任务）	知识点	技能点	素质（思政）内容与要求	学时	
					讲授	实践
1. 3ds Max 概述、界面和基础操作	1.1 3ds Max 的发展历程、界面和工具栏 1.2 导入和创建基本几何体 1.3 3ds Max 中的基础操作	1. 软件的界面和功能区域 2. 基本的对象创建、编辑和变换操作 3. 3ds Max 中的视图和坐标系 4. 选择、旋转、缩放和移动工具的使用方法	1. 安装 3ds Max 软件并进行基础配置 2. 认识软件界面和菜单，文件管理和项目组织管理 3. 使用选择、旋转、缩放和移动工具	提升学生对新工具的探索能力	1	1
2. 模型编辑和变形	2.1 使用编辑模式进行复杂几何体的制作和编辑 2.2 3ds Max 中的模型编辑、变形工具	1. 基础的建模技术 2. 建模工具的使用方法 3. 整体建模和细节处理的技巧，拓扑结构的修改等	1. 创建、编辑和变换对象 2. 利用参考图像来建模 3. 使用基础模型编辑命令和变形器	培养学生认真细致、一丝不苟的工作态度	2	2
3. 材质和贴图	3.1 3ds Max 中的材质和纹理的概念 3.2 在 3ds Max 中添加和编辑材质和纹理 3.3 UV 的展开与整理	1. 材质和纹理的概念和应用 2. 贴图坐标和映射等相关技术 3. 模型 UV 的展开技巧与 UV 块在象限的合理分布	1. 创建材质和纹理 2. 完成贴图坐标和映射 3. 依据模型 UV 制作自定义贴图	培养学生认真细致、一丝不苟的工作态度，热爱探索的精神	2	2

"三维动画规律与制作"课程标准

续表

单元 (项目)	节(任务)	知 识 点	技 能 点	素质(思政) 内容与要求	学时	
					讲授	实践
4.灯光和阴影	4.1 在 3ds Max 中添加灯光和调整灯光参数的方法 4.2 控制阴影的产生和显示效果	1. 灯光和阴影技术的渲染效果 2. 环境光遮挡、软阴影、光线跟踪和全局照明等相关技术	1. 利用灯光和阴影技术来增强渲染效果 2. 利用环境光遮挡、软阴影、光线跟踪和全局照明等相关技术实现显示效果 3. 在场景中合理的添加光源 4. 使用各类灯光并设置灯光参数	培养学生认真细致、一丝不苟的工作态度,热爱探索的精神	1	1
5.摄像机视角和渲染	5.1 3ds Max 中摄像机视角的概念 5.2 基础渲染并导出渲染图像	1. 创建动画路径和控制相机视角的方法 2. 摄像机设置和相机路径动画等技术 3. 使用动画曲线编辑器进行更精确的动画控制方法 4. 各种相机参数的设置和控制方法	1. 摄像机设置和制作相机路径动画 2. 使用动画曲线编辑器进行更精确的动画控制 3. 设置和控制各种相机参数	培养学生认真细致、一丝不苟的工作态度,热爱探索的精神	1	1
6.动画基础	6.1 3ds Max 中动画的基本概念和原理 6.2 设置关键帧、路径动画等基础动画技巧	1. 动画制作的基本原理和方法 2. 关键帧和时间轴	1. 创建动画并进行调整 2. 处理和优化动画细节 3. 控制动画曲线和编辑关键帧 4. 创建平滑的动画效果	实现流星雨划过天空的案例,使学生掌握技术	2	2
7.粒子系统和布料模拟	7.1 3ds Max 中粒子系统和布料模拟的概念 7.2 使用 3ds Max 创建和编辑粒子系统和布料模拟效果	1. 3ds Max 的粒子系统工具 2. 粒子发射、粒子形状和粒子行为	1. 设置粒子发射、粒子形状和粒子效果 2. 使用粒子系统来模拟风、火、水、烟等自然现象 3. 使用粒子系统与其他特效技术完成综合应用	实现常见自然现象效果案例,使学生掌握技术	1	1

121

续表

单元 (项目)	节(任务)	知识点	技能点	素质(思政) 内容与要求	学时 讲授	学时 实践
8. 动态模拟	8.1 使用 3ds Max 的动态模拟工具来制作各种物理模拟效果 8.2 刚体动力学、软体动力学和流体模拟等动态模拟技术	1. 柔体的材质、形状和动画效果 2. 不同模拟参数对模型的影响及其优化方法	1. 调整柔体的材质、形状和动画效果 2. 调整和优化不同模拟参数对模型的影响	实现常见物理模拟效果	1	1
9. 渲染器的选择和使用	9.1 3ds Max 基础渲染器和外置渲染器的应用 9.2 使用 3ds Max 自带渲染器进行渲染 9.3 使用外置渲染器如 VRay、Arnold、d5 进行高质量渲染	1. 常用的渲染器类型和特点 2. 3ds Max 中的各种渲染器 3. 外置高质量渲染器	1. 会选择、配置和使用 3ds Max 中的各种渲染器 2. 调整渲染设置和参数 3. 使用多个渲染通道来生成高品质图像	增强学生掌握技术能力	1	1
10. 后期处理软件基础	10.1 使用 Photoshop、After Effects 等基础的后期处理软件 10.2 对 3D 渲染图像序列进行简单的后期处理	1. 使用 3ds Max 中的后期处理工具进行图像编辑和增强方法 2. 曝光、色调映射、景深、运动模糊等后期处理技术	1. 会使用 3ds Max 中的后期处理工具进行图像编辑和增强 2. 会将 3ds Max 渲染图像导入 Photoshop 中进行进一步处理 3. 使用多个后期处理通道来增强渲染结果	培养学生认真细致、一丝不苟的工作态度	2	2
11. 高级建模	11.1 使用曲线和网格工具来创建更加复杂的几何体 11.2 运用三维雕刻软件建模技术来增强建模效果 11.3 使用 3ds Max 第三方插件辅助制作复杂场景	1. 高级的建模技术 2. 使用控制曲线、布尔运算来创建复杂几何体的方法 3. 模型雕刻技术增加模型细节的方法 4. 第三方插件的选择和使用方法	1. 利用曲线建模、NURBS 建模等进行建模 2. 使用控制曲线、布尔运算建模 3. 使用三维雕刻技术 4. 合理选择和使用第三方插件提高建模效率	增强学生掌握技术能力	2	2

"三维动画规律与制作"课程标准

续表

单元(项目)	节(任务)	知 识 点	技 能 点	素质(思政)内容与要求	学时 讲授	学时 实践
12. 高级材质和纹理	12.1 使用高级材质和纹理技术,例如位图贴图、Procedural 贴图等 12.2 在 Substance Painter 创建和编辑复杂的材质和纹理 12.3 运用 UV 展开和编辑技术来对模型进行纹理调整和精细化处理	1. 材质和纹理的概念和应用 2. 贴图坐标和映射等相关技术 3. Substance Painter 创建自定义材质和纹理方法 4. 提高渲染速度和品质的方法 5. 第三方展 UV 软件	1. 自定义材质和纹理 2. 提高渲染速度和品质 3. 使用第三方展 UV 软件提高贴图效率	增强学生掌握技术能力	2	2
13. 高级光照效果	13.1 在渲染中添加光晕和环境光效果,提高场景的真实感	1. 使用不同类型的灯光来烘托场景氛围和情感方法 2. 高品质的场景渲染图像	1. 使用不同类型的灯光来烘托场景氛围和情感 2. 创建高品质的场景渲染图像	以红色主题素材实现效果,使学生掌握技术	2	2
14. 高级渲染	14.1 使用渲染器插件来优化渲染效果 14.2 各种类型的纹理贴图和材质渲染效果的应用 14.3 使用 GPU 加速渲染提高渲染速度和效率	1. 常用的渲染器类型和特点 2. 3ds Max 中的各种渲染器如 VRay、Arnold、Red-shift 等 3. 渲染设置过程和参数的调整方法	1. 使用多个渲染通道来生成高品质图像 2. 选择、配置和使用 3ds Max 中的各种渲染器质图像 3. 使用多个渲染通道来生成高品质图像	增强学生掌握技术能力	2	2
15. 高级后期处理	15.1 使用 Nuke、Houdini 等进行高级后期处理 15.2 利用虚幻引擎进行高级后期处理	1. 3ds Max 中的后期处理工具 2. 曝光、色调映射、景深、运动模糊等后期处理技术 3. 高级后期处理方法	1. 实现曝光、色调映射、景深、运动模糊等后期处理 2. 会将 3ds Max 渲染图像导入虚幻引擎中进行高级后期处理	以红色主题素材实现效果,使学生掌握技术	2	2

123

续表

单元 (项目)	节(任务)	知识点	技能点	素质(思政) 内容与要求	学时 讲授	学时 实践
15. 高级后期处理	15.3 后期处理中增强图像的真实感和逼真度	4. 多个后期处理通道	3. 会使用多个后期处理通道来增强渲染结果			
16. 高级动画	16.1 使用 3ds Max 的高级动画工具来制作各种复杂动画 16.2 人物角色动画、物理效果和路径动画等高级动画技术 16.3 第三方平台提高角色模型绑定效率	1. 使用 3ds Max 制作人物角色动画方法 2. 骨骼系统、权重绑定、动作路径和特效技术等技巧 3. MIXAMO 平台	1. 使用 3ds Max 的高级动画工具来制作各种复杂动画 2. 利用骨骼系统、权重绑定、动作路径和特效技术等实现人物运动 3. 利用 MIXAMO 平台实现模型上传、自动绑定和导出工程文件	增强学生掌握技术能力	2	2
17. 高级特效制作	17.1 使用 3ds Max 来制作各种视觉特效 17.2 粒子系统、布料模拟和动态模拟等制作特效的高级技术	1. 3ds Max 的布料和柔体模拟工具 2. 布料与物体碰撞、重力、空气阻力等特性的模拟方法	使用粒子系统和布料模拟工具来制作自然效果	以红色主题素材实现效果,使学生掌握技术	2	2
18. VR/AR/MR 设计与应用开发专题项目	18.1 虚拟现实、增强现实技术和混合现实技术的基本概念和应用 18.2 将 3ds Max 场景导入到 VR/AR/MR 应用中	1. 虚拟现实交互设计的基本概念和原理 2. 虚拟现实应用中的交互动画效果	1. 会使用虚拟现实、增强现实和混合现实应用技术开发的一般流程 2. 将 3ds Max 场景导入 Unity 或 UE 中添加交互动画效果	培养学生认真细致、一丝不苟的工作态度	2	2
19. 项目综合实战专题项目	19.1 完成一个综合性的三维动画项目实战	1. 动画制作的各项技术和流程 2. 三维动画知识与技能的水平	1. 通过参与动画制作项目,会动画制作的各项技术和流程	培养学生团队协作、表达沟通的能力	2	2

续表

单元 (项目)	节(任务)	知 识 点	技 能 点	素质(思政) 内容与要求	学时	
					讲授	实践
19. 项目综合实战专题项目	19.2 巩固和加深对 3ds Max 三维动画制作各个方面知识和技能的掌握程度 19.3 展示个人/团队项目作品，分享创作心得和经验		2. 针对三维动画设计与制作岗位进行自我能力评估 3. 分享创作心得和经验			
合计:64学时					32	32

六、实施建议

（一）教学团队

本课程团队应具有相对稳定的高水平教学研究和实践能力，团队成员职称、学历、年龄等结构合理，成员中一般应配备不少于一名"双师型"教师，项目类课程建议增配不少于一名实验师。建议课程负责人一般应由具有中、高级专业技术职务、教学经验丰富、教学特色鲜明的教师担任。

专任教师应具有高校教师资格，信息类、艺术类专业专科以上学历，建议具有虚拟现实、三维动画项目相关应用开发工作经历或双师资格。兼职教师应具有信息类、艺术类专业专科以上学历，两年以上企业行业相关经历，具有虚拟现实、三维动画项目相关应用开发工作经历并能应用于教学。

（二）教学设施

（1）教学场地：三维动画设计与制作实训室。

（2）硬件设施：高性能计算机机房一间，配备数绘板。

（3）软件设施：3ds Max 2020 及以上版本，或 Maya 2020 及以上版本，或 Cinema 4D R20 及以上版本任选一个，选装 VRay 插件；安装 Substance Painter、Rizom UV、Zbrush 等（版本不限），操作系统：Windows 10 及以上操作系统。

（4）教辅设备：投影仪、多媒体等教学设备等。

（三）教学方法与手段

1. 教学方法

主要使用常规讲授法、讨论法、演示法外，还可以采取以下适用本课程的教学方法。

（1）AI辅助头脑风暴教学法：在项目启动阶段采用任务驱动法、头脑风暴教学法。主要利用人工智能技术，在动画文案、分镜设计、角色和场景设计方案阶段利用 AI 进行设计辅助,提高学生方案设计效率,拓宽头脑风暴广度和挖掘设计方案深度,形成"AI辅助—创意讨论—人工修正—AI辅助—完成项目"的AI辅助五步教学法。

(2)企业实战项目教学法:在实践教学环节,采用小组教学法,并通过引入本土企业实战项目,组织学生参加到三维动画项目实训中,提升学生项目实战能力,熟悉企业三维动画项目设计和制作的一般流程,培养团队写作精神和自主创新意识,并邀请企业导师进行线上点评,实现"企业点评,学生互评,教师总结"的多元评价机制,实施"线上＋线下"混合式教学。

2. 教学手段

(1)通过运用新一代信息技术人工智能,引导学生灵活运用人工智能生成内容(AIGC)辅助三维动画设计与制作,以学生为主体开展翻转课堂教学。

(2)以岗位能力需求为导向、学生为中心的企业项目实战的教学探索与应用。

(3)通过分组教学模拟三维动画项目工作流程小组,提高学生团队协作意识。

(4)通过对比教学,使学生对目前国内外三维类软件有直观的了解,并提高学生的爱国自豪感和预防国外势力对三维建模与渲染技术"卡脖子"的危机感,激发学生科技强国的热情。

(四)教学资源

1. 推荐教材

郑发云,余志云,林作强. 三维动画设计与制作(3ds Max 2020实训教程微课版)[M]. 哈尔滨:哈尔滨工程大学出版社,2022.

2. 资源开发与利用

资源类型	资源名称	数量	基本要求及说明
教学资源	教学课件/个	≥19	每个教学单元配备1个及以上教学课件
	教学教案/个	≥1	每个课程配备1个及以上教案
	微视频/(个/分钟)	数量≥32个 时长≥256分钟	每个学分配备8个及以上教学视频、教学动画等微视频
	习题库/道	≥120	每个教学单元配备习题,每个学分配备的习题不少于40道,其中,开放式/非标准答案测验题、案例题等综合应用题不少于20%。每个习题均要提供答案及解析

(五)教学评价

1. 教学评价思路

本课程的考核采用过程性考核与期末考核结合的方式,过程性考核考察项目作业提交,期末采用项目实战考核方式。其中过程性考核占60%,期末考核占30%,奖励性评价占10%。

"三维动画规律与制作"课程标准

2. 评价内容与标准

教学评价说明

考核方式	过程性考核（60分）				期末考核（40分）	奖励性评价（10分）
	平时考勤	平时作业	阶段测试	线上学习	期末项目实战	大赛获奖、考取证书等
分值设定	10	20	10	20	40	1~10
评价主体	教师	教师	教师	教师、学生	教师、企业	教师
评价方式	线上、线下结合	线上	随堂测试	线上	成果展示与答辩	线下

课程评分标准

考核方式	考核项目	评分标准（含分值）
过程性考核	平时考勤	全勤10分，迟到早退1次扣0.3分，旷课1次扣1分
	平时作业	作业不少于15次，作业一般为操作类作业、项目类作业和报告类作业，操作类作业不少于10次。作业全批全改，每次作业按百分制计分，最后统计出平均分
	阶段测试	闭卷，随堂测试，线上考试，满分100分，题型包括单选题(50分)、判断题(20分)、填空题(20分)、简答题(10分)
	线上学习	考核数据从本课程学习网站平台上导出，主要是相关知识点的学习数据，完成全部知识点的学习，得10分
总结性考核	项目实战	企业和教师协同出题，以实际或虚拟项目，让学生分组完成项目，通过企业点评，学生互评，教师总结的方式得出项目评估结果，以等级制给出考核结果
奖励性评价	大赛获奖	与课程相关的三维动画设计类奖项，一类赛项一等奖10分、二等奖7分，二类赛项一等奖7分、二等奖4分；每人增值性评价总分不超过10分
	职业资格/"1+X"证书获取	获取课程相关的职业资格证书或"1+X"证书，初级得5分，中级得8分，高级得10分。每人增值性评价总分不超过10分

"UI 界面设计"课程标准

KCBZ-××××-×××× (KCBZ-课程代码-版本号)

王瑶　陈德丽　孟祥芸　宋薇　李奇泽　冉淼　何萍

一、课程概要

课程名称	中文：UI 界面设计 英文：UI Design		课程代码	××××	
课程学分	4	课程学时	共 64 学时,理论 16 学时,实践 48 学时		
课程类别	☐专业基础课程　☑专业核心课程　☐专业拓展课程				
课程性质	☑必修　☐选修		适用专业	虚拟现实技术应用	
先修课程	平面设计基础		后续课程	虚拟现实场景制作	
开设学期	第一学期	第二学期 √	第三学期	第四学期	第五学期	第六学期

二、课程定位

本课程是虚拟现实技术应用专业的专业核心课程,是在图形图像处理、企业形象、LOGO 标志设计课程上的延续与提高,旨在培养学生热爱祖国,拥护中国共产党的领导,树立科学的世界观、人生观和价值观。课程实践中注重对各设计基础课程如图形设计、编排设计、字体设计、构成设计等课程的综合运用。UI 设计属于移动端 APP 用户交互界面部分的设计。课程包含 ICON 图标设计、原型图设计(低保真设计)、高保真设计,精细的 ICON 图标表现,和一些特色风格的主题 APP 界面设计等。这些都是企业形象宣传的一部分,APP 和手机网页方面都属于视觉界面设计。掌握 UI 设计(UI Design)的基本概念,基本知识,操作流程、方法和技巧,绘图功能与制作,创意与设计表达等。通过本学期课程学习,学生能够具备产品思维、用户逻辑、用户体验、交互设计、跨平台设计的能力。

［作者简介］　王瑶,重庆城市职业学院;陈德丽,重庆城市职业学院;孟祥芸,南阳理工学院;宋薇,江西环境工程职业学院;李奇泽,三明学院;冉淼,宜宾职业技术学院;何萍,广西工业职业技术学院。

三、教学目标

（一）素质（思政）目标

（1）培养学生热爱祖国、热爱人民、拥护中国共产党的领导、拥有高尚的爱国情操，树立强烈的民族自豪感。

（2）培养学生敬业、乐业、勤业精神。

（3）培养学生独立思考、自主创新的意识。

（4）培养学生认真细致、一丝不苟的工作态度。

（5）培养学生科学严谨、标准规范的职业素养。

（6）培养学生团队协作、表达沟通能力。

（7）培养学生信息检索与综合运用能力。

（二）知识目标

（1）全面了解 UI 设计的发展过程、近年移动设备的发展、设计的基本原则等方面的知识，让学生掌握 UI 设计的表现方法和制作技能，提高学生设计审美能力。

（2）学生重点掌握移动设备主题 APP 界面设计、图标设计、电子杂志类 APP 宣传编排设计、电商类 APP 界面、图标、运营图等设计操作和实际运用。

（3）对知识进行积累，培养自己对美的感受能力，在设计时才能触类旁通。还应该对从设计制作到走向市场的全过程有足够的了解。

（三）能力目标

（1）熟练掌握 Adobe Photoshop 各版本安装、配置、维护操作的能力。

（2）熟练掌握剪影图标、扁平化图标、轻质感图标、拟物化图标设计能力。

（3）熟练掌握 iOS、Android 等设计规范和设计方法。

（4）熟练掌握 Axure 运用方法，以及高效、高质原型图设计。

（5）熟练掌握 Cinema 4D（简称 C4D）建模软件，并且掌握基础建模与渲染方法。

四、课程设计

本课程内容包含 UI 设计的概述、风格、色彩搭配、图标和界面设计流程以及配套项目的案例讲解等，从简单的图标设计到复杂的界面设计，再进阶到复杂的动态 UI 设计，完整地讲解了不同分类的 UI 设计流程以及方法。在此方向上，结合 UI 设计的行业标准，本课程还穿插讲解了 C4D 建模软件操作，从二维思维到三维的一个演变过程，最终用三维软件做出相应的作品，让学生更好地了解 UI 设计行业制作规范和要求，掌握设计理念和软件操作技巧，进而满足学生从事本专业的工作需求，提升学生进入职场的核心竞争力。

具体教学内容根据市场调研社区和企业用人需求定制方案，整个教学方案内容 16 学时为理论，实际操作 48 课时，让学生除了会运用软件设计出符合甲方需求的产品以外，还要理解不同行业的不同风格，提高学员综合能力；以当下企业用得较多的软件 MasterGo 和 Figma 作为 UI 设计工具，满足企业前后端协作的要求。其中理论内容讲解了 UI 设计基础规范、注意事项和设计方法,为后期实践做铺垫;实践部分让学生学习不同软件,除 Adobe Photoshop 外,MasterGo 和 Figma 是当下大多数企业用的 UI 设计软件,通过学习学生能在不同环境都能适应岗位内容,而且学习内容最终目标是配合前端工程师不仅限于软件或者第三方插件完成相应的切图和标注,从而提高项目的完整性和规范性。本课程的课程内容思维导图如下。

"UI 界面设计"内容思维导图

五、教学内容安排

单元 (项目)	节(任务)	知识点	技能点	素质(思政) 内容与要求	学时 讲授	学时 实践
1. 剪影图标绘制	1.1 入门知识 1.2 图标标准尺寸 1.3 图标分类 1.4 布尔运算、堆叠法、切割法	1. 图标种类 2. 图标规范设计尺寸 3. 布尔运算做法	1. 分析市场各种图标种类 2. 制作基础图标 3. 运用布尔运算、堆叠法、切割法	通过介绍相关国产图标,增强学生的爱国热情和自信心	1	3
2. 扁平化图标绘制	2.1 风格分类 2.2 结构表现 2.3 图标浮动效果 2.4 图标设计原则 2.5 折纸效果 2.6 光影效果	1. 当前流行图标分类 2. 图标色彩原则 3. 折纸效果结构表现 4. 光影效果处理方式 5. 浮动效果表现方式	1. 利用块图标、线图标设计规范制作图标 2. 利用折纸设计方法制作折纸效果 3. 制作光影效果图标 4. 制作浮动效果图标	通过制作红色资源图标,增强学生的爱国热情和自信心	1	3
3. 轻质感图标绘制	3.1 轻质感表现方法 3.2 混合模式运用 3.3 布尔运算、统一性	1. 轻质感图标的设计方法 2. 混合模式等图层样式	1. 设计出一整套轻质感图标 2. 实现斜面浮雕、内阴影、渐变叠加、内发光等图层样式	通过制作红色资源图标,增强学生的爱国热情和自信心	1	3
4. 拟物化图标绘制	4.1 纸质褶皱效果 4.2 材质、外浮内嵌效果 4.3 木纹材质、纸张、金属(金属拉丝)	1. 各种材质设计方法 2. 外浮内嵌图层样式	1. 制作木纹材质、金属材质、纸张材质 2. 使用混合模式中斜面浮雕 3. 利用拟物化图层设计方法绘制图标	通过制作红色资源图标,增强学生的爱国热情和自信心	1	3

"UI 界面设计"课程标准

续表

单元 (项目)	节(任务)	知识点	技能点	素质(思政) 内容与要求	学时 讲授	学时 实践
5. Axure 原型图绘制	5.1 Axure RP 应用领域 5.2 产品需求文档 5.3 操作流程图 5.4 产品原型图 5.5 软件基础操作 5.6 低保真原型图的绘制方法和规范	1. Axure 软件的安装、汉化、载入元件库方法 2. Axure 面板分类 3. 工具栏 4. 面板菜单栏 5. 产品需求文档 6. 操作流程图 7. 产品原型图 8. 界面元件属性 9. 动态面板的使用方法 10. 中继器的使用方法 11. 原型制作的方法和规范 12. 页面绘制的方法 13. 按钮的制作和使用方法	1. 下载、安装和操作 Axure 2. 使用 Axure 菜单栏、属性栏、工具栏、元件库、交互面板 3. 使用元件库 4. 发布与设置 5. 使用界面设计表单类元件 6. 利用元件库基本原件绘制功能图 7. 实现页面中部分交互设计 8. 实现原型图之间交互跳转	提升学生对新工具的探索能力	2	6
6. 原型图制作与交互	6.1 移动端页面搭建 6.2 交互原型图制作	1. 原型图绘制流程 2. 产品分析方法 3. 交互设计法则 4. 网站原型设计法则 5. APP 原型设计法则 6. 页面交互原型的本质	1. 设置交互原件情景 2. 制作产品的架构图 3. 制作动态面板瀑布流效果 4. 制作页面设计中的元件 5. 实现网页的轮播交互设计 6. 掌握产品 APP 购物交互	培养学生认真细致、一丝不苟的工作态度	1	3
7. 色彩搭配	7.1 了解色彩知识和理论(RGB) 7.2 了解色彩知识和理论(CMYK) 7.3 了解同类色、近似色、互补色,对比色多个色彩关系 7.4 了解色彩明暗调整 7.5 了解图像色相及饱和度调整	1. RGB 和 CMYK 的基础知识 2. 通道里的色彩 3. 图像的格调 4. 色彩冷色调效果 5. 色彩暖色调效果 6. 多个色彩关系配色 7. 图像色彩明暗调整和色相及饱和度调整命令的使用方法	1. 创建不同色相的图形与图层 2. 修改图形的色阶,调整图像的亮度对比度 3. 利用曲线会利用图像/调整菜单调整曝光度 4. 调用图形菜单命令 5. 调整单、双色效果 6. 制作高浓度色调	培养学生科学严谨、标准规范的职业素养	2	6

131

续表

单元 (项目)	节(任务)	知 识 点	技 能 点	素质(思政) 内容与要求	学时 讲授	学时 实践
7. 色彩搭配			7. 调整图像色调 8. 根据主题内容设计色彩搭配			
8. iOS 基本设计规范	8.1 课程解读、iOS @2x 设计尺寸规范 8.2 iPhone X 设计尺寸规范 8.3 APP 界面的设计制作方法全局 8.4 边距的设置，内容卡片间距	1. iOS 各大手机设计规范对比 2. 图片设计比例在界面中的重要性以及常见的图片尺寸比例 3. APP 界面内容布局形式之卡片式布局 4. APP 界面内容布局形式之列表式布局 5. iOS 流行规范尺寸	1. 用@倍图做高保真设计稿 2. 实现 APP 卡片式布局和列表布局	培养学生科学严谨、标准规范的职业素养	1	3
9. Android 基本设计规范	9.1 Android 系统历史介绍 9.2 规范讲解 9.3 画像分析	1. Android 历史 2. Android 手机界面设计规范 3. 物理像素与逻辑像素的区别 4. Android 48dp 设计定律的标准设计方法	1. 运用 Android 常用规范 2. 区分物理像素和设计像素 3. 用常见设计尺寸设计出首页	培养学生科学严谨、标准规范的职业素养	1	3
10. 主界面设计	10.1 竞品分析 10.2 理解原型图和功能图 10.3 设计尺寸规范	1. @倍图 750×1624 设计规范 2. 电池电量条、标题栏、导航栏以及 home 栏尺寸 3. 竞品的分析方法 4. 原型图和功能图的区别	1. 利用 UI 规范设计出规范性的 APP 画布 2. 分析竞品写出分析文档 3. 区分功能图和原型图的区别	培养学生认真细致、一丝不苟的工作态度	1	3
11. 引导页设计与切图标注	11.1 引导页规范 11.2 切图规范及软件使用 11.3 博标注规范及软件使用	1. 引导页设计规范和行业要点 2. 像素大厨和蓝湖软件使用方法	1. 学会引导页设计 2. 学会使用像素大厨进行单页切图和规范标注 3. 学会蓝湖插件切图上传	培养学生认真细致、一丝不苟的工作态度	1	3
12. C4D 软件基础及行业介绍	12.1 软件基础以及行业介绍 12.2 视图操作详解 12.3 扫描以及挤压功能介绍	1. 基本模型绘制方法以及模型属性 2. 模型基础知识 3. 渲染出图流程	1. 利用 C4D 制作爆波球 2. 汽车模型分析以及建立 3. 汽车渲染出图	以国产汽车为例，增强学生的爱国热情和自信心	1	3

"UI 界面设计"课程标准

续表

单元 (项目)	节(任务)	知识点	技能点	素质(思政) 内容与要求	学时 讲授	学时 实践
12. C4D软件基础及行业介绍		4. 挤压、放样、样条等工具	4. 立体文字制作 5. 字渲染出图			
13. 灯光系统介绍、材质介绍	13.1 灯光系统介绍及使用 13.2 打光技巧及布光方式 13.3 灯光特性 13.4 材质介绍及普通材质制作	1. 泛光灯、区域光、聚光灯特性 2. 打灯属性和方法 3. 普通材质特性 4. 特殊材质特性	1. 设置灯光特性 2. 使用打灯制作效果 3. 制作普通和特殊材质 4. 配合灯光渲染出不同的材质	培养学生科学严谨、标准规范的职业素养	1	3
14. 空间模型搭建	14.1 案例实操	1. 建筑搭建方法 2. 人物IP形象制作方法 3. 完整空间模型搭建方法	1. 利用C4D软件内部挤压、倒角、细分曲面等添加分段搭出场景 2. 对照三视图观察并且布线 3. 利用FFD对照三视图直接微调,确定模型形状 4. 利用细分曲面做出圆滑的模型	融入国内知名建筑,增强学生爱国的热情	1	2
15. C4D格式导出Unity导入	15.1 案例导出/导入	1. 空间模型保存FBX格式 2. Unity格式导入方法	1. 将C4D设计好的空间模型导出为FBX格式 2. 将FBX格式导入Unity内使用	培养学生掌握技术的能力	0	1
合计:64学时					16	48

六、实施建议

(一)教学团队

本课程团队应具有相对稳定的高水平教学研究和实践能力,团队成员职称、学历、年龄等结构合理,成员中一般应配备不少于一名"双师型"教师,项目类课程建议增配不少于一名实验师。建议课程负责人一般应由具有中、高级专业技术职务、教学经验丰富、教学特色鲜明的教师担任。

专任教师应具有高校教师资格，艺术设计类专业本科以上学历，建议具有虚拟现实、UI界面设计相关应用开发工作经历或双师资格。兼职教师应具有艺术类专业专科以上学历，两年以上企业行业相关经历，具有虚拟现实、UI界面设计相关应用开发工作经历并能应用于教学。

（二）教学设施

（1）计算机硬件：高性能计算机机房一间。

（2）计算机软件：Adobe Photoshop CC 2021 或以上版本、Adobe Illustrator 2021 或以上版本、Axure。

（3）操作系统：Windows 10 操作系统。

（4）教辅设备：投影仪、多媒体教学设备等。

（三）教学方法与手段

（1）在教学方法上就积极推行任务驱动法、案例教学法、模拟情境法、现场演示法等多种教学方法。

（2）遵循"教、学、做"合一的原则，改变了以教师讲课为中心的传统教学模式，以学生为主体，教师为主导，让学生边学边做，并在实训环境中熟练掌握 Photoshop、Illustrator、Axure 软件技能和图形图像制作的方法。

（四）教学资源

1. 推荐教材

暂无。

2. 资源开发与利用

资源类型	资源名称	数 量	基本要求及说明
教学资源	教学课件/个	≥15	每个教学单元配备1个及以上教学课件
	微视频/(个/分钟)	数量≥32个 时长≥256分钟	每个学分配备8个及以上教学视频、教学动画等微视频
	案例库/道	≥160	每个教学单元配备习题，每个学分配备的习题不少于40道，其中，开放式/非标准答案测验题、案例题等综合应用题不少于20%。每个习题均要提供答案及解析

（五）教学评价

1. 教学评价思路

本课程的考核采用形成性考核方式，期末采用笔试考核方式，具体考核方式采用由过程性考核、总结性考核、奖励性评价三部分构成的评价模式。

"UI 界面设计"课程标准

2. 评价内容与标准

教学评价说明

考核方式	过程性考核（60 分）				总结性考核（40 分）	奖励性评价（10 分）
	平时考勤	平时作业	阶段测试	线上学习	期末考试（闭卷）	大赛获奖、考取证书等
分值设定	15	15	10	20	40	1～10
评价主体	教师	教师	教师	教师、学生	教师	教师
评价方式	线上、线下结合	线上	随堂测试	线上	线下考察	线下

课程评分标准

考核方式	考核项目	评分标准（含分值）
过程性考核	平时考勤	全勤15分,迟到早退1次扣1分,旷课1次扣2分
	平时作业	作业不少于15次,作业一般为上机操作类与实践设计类作业。作业全批全改,每次作业按百分制计分,最后统计出平均分
	阶段测试	闭卷,随堂测试,上机操作,满分100分,分项包括软件操作(40分)、作品画面效果质量(30分)、作品创意度(20分)、文件格式(10分)
	线上学习	考核数据从本课程学习网站平台上导出,主要是相关知识点的学习数据,完成全部知识点的学习,得10分
总结性考核	上机测试	线下上机考试,满分100分,分项包括软件操作(50分)、作品画面效果质量(20分)、作品创意度(20分)、文件格式(10分),考试时间120分钟
奖励性评价	大赛获奖	与课程相关的 Adobe Photoshop 设计类奖项,一类赛项一等奖10分、二等奖7分,二类赛项一等奖6分、二等奖3分;每人增值性评价总分不超过10分
	职业资格证书获取	与课程相关的职业资格证书获取,一项5分,每人增值性评价总分不超过10分

"虚拟现实场景制作技术"课程标准

KCBZ-××××-××××（KCBZ-课程代码-版本号）

赖晶亮　姜福吉　赵春娟　卢芸　苏媛　王令　魏春玲

一、课程概要

课程名称	中文：虚拟现实场景制作技术 英文：Virtual Reality Scene Production Technology		课程代码	××××	
课程学分	4	建议学时	共64学时，理论22学时，实践42学时		
课程类别	□专业基础课程　☑专业核心课程　□专业拓展课程				
课程性质	☑必修　□选修		适用专业	虚拟现实技术应用	
先修课程	虚拟现实建模技术、贴图制作与编辑		后续课程	虚拟现实图形渲染	
开设学期	第一学期	第二学期	第三学期 √	第四学期	第五学期	第六学期

二、课程定位

本课程是虚拟现实技术应用专业的专业核心课程，将按照专业培养目标，培养学生热爱祖国，拥护中国共产党的领导，树立科学的世界观、人生观和价值观；培养学生认真细致、一丝不苟、团队合作的职业素养。同时要求学生掌握虚拟现实场景制作的基本要求、制作工具及方法，了解虚拟现实典型应用案例中的室内场景制作过程，结合上机实验，掌握虚拟现实的场景制作技术。

三、教学目标

（一）素质（思政）目标

（1）培养学生热爱祖国，热爱人民，拥护中国共产党的领导，拥有高尚的爱国情操，树立

[作者简介]　赖晶亮，广东轻工职业技术学院；姜福吉，惠州城市职业学院；赵春娟，宜宾职业技术学院；卢芸，深圳市瑞立视多媒体科技有限公司；苏媛，艾迪普科技股份有限公司；王令，北京格如灵科技有限公司；魏春玲，中物联讯（北京）科技有限公司。

强烈的民族自豪感。

(2) 培养学生敬业、乐业、勤业精神。

(3) 培养学生独立思考、自主创新的意识。

(4) 培养学生认真细致、一丝不苟的工作态度。

(5) 培养学生科学严谨、标准规范的职业素养。

(6) 培养学生团队协作、表达沟通能力。

(7) 培养学生信息检索与综合运用能力。

（二）知识目标

(1) 了解虚拟现实场景的概念。

(2) 了解虚拟现实场景的主要应用领域。

(3) 了解虚拟现实场景制作主要工具的使用方法。

(4) 了解虚拟现实外部建模主要工具的使用方法。

(5) 掌握虚拟现实场景制作流程。

(6) 掌握常用材质制作方法：布料、皮、金属、水等。

(7) 掌握五大光源：定向光源、点光源、聚光源、矩形光源、天空光照的定义及使用方法。

(8) 掌握场景中灯光设置技巧。

(9) 掌握室内、室外场景搭建关键技术。

(10) 掌握粒子特效类型。

(11) 了解场景动画视频输出方法。

（三）能力目标

(1) 掌握虚拟现实场景制作的流程和基本工具的使用。

(2) 掌握引擎软件，具备室内、室外虚拟场景制作能力。

(3) 熟练使用引擎软件，具备多种材质制作的能力。

(4) 熟练使用引擎软件，具备常见粒子特效制作能力。

(5) 熟练使用引擎软件，具备五大类型灯光的正确设置能力。

(6) 熟练使用引擎软件，掌握场景元素和整体效果提升能力。

(7) 具备使用引擎软件，具备 VR 环境测试和调试的能力。

(8) 具备阅读英文资料的能力。

四、课程设计

本课程的教学应认真探索以教师为主导，以学生为主体的教学思想的内涵和具体做法：采用"教、学、做"相结合的引探教学法，引导学生在动手做中学习理论；指导学生查阅有关的中英文技术资料，完成虚拟现实场景项目的制作，写出实验报告。

课程内容的选择以培养学生的虚拟现实场景制作能力为核心，课程内容应特别注重反映最新虚拟现实技术的应用。教学过程的理论教学和实践应相互融合，协调进行，以期达到培养学生的工程技术应用能力的目标。注意把有关的英文技术名词、英文手册、英文技术资料等渗透到教学过程中。本课程的课程内容思维导图如下所示。

"虚拟现实场景制作技术"内容思维导图

五、教学内容安排

单元 （项目）	节（任务）	知识点	技能点	素质（思政） 内容与要求	学时 讲授	学时 实践
1.虚拟现实场景基础知识	1.1 虚拟现实场景的概念认知 1.2 区分虚拟现实场景的主要应用领域 1.3 虚拟现实场景制作主要工具 1.4 虚拟现实外部建模主要工具	1. 虚拟现实场景的概念 2. 虚拟现实场景的主要应用领域 3. 虚拟现实场景制作主要工具特点 4. 虚拟现实外部建模主要工具特点		培养学生信息检索与综合运用的能力	2	0
2.虚拟现实场景制作流程	2.1 规划场景，根据需求确定场景风格和内容 2.2 使用 LandScape 地形工具创建场景 2.3 外部模型的创建和优化 2.4 导入模型，注意模型的设置 2.5 给场景元素添加材质 2.6 灯光设置，选择合适灯光类型营造氛围 2.7 添加特效、音效，增加真实感 2.8 虚拟场景的优化	1. 虚拟场景制作要素 2. 虚拟场景制作流程 3. 虚拟场景的类型 4. 虚拟场景制作每个步骤的要点 5. 虚拟场景的最终优化目标	1. 引擎软件常用操作 2. 创建不同类型的场景项目 3. 导入模型，做相应设置 4. 添加不同类型材质 5. 根据场景需求设置合适灯光 6. 添加特效，做简单优化调整	培养学生认真细致、一丝不苟的工作态度	2	2
3.虚拟现实场景元素编辑	3.1 使用地形工具创建一个简单的室外场景 3.2 使用植被工具添加植物 3.3 使用BSP笔刷快速搭建一个基本模型	1. 场景创建基础工具使用方法 2. 地形工具使用方法 3. 植被工具使用方法 4. BSP笔刷编辑工具使用方法	1. 使用基础工具创建场景 2. 使用地形工具创建不同类型地形 3. 使用植被工具创建不同类型植物	通过制作红色资源场景，增强学生的爱国热情和自信心	2	4

续表

单元(项目)	节(任务)	知识点	技能点	素质(思政)内容与要求	学时 讲授	学时 实践
3. 虚拟现实场景元素编辑	3.4 练习使用网格体绘制工具 3.5 VR场景快速搭建	5. 网格体绘制工具使用方法	4. BSP笔刷编辑工具编辑简单模型 5. 使用网格体绘制工具绘制网格体			
4. 材质制作	4.1 PBR材质系统特点和基本原理 4.2 PBR材质制作工具 4.3 使用材质编辑器编辑材质 4.4 使用主材质节点 4.5 使用后期处理材质 4.6 制作布料材质 4.7 制作皮革材质 4.8 制作水材质 4.9 制作金属材质	1. PBR原理及渲染效果 2. 材质的属性 3. 材质编辑器的操作方法 4. 材质节点细节属性及其效果 5. 主材质节点的使用方法 6. 后期处理材质使用方法 7. 布料材质制作方法 8. 皮革料材质制作方法 9. 水材质的制作方法 10. 金属材质的制作方法	1. 应用PBR材质系统制作材质 2. 使用材质编辑器编辑材质 3. 使用材质面板设置材质细节属性 4. 使用材质球调节场景效果 5. 使用后期处理材质 6. 使用材质编辑器制作布料材质并应用 7. 使用材质编辑器制作皮革材质并应用 8. 使用材质编辑器制作水材质并应用 9. 使用材质编辑器制作金属材质并应用	通过制作红色文化材质,增强学生的爱国热情和自信心	2	6
5. 粒子系统	5.1 粒子关键概念 5.2 粒子常用的参数及含义 5.3 火焰粒子制作 5.4 烟雾粒子制作 5.5 落叶粒子制作 5.6 雨滴粒子制作 5.7 水流粒子制作	1. 粒子系统的使用原理和关键概念 2. 粒子常用的参数及含义 3. 火焰粒子的制作方法 4. 烟雾粒子的制作方法 5. 落叶粒子的制作方法 6. 雨滴粒子的制作方法 7. 水流粒子的制作方法	1. 使用粒子系统制作火焰效果 2. 使用粒子系统制作烟雾效果 3. 使用粒子系统制作落叶效果 4. 使用粒子系统制作雨滴效果 5. 使用粒子系统制作水流效果	通过制作红色资源粒子特效,增强学生的爱国热情和自信心	2	6

续表

单元 (项目)	节(任务)	知识点	技能点	素质(思政) 内容与要求	学时	
					讲授	实践
6. 灯光设置	6.1 光源基础 6.2 光照设计思路 6.3 使用定向光源 6.4 使用点光源 6.5 使用聚光源 6.6 使用矩形光源 6.7 使用天空光照 6.8 灯光设置案例	1. 灯光的作用,五大光源类型 2. 定向光源的使用方法 3. 点光源的使用方法 4. 聚光源的使用方法 5. 矩形光源的使用方法 6. 天空光照的使用方法	1. 正确使用定向光源,调节属性达到预期效果 2. 正确使用点光源,调节属性达到预期效果 3. 正确使用聚光源,调节属性达到预期效果 4. 正确使用矩形光源,调节属性达到预期效果 5. 正确使用天空光照,调节属性达到预期效果 6. 使用定向光源制作太阳光,模拟一天中不同时段太阳光效果 7. 使用点光源制作室内各种灯光,如台灯、吊灯、壁灯等 8. 使用指数级高级雾提升场景效果 9. 使用体积雾调整场景效果 10. 使用后期处理体积提升场景效果	通过制作红色资源灯光特效,增强学生的爱国热情和自信心	2	6
7. 场景特效	7.1 常用的特效类型 7.2 材质与纹理特效制作 7.3 灯光特效制作 7.4 影像特效制作 7.5 文字特效制作 7.6 特效制作案例	1. 常用的特效类型 2. 材质与纹理特效制作方法 3. 灯光特效制作方法 4. 影像特效制作方法 5. 文字特效制作方法	1. 按步骤制作特效 2. 使用特效工具制作材质与纹理特效 3. 使用特效工具制作灯光特效效果 4. 使用特效工具制作影像特效效果 5. 使用特效工具制作文字特效制作效果 6. 使用特效工具完成综合特效案例	通过制作红色资源综合场景特效,增强学生的爱国热情和自信心	2	6

续表

单元 (项目)	节(任务)	知 识 点	技 能 点	素质(思政) 内容与要求	学时 讲授	学时 实践
8. 室外场景搭建案例	8.1 准备素材，场景模型、贴图 8.2 整体布局，物品摆放，将场景中的物品分层分类管理 8.3 创建LandScape地形，给地形做"草"和"泥水"的材质 8.4 给地形赋予材质，使用笔刷工具呈现草地、泥土地形效果 8.5 使用笔刷工具在地形上刷出花、草、树木，调整植被的大小、密度 8.6 调整定向光源和天空光照的属性参数，达到目标效果 8.7 调整后期处理体积属性参数，添加指数级高度雾，增加雾效氛围效果 8.8 添加反射球覆盖整个场景，构建完成后继续调整光照效果达到最佳 8.9 室外场景搭建案例	1. 室外场景整体搭建流程和主要工具 2. 场景需求分析能力，对风格、素材选择有清晰梳理和判断 3. 场景整体布局，物品分层分类管理方法 4. LandScape地形工具创建山地、草地等地形方法 5. 常用的地形材质草地、泥土、石头等制作方法 6. 笔刷工具刷出理想地形效果的方法 7. 光的使用技巧，通过调整参数达到逼真效果 8. 后期雾效、整体氛围效果处理方法 9. 构建光照方法	1. 使用引擎熟练导入模型、贴图搭建基础场景布局 2. 使用LandScape地形工具创建山地、草地等地形 3. 制作常用的地形材质草地、泥土、石头 4. 灵活使用笔刷工具刷出理想地形效果 5. 灵活使用灯光，细化调整参数达到逼真效果 6. 使用后期处理体积、体积雾等工具提升整体效果 7. 构建光照，调整参数	通过制作红色资源室外场景，增强学生的爱国热情和自信心	4	6
9. 室内场景搭建案例	9.1 案例3ds Max场景处理、优化 9.2 场景原UV贴图错误的检查 9.3 展光照UV 9.4 案例贴图制作 9.5 挡光板制作 9.6 案例3ds Max场景导入UE	1. 3ds Max场景处理、优化方法 2. 场景UV贴图规范 3. 展UV光照方法 4. 贴图制作方法 5. 挡光板的使用和制作方法 6. 3ds Max场景导入UE的方法	1. 使用建模工具进行场景预处理、优化 2. 正确使用UV贴图,展光照UV 3. 制作贴图 4. 制作挡光板 5. 将模型正确导入引擎 6. 灵活调节材质	通过制作红色资源展馆场景，增强学生的爱国热情和自信心	4	6

续表

单元(项目)	节(任务)	知 识 点	技 能 点	素质(思政)内容与要求	学时 讲授	学时 实践
9.室内场景搭建案例	9.7 案例模型材质调节 9.8 添加盒体反射捕获、球体反射捕获 9.9 全局光体积及后处理体积添加 9.10 灯光布置 9.11 构建预览级场景检查错误 9.12 构建高参数场景 9.13 添加物体碰撞 9.14 VR场景输出	7. 模型材质调节技巧 8. 盒体反射捕获、球体反射捕获的使用方法 9. 全局光体积及后处理体积的使用方法 10. 室内灯光布局方法 11. 灯光构建方法，能检查出构建错误 12. 高参数场景构建方法 13. 基本的物体碰撞添加方法 14. VR场景输出测试方法	7. 使用盒体反射捕获、球体反射捕获 8. 使用全局光体积及后处理体积 9. 正确处理室内灯光布局 10. 合理构建灯光，并发现构建错误，并进行调整 11. 高参数场景构建 12. 添加基本的物体碰撞 13. 输出VR场景并测试效果			
合计:64学时					22	42

六、实施建议

(一)教学团队

本课程团队应具有相对稳定的高水平教学研究和实践团队,团队成员职称、学历、年龄等结构合理,成员中一般应配备不少于一名"双师型"教师,项目类课程建议增配不少于一名实验师。建议课程负责人一般应由具有中、高级专业技术职务、教学经验丰富、教学特色鲜明的教师担任。

专任教师应具有高校教师资格,信息类专业本科以上学历,建议具有虚拟现实、增强现实场景制作相关工作经历或双师资格。兼职教师应具有信息类专业本科以上学历,两年以上企业行业相关经历,具有虚拟现实、增强现实场景制作相关工作经历并能应用于教学。

(二)教学设施

(1)教学环境:虚实融合实训室一个(含多套开发用途计算机)。

(2)硬件配备:30台VR头盔,30台AR头显设备,CPU i7-12700、内存32G、固态硬盘1T SSD、显卡RTX 3070;服务器硬件推荐配置:CPU 32核、内存64G、硬盘20T、带宽1 000M。

(3)计算机软件:Windows 10 操作系统;Unreal Engine 4 或以上版本;VS 2019 或以上版本集成开发环境。

(4) 教辅设备:投影仪、全景相机、多媒体教学设备等。

(三) 教学方法与手段

(1) 以学生为中心的项目驱动、过程驱动式教学方法的探索与应用。
(2) 依托信息化技术开展翻转课堂、混合式教学探索与设计。
(3) 熟练运用 AI、VR、AR、MR 等现代信息技术教学手段进行课程教学。

(四) 教学资源

1. 推荐教材

刘小娟,宋彬. 虚幻引擎(Unreal Engine)基础教程[M]. 北京:清华大学出版社,2022.
左未. Unreal Engine 5 从入门到精通[M]. 北京:中国铁道出版社,2023.

2. 资源开发与利用

资源类型	资源名称	数量	基本要求及说明
教学资源	教学课件/个	≥9	每个教学单元配备 1 个及以上教学课件
	微视频/(个/分钟)	数量≥32 个 时长≥256 分钟	每个学分配备 8 个及以上教学视频、教学动画等微视频
	习题库/道	≥160	每个教学单元配备习题,每个学分配备的习题不少于 40 道,其中,开放式/非标准答案测验题、案例题等综合应用题不少于 20%。每个习题均要提供答案及解析

(五) 教学评价

1. 教学评价思路

本课程的考核采用形成性考核方式,期末采用笔试考核方式,具体考核方式采用由过程性考核、总结性考核、奖励性评价三部分构成的评价模式。

2. 评价内容与标准

教学评价说明

考核方式	过程性考核 (60 分)				总结性考核 (40 分)	奖励性评价 (10 分)
	平时考勤	平时作业	阶段测试	线上学习	期末考试 (半卷)	大赛获奖等
分值设定	10	30	10	10	40	1~10
评价主体	教师	教师	教师	教师、学生	教师	教师
评价方式	线上、线下结合	线上	线下闭卷笔试	线上	线下闭卷笔试	线下

课程评分标准

考核方式	考核项目	评分标准(含分值)
过程性考核	平时考勤	全勤10分,迟到早退1次扣0.3分,旷课1次扣1分
	平时作业	作业不少于15次,作业一般为操作类作业、编程类作业和报告类作业,编程类作业不少于10次。作业全批全改,每次作业按百分制计分,最后统计出平均分
	阶段测试	闭卷,线上考试,满分100分,题型包括单选题(20分)、判断题(20分)、填空题(20分)、场景设计题(40分)
	线上学习	从课程学习网站平台上导出数据,主要是相关知识点的学习数据,完成全部知识点的学习,得10分
总结性考核	闭卷笔试	闭卷,线下考试,满分100分,题型为100道单选题,考试时间120分钟
奖励性评价	大赛获奖	与课程相关的 Unreal Engine 设计类奖项,一类赛项一等奖10分、二等奖7分,二类赛项一等奖7分、二等奖4分;每人增值性评价总分不超过10分
	职业资格证书获取	与课程相关的职业资格证书获取,一项5分,每人增值性评价总分不超过10分

"计算机图形渲染"课程标准

KCBZ-××××-××××（KCBZ-课程代码-版本号）

杨欧　戴光智　赵志强

一、课程概要

课程名称	中文：计算机图形渲染技术 英文：Computer Graphics Rendering Technology		课程代码		××××	
建议学分	4		建议学时	共64学时，理论30学时，实践34学时		
课程类别		□专业基础课程　☑专业核心课程　□专业拓展课程				
课程性质		☑必修　□选修		适用专业	虚拟现实技术应用	
先修课程	虚拟现实引擎技术（Unity）、虚幻引擎技术（UE5）			后续课程	虚拟现实游戏开发	
开设学期	第一学期	第二学期	第三学期	第四学期	第五学期	第六学期
				√		

二、课程定位

本课程是虚拟现实技术应用专业的一门专业核心课，旨在培养学生热爱祖国，拥护中国共产党的领导；培养学生科技强国、文化自信的思想意识和爱岗敬业、勇于创新、精益求精的职业素养。同时要求学生掌握Unity中的一些渲染机制和计算机图形渲染的原理，具备利用Unity ShaderLab设计、开发计算机图形渲染特效的能力。

三、教学目标

（一）素质（思政）目标

（1）培养学生热爱祖国，热爱人民，拥护中国共产党的领导，拥有高尚的爱国情操，树立强烈的民族自豪感。

［作者简介］　杨欧、戴光智、赵志强，深圳职业技术大学。

（2）培养学生敬业、乐业、勤业精神。

（3）培养学生独立思考、自主创新的意识。

（4）培养学生认真细致、一丝不苟的工作态度。

（5）培养学生科学严谨、标准规范的职业素养。

（6）培养学生团队协作、表达沟通能力。

（7）培养学生信息检索与综合运用能力。

（二）知识目标

（1）了解渲染流水线的工作原理。

（2）掌握 Unity 3D Shader 的数学基础。

（3）掌握 Unity 3D Shader Lab 基本语法。

（4）掌握 Unity 的基础光照模型。

（5）掌握纹理映射技术，了解纹理采样的原理。

（6）掌握透明效果的原理，了解透明度测试、透明度混合技术原理。

（7）了解 Unity 3D Shader Graph 插件开发和 Unity 3D Shader Lab 开发的区别。

（8）掌握 Unity 3D Shader Graph 插件开发 Shader 程序的流程和步骤。

（三）能力目标

（1）具备使用数学知识编写和优化 Shader 程序，实现各种复杂的图形效果的能力。

（2）具备独立编写和调试基本的 Shader 程序，包括顶点 Shader、片元 Shader 和表面 Shader 等的能力。

（3）具备根据需求选择合适的光照模型，并进行必要的调整和优化的能力。

（4）具备使用纹理映射技术，实现各种纹理效果，如环境贴图、法线贴图等的能力。

（5）具备使用透明效果，实现各种透明度效果，如半透明、全透明等的能力。

（6）具备理解和应用 Unity Shader Graph 插件，快速开发和调试各种 Shader 效果的能力。

（7）具备独立开发 Shader 程序，包括使用 Unity Shader Graph 插件和使用 Unity Shader Lab 进行开发的能力。

四、课程设计

本课程的教学应认真探索以教师为主导，以学生为主体的教学思想的内涵和具体做法：采用"教、学、做"相结合的引探教学法，引导学生在"动手做"中学习理论；指导学生查阅有关的中英文技术资料，完成计算机图形渲染项目的制作，写出实验报告。

课程内容的选择以培养学生的计算机图形渲染编程能力为核心，课程内容应特别注重反映最新渲染技术的应用。教学过程的理论教学和实践应相互融合，协调进行，以期达到培养学生的工程技术应用能力的目标。注意把有关的英文技术名词、英文手册、英文技术资料等渗透到教学过程中。本课程内容的思维导图如下。

"计算机图形渲染"课程标准

"计算机图形渲染"内容思维导图

五、教学内容安排

课程内容与要求

单元 (项目)	节(任务)	知 识 点	技 能 点	素质(思政) 内容与要求	学时 讲授	学时 实践
1. 3D 数学基础	1.1 坐标与坐标系 1.2 向量与向量运算 1.3 矩阵与矩阵运算	1. 坐标及坐标系概念 2. 3D 中的坐标系 3. 左右手坐标系 4. 不同美术设计平台的坐标系法则 5. 向量的表示与计算 6. 向量的模与标准化 7. 向量的加减运算 8. 向量的点积运算 9. 向量的叉积运算 10. 矩阵的表示 11. 矩阵与标量相乘法则 12. 矩阵之间相乘法则 13. 矩阵与向量相乘法则	1. 在 Unity 中的使用坐标系 2. 编程实现向量加减 3. 编程实现向量点积 4. 编程实现向量叉积 5. 实现向量点积和叉积在 Unity 游戏设计中的应用 6. 实现矩阵和顶点的变换 7. 在 Unity 中实现旋转、缩放和平移 8. 在 Shader 顶点变换中应用矩阵乘法	1. 培养学生科学严谨、标准规范的职业素养 2. 培养学生认真细致、一丝不苟的工作态度 3. 培养学生独立思考、自主创新的意识	6	4
2. 渲染流水线与 Shader 概念	2.1 渲染流水线概念 2.2 Shader Lab 基础	1. 渲染流水线的概念 2. 3D 图形渲染完整流水线 3. 空间变换法则 4. GPU 流水线的工作流程 5. Shader 的概念 6. 渲染流水线中空间变换流程与变换矩阵 7. Shader Lab 的组成结构 8. Shader Lab 的语法结构	1. 利用 HLSL、GLSL、CG 等 Shader 语言进行编程 2. 编写 SubShader 的基本结构 3. 利用 Shader Lab 编程	1. 培养学生独立思考、自主创新的意识 2. 培养学生认真细致、一丝不苟的工作态度	4	2

147

续表

单元 (项目)	节(任务)	知识点	技能点	素质(思政) 内容与要求	学时	
					讲授	实践
2. 渲染流水线与Shader概念		9. Shader Lab 所有类型属性 10. 渲染队列,渲染类型,渲染状态等概念				
3. 顶点-片段着色器基础	3.1 顶点-片段着色器 3.2 Unity 提供的内置包含文件和变量	1. Shader 编码工具：Visual Studio 2. CG 语法基础 3. 着色器函数 4. CG 语义 5. 结构体 6. 包含文件的使用语法 7. 常用的包含文件 8. 常用包含变量、函数以及宏	1. 编程实现最简单 Shader 2. 编程实现在 Shader 中使用开放颜色属性 3. 编程实现在 Shader 中使用 2D 贴图 4. 编程实现在 Shader 中使用 3D 贴图 5. 用结构体语法编程实现在 Shader 中使用 2D 贴图 6. 用结构体语法编程实现在 Shader 中使用 3D 贴图 7. 用包含文件简化在 Shader 中使用 2D 贴图案例 8. 用包含文件简化在 Shader 中使用 3D 贴图案例	1. 培养学生独立思考、自主创新的意识 2. 培养学生认真细致、一丝不苟的工作态度	4	4
4. Shader 中的光照模型	4.1 Lambert 与 Half-Lambert 光照模型 4.2 Phong 与 Blinn-Phong 光照模型 4.3 灯光阴影	1. Lambert 光照模型理论 2. Half-Lambert 光照模型理论 3. Phong 光照模型理论 4. Blinn-Phong 光照模型理论 5. 逐顶点与逐像素光照 6. 渲染路径 7. 前向渲染路径	1. 实现基于 Lambert 光照模型的 Shader 2. 实现基于 Half-Lambert 光照模型的 Shader 3. 实现基于 Phong 光照模型的 Shader 4. 实现基于 Blinn-Phong 光照模型的 Shader	1. 培养学生独立思考、自主创新的意识 2. 培养学生认真细致、一丝不苟的工作态度	6	6

"计算机图形渲染"课程标准

续表

单元 （项目）	节（任务）	知 识 点	技 能 点	素质（思政） 内容与要求	学时	
					讲授	实践
4. Shader 中的光 照模型		8. Pass 标签 9. Multi-compile 多重编译	5. 实现基于逐像素光照的 Shader 6. 实现基于前向渲染路径的使用预定义宏和多重混合编译实现阴影效果的 Shader			
5. 透明 效果	5.1 透明度混合 5.2 透明度测试 5.3 模板测试	1. 不透明物体渲染顺序 2. 透明物体渲染顺序 3. 混合透明原理 4. 透明度混合的实现方法 5. 半透明物体的双面渲染方法 6. 透明度测试原理 7. 透明度测试的实现方法 8. 透明度测试抗锯齿 9. 模板测试原理 10. 模板测试的计算流程 11. 模板测试的实现放	1. 实现基于透明度混合方法实现混合透明效果的 Shader 2. 实现基于透明度混合方法实现半透明物体双面渲染的 Shader 3. 实现基于透明度测试方法实现透明测试的 Shader 4. 实现基于模板测试方法实现透明效果的 Shader	1. 培养学生独立思考、自主创新的意识 2. 培养学生认真细致、一丝不苟的工作态度	6	6
6. URP 基本概 念及 Shader Graph 的配置 与使用	6.1 URP Shader 6.2 Shader Graph 的使用	1. URP 与 HDRP 2. 创建 URP/HDRP 新项目 3. 升级 URP/HDRP 旧项目 4. URP/HDRP 内置 Shader 5. Shader Graph 与手写 Shader 的区别与联系 6. Shader Graph 面板 7. Shader Graph 使用 8. 新版 Unity Shader Graph 没有 PBR Graph 的解决方法	1. 创建 URP/HDR Shader 新项目 2. 升级手写 Shader 旧项目为 URP/HDR Shader 项目 3. 创建并完成第一个 Shader Graph 案例，并指定到新创建的材质上，再将材质指定到场景中的模型上，调整并查看渲染效果	1. 培养学生独立思考、自主创新的意识 2. 培养学生认真细致、一丝不苟的工作态度	2	2

149

续表

单元(项目)	节(任务)	知识点	技能点	素质(思政)内容与要求	学时 讲授	学时 实践
7. Shader Graph 常用节点及3D汽车展示案例之——汽车车漆效果	7.1 51/186个节点介绍 7.2 车漆Shader案例	1. 51个常用节点功能和使用介绍 2. 车漆Shader案例中用到的主要节点介绍 3. 车漆Shader Graph逻辑梳理 4. 车漆Shader Graph主要功能节点块介绍	创建并完成车漆Shader Graph，并指定到新创建的材质上，再将材质指定到场景中的指定模型上，调整并查看渲染效果	以国产车为案例，激发学生的爱国热情和掌握技术的信心	2	2
8. Shader Graph 3D汽车展示案例之——汽车车灯流光灯效果	8.1 流光灯特效Flowinglight案例	1. 流光灯特效Shader Graph逻辑梳理 2. 流光灯特效Shader Graph主要功能节点块介绍	创建并完成流光灯特效Shader Graph，并指定到新创建的材质上，再将材质指定到场景中的指定模型上，调整并查看渲染效果	以国产车为案例，激发学生的爱国热情和掌握技术的信心	0	2
9. Shader Graph 3D汽车展示案例之——汽车玻璃材质效果	9.1 汽车玻璃材质效果案例	1. 汽车玻璃材质效果Shader Graph逻辑梳理 2. 汽车玻璃材质效果Shader Graph主要功能节点块介绍	创建并完成汽车玻璃材质效果Shader Graph，并指定到新创建的材质上，再将材质指定到场景中的指定模型上，调整并查看渲染效果	以国产车为案例，激发学生的爱国热情和掌握技术的信心	0	2
10. 作品制作和答辩					0	4
合计:64学时					30	34

六、实施建议

(一)教学团队

本课程团队应具有相对稳定的高水平教学研究和实践能力，团队成员职称、学历、年龄等结构合理，成员中一般应配备不少于一名"双师型"教师，项目类课程建议增配不少于一名实验师。建议课程负责人一般应由具有中、高级专业技术职务、教学经验丰富、教学特色鲜明的教师担任。专任教师应具有高校教师资格，信息类专业本科以上学历，建议具有虚拟现实、增强现实相关应用开发工作经历或双师资格。兼职教师应具有信息类专业本科以上学历,两年以上企业行业相关经历,具有虚拟现实、增强现实计算机图像处理相关应用开发工作经历并能应用于教学。

(二)教学设施

1. 硬件设施

计算机(每人一台)、Internet 网络设备。

2. 软件设施

Unity 2021 或以上版本、3ds Max 2015、Photoshop CC6 或以上版本、Visual Studio 2019 或以上版本。

3. 操作系统

Windows 10 或以上版本。

(三)教学方法与手段

1. 教学方法

采用任务驱动法,以学生为中心,做中学、做中教。引入递进拓展教学环节,给学生更多的思考空间,让学生在基本任务的基础上进行扩展和进阶,充分锻炼学生设计能力,又有利于学生根据自身情况进行自主学习。在递进拓展的基础上分层次教学,将必须掌握的基本任务作为必做项目,将要求更高的扩展任务作为选做项目,学生根据自身的情况来选择完成。

在实践教学环节,采用小组教学法,实现组内互助、组间互助。对于基本项目,由组长负责组内或组间交流,共同完成,以小组为单位计分;拓展项目按照组间合作方式,个人计分。这种课堂教学管理方式,极大地促进了学生的学习热情,并督促学生互相学习、互相帮助,营造了很好的课堂学习气氛。

创建线上五步学习法和线上趣味教学法。线上五步学习法包括做什么、跟我做、听我讲、跟我学(设计)、自己做五个步骤。线上趣味教学法是指对每一个知识技能点都进行叙事逻辑和故事线规划,用讲故事、玩游戏的方式讲解,以独创的双标题吸引学生,"粘"住学生,让学生喜欢学、容易学、快乐学。

2. 教学手段

采用线上线下混合式教学模式,把一次课分成课前、课中、课后三个阶段。课前学生根据任务进行"线上五步学习法"自主学习和仿真实训,通过网络与老师交流;课中教师主要针对课前学习存在的问题及重点难点集中讲授,并开展学生实操、互动讨论、递进拓展和小结测验等活动,达到运用知识、内化知识的目的;课后进行在线作业和辅导等活动。

(四)教学资源

1. 推荐教材

唐福幸.Unity ShaderLab 新手宝典[M].北京:清华大学出版社,2021.

2. 资源开发与利用

资源类型	资源名称	数 量	基本要求及说明
教学资源	教学课件/个	≥10	每个教学单元配备 1 个及以上教学课件

续表

资源类型	资源名称	数量	基本要求及说明
教学资源	教学教案/个	≥1	每个课程配备1个及以上教案
	微视频/(个/分钟)	数量≥32个 时长≥256分钟	每个学分配备8个及以上教学视频、教学动画等微视频
	习题库/道	≥160	每个教学单元配备习题,每个学分配备的习题不少于40道,其中,开放式/非标准答案测验题、案例题等综合应用题不少于20%。每个习题均要提供答案及解析

(五)教学评价

1. 教学评价思路

本课程的考核采用形成性考核方式,期末采用笔试考核方式,具体考核方式采用由过程性考核、总结性考核、奖励性评价三部分构成的评价模式。

2. 评价内容与标准

教学评价说明

考核方式	过程性考核 (60分)				总结性考核 (40分)	奖励性评价 (10分)
	平时考勤	平时作业	阶段测试	线上学习	期末考试 (闭卷)	大赛获奖、 考取证书等
分值设定	15	15	10	20	40	1~10
评价主体	教师	教师	教师	教师、学生	教师	教师
评价方式	线上、线下结合	线上	随堂测试	线上	线下考察	线下

课程评分标准

考核方式	考核项目	评分标准(含分值)
过程性考核	平时考勤	全勤15分,迟到早退1次扣1分,旷课1次扣2分
	平时作业	作业不少于15次,作业一般为上机操作类与实践设计类作业。作业全批全改,每次作业按百分制计分,最后统计出平均分
	阶段测试	闭卷,随堂测试,上机操作,满分100分,分项包括软件操作(40分)、作品画面效果质量(30分)、作品创意度(20分)、文件格式(10分)
	线上学习	考核数据从本课程学习网站平台上导出,主要是相关知识点的学习数据,完成全部知识点的学习,得10分
总结性考核	上机测试	线下上机考试,满分100分,分项包括软件操作(50分)、作品画面效果质量(20分)、作品创意度(20分)、文件格式(10分),考试时间120分钟

"计算机图形渲染"课程标准

续表

考核方式	考核项目	评分标准(含分值)
奖励性评价	大赛获奖	与课程相关的奖项,一类赛项一等奖10分、二等奖7分,二类赛项一等奖6分、二等奖3分;每人增值性评价总分不超过10分
	职业资格证书获取	与课程相关的职业资格证书获取,一项5分,每人增值性评价总分不超过10分

"虚拟现实交互技术"课程标准

KCBZ-××××-×××× （KCBZ-课程代码-版本号）

刘明　黄方亭　赵艳妮　于成龙　李旺　周文霞

一、课程概要

课程名称	中文：虚拟现实交互技术 英文：Virtual Reality Interactive Technology		课程代码	××××	
课程学分	4	课程学时	共 64 学时，理论 22 学时，实践 42 学时		
课程类别	□专业基础课程　☑专业核心课程　□专业拓展课程				
课程性质	☑必修　□选修		适用专业	虚拟现实技术应用	
先修课程	程序设计基础(C 语言) 面向对象编程技术(C#)		后续课程	虚拟现实综合项目开发、 虚拟现实仿真技术	
开设学期	第一学期	第二学期	第三学期	第四学期	第五学期	第六学期
				√		

二、课程定位

本课程是虚拟现实技术应用专业的一门专业核心课程，是在学习程序设计基础、虚拟现实编程技术等课程后，进一步学习虚拟现实综合项目开发、虚拟现实仿真技术、数字孪生等课程的基础。课程旨在培养学生热爱祖国，拥护中国共产党的领导；培养学生具有精益求精的大国工匠精神、求真务实的工作作风和良好的职业道德；培养学生了解虚拟现实交互的技术原理；熟练使用虚拟现实交互设备；掌握键盘鼠标、VR 头盔手柄、动作捕捉等设备的交互开发技术；具备利用传统交互设备、VR 专用设备进行交互开发的能力，以及利用人工智能开放平台进行虚拟现实交互开发的能力。

[作者简介] 刘明,重庆电子工程职业学院；黄方亭,深圳职业技术大学；赵艳妮,陕西职业技术学院；于成龙,深圳信息职业技术学院；李旺,广东虚拟现实科技有限公司；周文霞,江西泰豪动漫职业学院。

三、教学目标

（一）素质（思政）目标

（1）坚定拥护中国共产党领导和我国社会主义制度，在习近平新时代中国特色社会主义思想指引下，践行社会主义核心价值观，具有深厚的爱国情感和中华民族自豪感。

（2）塑造精益求精的大国工匠精神。

（3）发扬求真务实的工作作风。

（4）培养学生热爱劳动、具有工匠精神与创新思维。

（5）培养学生科学严谨、标准规范的职业素养。

（6）培养学生团队协作、表达沟通能力。

（7）培养学生信息检索与综合运用能力。

（二）知识目标

（1）了解虚拟现实交互设备的种类和功能。

（2）了解虚拟现实交互的方式和基本原理。

（3）掌握键盘鼠标等传统交互方式。

（4）掌握手势识别交互方式。

（5）掌握 SteamVR 进行 VR 交互开发的组件。

（6）精通利用 VRTK 进行 VR 交互开发的方法。

（7）理解多人大空间动作捕捉开发的原理。

（8）掌握利用全身动作捕捉技术制作动画的方法。

（9）掌握利用人工智能开放平台实现语音交互的方法。

（三）能力目标

（1）能够熟练使用 VR 头盔手柄、大空间动捕、全身动捕等 VR 交互设备。

（2）能够搭建并配置 Unity、SteamVR、VRTK 等开发环境。

（3）具备利用键盘鼠标等传统设备进行交互开发的能力。

（4）具备利用 VR 专用设备进行虚拟现实交互开发的能力。

（5）具备利用现有人工智能开放平台实现语音识别和语音合成的能力。

四、课程设计

本课程立足于课程目标，以主流的虚拟现实交互设备，虚拟现实交互开发软件以及人工智能开放平台为载体工具，向学生介绍虚拟现实交互的主流核心技术，培养学生具备进行虚拟现实应用交互开发的能力。通过32次课程8个项目26个案例，让学生充分了解虚拟现实交互技术的基本原理，并能利用虚拟现实交互的知识技能进行键盘鼠标交互、VR头盔手柄交互、手势交互、大空间多人动捕交互、全身动捕动画制作、语音交互手势交互等功能开发。本课程通过作品赏析和项目讨论提升学生学习兴趣，在课程中让学生完成项目案例调动学生的积极性。在教学设计方面，以任务为驱动，突出实践性、趣味性、职业性，体现"教、学、做合一"的设计理念。本课程的内容单元讲解以虚拟现实交互技术的知识点结合项目案例的形式为载体,每个案例都有精心设计的核心问题,本课程的课程内容思维导图如下。

"虚拟现实交互技术"内容思维导图

五、教学内容安排

单元 (项目)	节(任务)	知识点	技能点	素质(思政) 内容与要求	学时 讲授	学时 实践
1. 虚拟现实交互技术导论	1.1 虚拟现实交互的原理 1.2 虚拟现实交互的种类 1.3 主流的虚拟现实交互设备	1. 虚拟现实交互的原理 2. 虚拟现实交互的种类 3. 主流的虚拟现实交互设备	掌握不同VR交互设备的应用场景	1. 引导学生了解虚拟现实在弘扬中华优秀传统文化中的应用 2. 培养学生信息检索与综合运用的能力	2	2
2. 传统交互	2.1 用键盘控制物体的放大、缩小、旋转和停止 2.2 用虚拟轴控制物体的移动和灯光的强度 2.3 利用鼠标拖动场景中的物体 2.4 实现坦克大战游戏,用键盘控制坦克的移动,鼠标控制坦克的瞄准点	1. Input 类中的键盘交互函数 GetKey、GetKeyDown、GetKeyUp 函数 2. KeyCode 的含义 3. 虚拟轴的应用情景 4. 虚拟轴的各项参数 5. 虚拟轴相关函数 6. Input 类中的鼠标交互相关变量与函数 7. MonoBehaviour 类中的鼠标交互函数 8. 射线投射函数 Raycast 9. 键盘鼠标交互的实际应用场景	1. 利用键盘交互函数控制物体的放大、缩小、旋转和停止的使用场景与时机 2. 利用 KeyCode 指定要判断的按键 3. 通过 InputManager 管理虚拟轴 4. 使用虚拟轴解决实际问题 5. 通过 Input 类中的鼠标交互获取鼠标位置和按键信息 6. 通过 MonoBehaviour 类管理鼠标点击物体事件 7. 利用射线将二维鼠标坐标映射成三维空间坐标 8. 在实际场景中应用键盘控制物体移动	培养学生具有精益求精的大国工匠精神	4	6

156

续表

单元 (项目)	节(任务)	知 识 点	技 能 点	素质(思政) 内容与要求	学时 讲授	学时 实践
2. 传统交互			9. 在实际场景中应用键盘按键触发事件 10. 在实际场景中使用鼠标点击事件 11. 在实际场景中使用鼠标控制物体的位置			
3. SteamVR头盔手柄交互	3.1 搭建 VR 开发环境 3.2 实现基本瞬移 3.3 用 VR 手柄拾取、丢弃物体 3.4 通过 VR 手柄点击场景中的按钮,改变物体的材质、大小	1. VR 头盔的功能和使用方法 2. SteamVR、VRTK 的功能和适用场景 3. SteamVR 的 Interaction System 4. 瞬移的概念 5. Teleporting 预制体、Teleport Area 组件和 TeleportPoint 预制体的功能和属性 6. VR 手柄与物体交互的基本原理 7. 与物体交互相关 Interactable 组件和 Throwable 组件的功能和属性 8. VR 手柄与 UI 交互的基本原理 9. UI 事件处理逻辑 10. UI Element 组件的功能和属性	1. 操作 VR 头盔手柄 2. 配置 SteamVR 插件导入 Unity 3. 制作 player 预制体 4. 使用 Teleport Area 组件配置瞬移区域 5. 使用 TeleportPoint 预制体配置瞬移点 6. 配置 Interacable 组件实现与物体的基本交互 7. 配置 Throwable 组件实现物体的拾取和丢弃 8. 配置 UI Element 组件实现 UI 的交互 9. 使用 UI 事件	培养良好的自学能力以及分析、解决问题的实践能力	1	4
4. VRTK头盔手柄交互	4.1 实现多种瞬移功能:带高度的瞬移,冲刺瞬移和限定区域的瞬移	1. 瞬移的多种方式 2. 自适应高度的瞬移组件 VRTK_Height Adjust Teleport 的功能和属性	1. 根据实际需求选择合适的瞬移方式 2. 实现复杂瞬移方式 3. 通过筛选规则限定瞬移区域	培养学生持之以恒、百折不挠、勇于攻克难关、自强不息的优良品质	7	15

续表

单元 (项目)	节(任务)	知 识 点	技 能 点	素质(思政) 内容与要求	学时	
					讲授	实践
4. VRTK头盔手柄交互	4.2 实现射击小游戏,用手柄抓取枪,双手调整枪口位置,按下 trigger 键出发开枪、枪口射线命中的物体消失 4.3 实现 VR 手柄以及交互物体的高亮和震动 4.4 实现攀爬梯子和开关门功能 4.5 VR 手柄操作按钮、滑块、下拉表等 UI 对象后触发事件,在控制台中打印对应的操作信息 4.6 房产项目实践,包括户型图提示、开关门、摆放家具、切换家具、切换地板材质、家具提示等功能	3. 冲刺瞬移组件 VRTK_Dash Teleport 的功能和属性 4. 筛选规则组件 VRTK_Policy List 的功能和属性 5. VRTK 与物体交互的三种方式:Touch、Grab、Use 6. 控制器实现交互逻辑的组件:VRTK_Interact-Touch、VRTK_InteractGrab 和 VRTK_Interact-Use 7. 交互对象实现交互逻辑的核心组件 VRTK_Interactable Object 8. VRTK 实现高亮和震动的基本原理 9. 实现高亮的 VRTK_Controller Highlighter 和 VRTK_Outline Object Copy High-lighter 组件的功能和属性 10. 实现高亮的 VRTK_Interact Haptics 组件属性 11. VRTK 实现攀爬和开关门的基本原理 12. 实现控制器攀爬逻辑的 VRTK_Player Climb 组件	4. 根据实际需求选择合适的物体交互方式 5. 使用与物体交互的控制器相关组件 6. 使用 VRTK_Interactable Object 组件 7. 根据实际需求选择合适的抓取机制并配置相应的组件 8. 根据实际需求挂载并配置合适的组件,实现对应的控制器、物体的高亮效果 9. 根据实际需求配置控制器的震动效果 10. 根据实际需求为游戏对象挂载并配置合适的组件实现攀爬功能 11. 配置 VRTK_Door 组件 12. 利用 VRTK 配置 UI 交互 13. 根据实际需求编写并配置适合的 UI 事件处理方法 14. 在实际 VR 场景中应用瞬移的方法 15. 在实际 VR 场景中应用手柄及物体提示的方法 16. 在实际 VR 场景中应用与物体交互的方法 17. 在实际 VR 场景中使用 UI 的方法			

"虚拟现实交互技术"课程标准

续表

单元 (项目)	节(任务)	知 识 点	技 能 点	素质(思政) 内容与要求	学时	
					讲授	实践
4. VRTK头盔手柄交互		13. 实现物体攀爬逻辑的VRTK_Climable_Grab_Attach组件 14. 实现开关门效果的 VRTK_Door 组件的属性 15. 控制器实现与UI 交互所需的 VRTK_UI Pointer组件 16. 画布实现交互所需的 VRTK_UI Canvas 组件 17. UI事件处理方法的调用原理 18. VR 头盔手柄交互的实际应用场景 19. 手柄提示、物体提示相关组件、预制体的属性 20. 手柄射线与物体交互的实现原理				
5. 动捕交互	5.1 实践多人大空间应用消防演练并配置动捕开发环境 5.2 利用多人大空间动捕设备开发多人网络游戏扔雪球 5.3 利用全身动捕设备录制动画,并应用到其他应用中	1. 动捕技术的原理和分类 2. 动捕设备的功能和使用方法 3. 动捕开放环境的配置 4. 多人网络游戏开发插件 Netcode 的原理 5. Netcode 和 SteamVR 结合使用的方法 6. 全身动捕的实现原理 7. 动画中骨骼的概念 8. 在 motion builder 中导入录制动画并导出的流程	1. 配置并使用动捕设备 2. 掌握动捕设备的应用场景 3. 搭建大空间多人应用开发的基本框架 4. 实现多用户画面生成 5. 实现简单的物品拾取 6. 录制全身动捕动画 7. 将动捕动画应用在不同的人物模型上 8. 通过动画机在 Unity 上使用全身动捕动画	培养学生实事求是、求真务实的职业素养	3	7

159

续表

单元 (项目)	节(任务)	知识点	技能点	素质(思政) 内容与要求	学时 讲授	学时 实践
6. 语音交互	6.1 利用讯飞开放平台实现在线语音识别 6.2 利用讯飞开放平台实现在线语音合成	1. 讯飞开放平台提供的人工智能服务 2. 动态链接库的概念和应用场景 3. 在线语音识别的 API 和调用流程 4. 音频文件的构造格式 5. 在线语音合成的 API 和调用流程	1. 使用动态链接库解决 SDK 语言不匹配的问题 2. 举一反三通过官方文档独立学习使用人工智能平台的其他服务 3. 用讯飞实现识别麦克风录制的中英文语音 4. 用讯飞将文本转换成对应的中英文语音 5. 根据语音数据构造并写入 wav 语音文件	在项目开发过程中培养学生具有团队合作精神	2	3
7. 手势交互	7.1 完成手势 Demo 基本流程 7.2 完成手势开发环境配置并显示手部模型预制体 7.3 通过手势识别实现模型抓取,UI 点击,物体放大缩小	1. 常用的手势动作 2. 手势的跟踪原理以及适用场景 3. 手势开发环境的配置 4. 手势 SDK 工作的原理以及逻辑 5. Unity XR 交互系统与手势的关系 6. 交互实现必要的组件功能以及逻辑	1. 使用手势 Demo 任务 2. 配置手势识别开发 3. 结合 XR Grab Interactable 组件实现模型的抓取 4. 结合 XR UI Input Module 实现 UI 的交互 5. 结合内部接口实现物体的放大缩小功能	培养学生树立正确的审美观,提升审美能力;增强学生掌握技术的能力	3	3
8. 作品评价和赏析	8.1 学生自选交互主题,完成并展示作品	创意的产生流程	1. 独立设计一个 VR 交互应用 2. 利用适当技术实现 VR 交互应用	培养学生的劳动热情,使学生具有工匠精神和创新思维	0	2
合计:64 学时					22	42

六、实施建议

(一)教学团队

本课程团队应具有相对稳定的高水平教学研究和实践团队,团队成员职称、学历、年龄等结构合理,成员中一般应配备不少于一名"双师型"教师,项目类课程建议增配不少于一名实验师。建议课程负责人一般应由具有中、高级专业技术职务、教学经验丰富、教学特色鲜明的教师担任。

专任教师应具有高校教师资格,虚拟现实技术、计算机科学与技术等专业本科以上学历,建议具有虚拟现实相关应用开发工作经历或双师资格。兼职教师应具有信息类专业本科以上学历,两年以上企业行业相关经历,具有虚拟现实相关应用开发工作经历并能应用于教学。

(二) 教学设施

(1) 硬件设施:计算机(每人一台)、网络设备、虚拟现实交互技术硬件。
(2) 软件设施:操作系统、虚拟现实开发引擎等虚拟现实交互技术课程相关软件。

(三) 教学方法与手段

本课程的教学应本着以教师为主导、以学生为主体的教学思想,着重培养学生的实际动手能力,其具体做法是:采用"教、学、做"相结合的引探教学法,引导学生在实践动手中学习理论;指导学生在掌握虚拟现实交互技术原理的基础上,进行多种虚拟现实交互应用的设计和实现。教学过程中理论教学和上机实践应相互融合,协调进行,以期达到培养学生的实际动手能力。

(四) 教学资源

1. 推荐教材

喻春阳. Unity 3D + Steam VR 虚拟现实应用——HTC Vive 开发实践[M]. 北京:电子工业出版社,2021.

2. 资源开发与利用

资源类型	资源名称	数 量	基本要求及说明
教学资源	教学课件/个	≥8	每个教学单元配备 1 个及以上教学课件
	教学教案/个	≥1	每个课程配备 1 个及以上教案
	微视频/分钟	数量≥40 个 时长≥400 分钟	每个学分配备 8 个以上教学视频、教学动画等微视频
	习题库/道	≥200	每个教学单元配备习题,每个学分配备的习题不少于 50 道,其中,开放式/非标准答案测验题、案例题等综合应用题不少于 20%。每个习题均要提供答案及解析 5 学分以上(含)课程:每个教学单元配备习题,配备的习题不少于 250 道,其中,开放式/非标准答案测验题、案例题等综合应用题不少于 20%。每个习题均要提供答案及解析

(五) 教学评价

1. 教学评价思路

本课程的考核采用形成性考核方式,具体考核方式包括:过程性考核、总结性考核、奖励性评价三部分构成的评价模式,其中过程性考核占 50%,总结性考核占 50%。

2. 评价内容与标准

教学评价说明

考核方式	过程性考核 （50分）			总结性考核 （50分）	奖励性评价 （10分）
	平时考勤	课堂表现	课后作业	期末考试 （闭卷或开卷）	大赛获奖、职业 资格证书获取等
分值设定	10	10	30	50	10
评价主体	教师	教师	教师	教师	教师
评价方式	根据考勤 记录评分	根据课堂 记录评分	根据学习 通课后作业 记录评分	根据作品的技 术性、艺术性、 功能性评分	根据学生 获奖证书等 进行评分

课程评分标准

考核方式	考核项目	评分标准（含分值）
过程性考核	平时考勤	迟到扣1分，早退扣1分，旷课扣3分
	课堂表现	课堂积回答问题加1分，认真完成课堂任务加3分
	课后作业	项目作业：技术应用正确（30%）；艺术性说明（40%）；功能实现（30%） 客观题作业根据答案正确性评分
总结性考核	作品展示、答辩	技术应用正确（30%）；艺术性说明（40%）；功能实现（30%）
奖励性评价	大赛获奖	与课程相关的奖项，一类赛项一等奖5分、二等奖3分，二类赛项一等奖3分、二等奖2分；每人增值性评价总分不超过5分
	职业资格证书获取	与课程相关的职业资格证书获取，一项2分，每人增值性评价总分不超过5分

"Web3D 开发（Three.js/WebGL）"课程标准

KCBZ-××××-××××（KCBZ-课程代码-版本号）

王康　崔宇

一、课程概要

课程名称	中文：Web3D 开发（Three.js/WebGL） 英文：Web3D Development(Three.js/WebGL)		课程代码	××××	
建议学分	4	建议学时	共 64 学时，理论 30 学时，实践 34 学时		
课程类别	☐专业基础课程 ☑专业核心课程 ☐专业拓展课程				
课程性质	☑必修 ☐选修		适用专业	虚拟现实技术应用	
先修课程	虚拟现实建模技术、虚拟现实引擎技术		后续课程	XR 应用开发实战	
建议开设学期	第一学期	第二学期	第三学期	第四学期	第五学期	第六学期
					✓	

二、课程定位

本课程是虚拟现实技术应用专业的专业核心类课程，主要解决网页端的三维显示问题，用于实现网页端的 VR/AR、数字孪生等应用。课程将按照专业培养目标，培养学生热爱祖国，拥护中国共产党的领导，树立科学的世界观、人生观和价值观的政治素养，培养学生认真细致、一丝不苟、团队合作的职业素养。同时要求学生掌握 Web3D 开发所用到的工具 Three.js，了解围绕 Three.js 的开发环境的配置方法、原生 Three.js 的三维场景构建、Three.js 与网页元素的交互、React 与 Vue 等主流框架与 Three.js 的结合、Unity 3D 输出的 WebGL 等主要知识内容，将平台端的 VR 应用扩展到更加普遍的网页端。

［作者简介］　王康，广东轻工职业技术学院；崔宇，广东机电职业技术学院。

三、教学目标

(一) 素质(思政)目标

(1) 培养学生热爱祖国,热爱人民,拥护中国共产党的领导,拥有高尚的爱国情操,树立强烈的民族自豪感。

(2) 培养学生敬业、乐业、勤业精神。

(3) 培养学生独立思考、自主创新的意识。

(4) 培养学生认真细致、一丝不苟的工作态度。

(5) 培养学生科学严谨、标准规范的职业素养。

(6) 培养学生团队协作、表达沟通能力。

(7) 培养学生信息检索与综合运用能力。

(二) 知识目标

1. 原生 Three.js

(1) 掌握 Node.js 工具包的安装与配置的方法。

(2) 掌握 Three.js 的下载安装与配置的方法。

(3) 掌握 Scene、Camera、Renderer 等基本元素的使用。

(4) 掌握导入 Three.js 常用几何体形状的方式。

(5) 掌握贴图导入与材质设置的方法。

(6) 掌握导入常见模型文件的方法。

(7) 熟悉 Three.js 的动画系统。

(8) 掌握常用的 Three.js 粒子系统使用方法。

(9) 掌握后期画面处理 PostProcess 的基本功能。

(10) 掌握射线 RayCaster 的基本功能。

2. GIS 数据实现信息化地图

(1) 掌握真实 GIS 经纬度信息的获取方式。

(2) 理解墨卡托变换,掌握墨卡托变换实现真实三维地图的方法。

(3) 掌握使用 Three Globe 库实现标注、飞线、信息柱等常用效果的方法。

3. 常用辅助工具

(1) 掌握 Blender GIS 工具实现城市级数据的三维显示的方法。

(2) 掌握开源工具 ShadeRed 制作着色器的基本方法。

(3) 掌握 Blender 中可视化 Shader 工具的基本使用方法。

4. React 框架下的 Three.js

(1) 掌握 React 框架的基本配置和构建方法。

(2) 掌握 React Three Fiber、Drei 等工具实现框架与 Three.js 结合开发的方法。

5. Vue 框架下的 Three.js

(1) 掌握 Vue 框架的基本配置和构建方法。

(2) 掌握 Three.js 嵌入 Vue 框架实现响应式网页开发的基本方法。

6. Unity 3D 生成 WebGL

(1) 掌握 Unity 3D 中进行 WebGL 开发的基本设置内容。

(2) 掌握 WebGL 打包输出的基本设置内容。

(3) 掌握 Unity 3D WebGL 元素与网页元素的数据通信方法。

7. 在 Three.js 中使用 VR

(1) Three.js 中 VR 环境的配置方法。

(2) VR 手柄的触碰、射线等交互方法。

(3) VR 中 UI 的交互方法。

8. 了解 WebGL 工程开发文档的撰写方法

(三)能力目标

(1) 能够全面了解 WebGL 开发的主流工具和常用方法。

(2) 具备使用 Three.js 制作基本三维内容网页的能力。

(3) 能够使用 Three.js 进行模型、贴图、动画等基本元素的操作。

(4) 能够使用粒子系统、画面效果处理工具等进行三维场景的构建和修饰。

(5) 能够使用 Blender GIS、ShadeRed 等常用辅助工具快速制作相关内容。

(6) 具备使用 React、Vue 等常用框架结合 Three.js 进行开发的能力。

(7) 具备查阅和整理学习资料的能力。

四、课程设计

本课程教学内容所涉及的知识领域广泛,技术细节烦琐、变化发展迅速。需要教师认真了解学生学习情况,根据学生特点,探索以教师为主导、以学生为主体的教学思想的内涵和具体做法:采用"教、学、做"相结合的方式,引导学生在"动手做"中学习和实践;指导学生查阅有关的中英文技术资料,拓展学习空间,培养持续发展的自学能力。

本课程的教学内容选择以 WebGL 开发的主流工具 Three.js 为核心,所有内容都围绕着 Three.js 进行展开,并结合实际开发需要,扩展出 GIS、Shader 等其他常用工具,以及 React 和 Vue 等常用前端框架作为辅助。既兼顾了通用性,又紧贴 WebGL 开发的技术前沿。教学过程则需要教师注重理论教学和实践的相互融合,协调进行,以期达到培养学生的工程技术应用能力的目标。本课程的课程内容思维导图如下。

"Web3D 开发(Three.js/WebGL)"内容思维导图

五、教学内容安排

单元 (项目)	节(任务)	知识点	技能点	素质(思政) 内容与要求	学时	
					讲授	实践
1. Three.js开发环境配置	1.1 VS Code的下载和安装 1.2 Node.js环境的配置 1.3 Three.js包的安装 1.4 Live Server简易服务器工具的安装	1. Three.js的特性 2. Three.js开发环境的搭建	1. 搭建Three.js的开发环境 2. 使用Live Server简易服务器 3. 查阅帮助文档和官方示例文件	培养学生信息检索与综合运用的能力	1	1
2. Three.js基本三维场景搭建	2.1 设置场景Scene的长宽比等属性 2.2 了解摄像机Camera的基本属性 2.3 渲染器Renderer插入HTML的形式 2.4 熟悉环境光、点光源等常用灯光的基本属性	1. 场景Scene的长宽比等设置方法 2. 摄像机Camera的基本属性 3. 渲染器Renderer插入HTML的形式 4. 基础灯光的添加和基本设置方法	1. 搭建Three.js三维场景 2. 设置场景、摄像机、灯光等基本元素	培养学生认真细致、一丝不苟的工作态度	1	1
3. 在场景中添加基本物体	3.1 添加各种基本几何体并修改其参数 3.2 改变物体的位置、大小、角度等参数 3.3 添加Axes Helper、Light Helper、Camera Helper等Helper类型元素 3.4 实例：明亮的可旋转观察的三维场景	1. Three.js常用基本模型物体的使用方法 2. 修改物体的坐标、大小、角度等基本属性的方法 3. 添加各种Helper类型的物体帮助观察场景	1. 根据帮助文档，举一反三添加和修改各种基本几何体 2. 利用各类Helper类型的辅助物体提高三维场景的可辨识度	培养学生信息检索与综合运用能力	2	2
4. 材质、贴图	4.1 利用Texture Loader导入各种类型的贴图	1. 贴图导入的技术方法 2. 各种常用材质的基本特性	1. 导入外部图片资源 2. 设置各种基本材质达到各种不同的表现形式	培养学生认真细致、一丝不苟的工作态度	2	2

续表

单元 (项目)	节(任务)	知 识 点	技 能 点	素质(思政) 内容与要求	学时 讲授	学时 实践
4. 材质、贴图	4.2 熟悉 Mesh Basic Material 材质的基本属性 4.3 熟悉 Mesh Normal Material、Mesh Lamber Material 等其他常用材质的基本属性	3. 各种基本灯光的添加和设置方法	3. 合理设置灯光照亮场景			
5. 文字几何体	5.1 使用 FontLoader 导入字体 5.2 使用 Text Geometry 显示文字 5.3 使用 wireframe 属性制作网格风格的字体 5.4 字体配合各种材质的效果	1. Three.js 中字体的导入方式 2. 使用 Text Geometry 显示文字,以及各种常用属性的设置	1. 导入不同字体类型 2. 结合材质属性显示不同文字效果	设计红色主题素材,激发学生的爱国热情和掌握技术的信心	2	2
6. 模型素材的使用	6.1 准备所需模型资源 6.2 导入并使用 GLTF 格式的模型资源 6.3 导入并使用 FBX、OBJ 等其他常用格式的模型资源 6.4 汽车展示网页	1. 各种常用模型格式的特点及导入方式 2. 模型材质的多重贴图属性 3. 模型与网页 HTML 元素的交互方法	1. 利用各种 Loader 导入不同格式的模型资源 2. 将模型资源与网页元素融合,实现模型展示等相关效果	培养学生认真细致、一丝不苟的工作态度	2	2
7. Three.js 的动画系统	7.1 逐帧动画 7.2 模型中携带动画的调用	1. requestAnimationFrame 实现逐帧动画 2. AnimationClip、AnimationMixer 和 AnimationAction 实现模型动画的可控播放	1. 实现逐帧动画 2. 实现可控的动画播放	培养学生认真细致、一丝不苟的工作态度	2	2
8. Three.js 的粒子系统	8.1 实现有基础形状的粒子系统 8.2 实现无基础形状的粒子系统	1. Three.js 中的粒子系统 Points 2. 有基础形状的粒子系统配置方法	1. 使用 Points 粒子系统实现有基础形状和无基础形状的粒子系统	设计红色主题粒子特效,增强学生爱国和掌握技术的热情	2	2

续表

单元 (项目)	节(任务)	知识点	技能点	素质(思政) 内容与要求	学时 讲授	学时 实践
8. Three. js 的粒子系统	8.3 实现一个三维粒子系统动画叠加 CSS 动画的主页效果	3. 无基础形状的粒子系统配置方法	2. 让粒子系统配合鼠标等网页元素进行交互实现动画等效果			
9. Three. js 的 Post Processing	9.1 根据 Post Processing 工作流程,制作后期画面特效效果 9.2 制作 OutLine 特效效果 9.3 制作高光特效 9.4 制作遮罩特效	1. Post Processing 工作流程,后期特效的基本使用方法 2. OutLine、Bloom、Mask 等常见后期效果的制作方法	1. 添加总合成器 EffectComposer 2. 添加渲染总通道 RenderPass 3. 添加各种后期效果通道	设计红色主题特效,增强学生爱国和掌握技术的热情	1	2
10. 射线 Raycaster	10.1 使用 Raycaster 结合鼠标选择三维物体 10.2 使用鼠标移动所选择的物体 10.3 实例:鼠标交互的自定义三维场景(物体带发光边缘线效果)	1. Raycaster 射线投射的基本原理 2. Three.js 中射线投射的使用方法 3. 鼠标拾取三维物体并跟随鼠标运动的方法	使用 Raycaster 结合鼠标实现物体拾取和移动物体的功能	培养学生认真细致、一丝不苟的工作态度	1	2
11. GIS 数据实现平面三维信息地图	11.1 真实经纬度数据的获取 11.2 利用墨卡托变换实现真实三维地图 11.3 实例:三维信息化中国地图	1. 真实地理数据的获取方法 2. 墨卡托变换的基本原理 3. 利用点、线、面,实现真实三维地图的方法 4. 结合鼠标事件和网页元素实现数据的显示功能的方法	1. 利用墨卡托变换将地理数据转化为三维地图数据,实现真实三维地图 2. 利用鼠标事件、CSS 等网页元素,实现数据信息显示功能	实现三维信息化中国地图,激发学生的爱国热情和掌握技术的信心	2	2
12. Three Globe 库实现三维信息地球	12.1 了解 Three Globe 库的基本功能和安装方法 12.2 学习官方示例的各种功能演示	1. Three Globe 的下载和安装方法 2. 城市标注 Label、Ripper、飞线和信息柱等信息化显示功能	1. 查询资料,通过模仿官方案例实现相关功能 2. 使用 Three Globe 库实现各种常见信息化显示功能	实现熟悉的城市标注,激发学生的爱国热情和掌握技术的信心	2	2

续表

单元 (项目)	节(任务)	知 识 点	技 能 点	素质(思政) 内容与要求	学时	
					讲授	实践
12. Three Globe 库实现三维信息地球	12.3 实例:实现城市标注、飞线、信息柱等常用信息化显示功能					
13. 使用 Blender GIS 实现城市级场景构建	13.1 在 Blender 中获取和安装 GIS 插件 13.2 获取影像地图数据 BaseMap 13.3 获取城市级数据 OSM 13.4 实例:Three.js 中实现城市级的三维场景显示	1. Blender GIS 插件的获取与安装的方法 2. 根据插件,获取影响地图、城市建筑、道路、水系等城市级数据的方法 3. 城市级三维场景 4. 信息大屏功能	1. 获取和安装相关插件 2. 利用 GIS 插件获取 BaseMap、OSM 等信息数据 3. 利用相关信息数据生成模型等素材,导入 Three.js 中使用	实现城市级数据,激发学生的掌握技术的信心	2	2
14. Shader 制作	14.1 开源工具 ShadeRed 的获取与安装 14.2 ShadeRed 的基本使用,制作透明、发光等常见 Shader 效果 14.3 了解 Blender 的可视化 Shader 工具的安装和基本使用方法 14.4 使用可视化 Shader 工具制作 Shader 动画等常用 Shader 效果	1. 开源工具 ShadeRed 的基本使用方法,制作常见的着色器效果的方法 2. Blender 的可视化 Shader 工具的基本使用方法,制作常见的着色器效果 3. 外部工具制作的 Shader 在 Three.js 中的调用方式	1. 使用 ShadeRed、Blender 的可视化 Shader 工具等辅助工具制作常用 Shader 2. 在 Three.js 中使用各种常用 Shader 效果	培养学生认真细致、一丝不苟的工作态度	2	2
15. React 框架与 Three.js 的结合	15.1 React 框架的安装与配置 15.2 搭建 React 框架下的网站项目工程 15.3 R3F 的下载与安装配置 15.4 使用 R3F 制作 Three.js 三维网页场景	1. React 框架配置和搭建网站的基本方法 2. R3F 工具包的基本用法 3. 使用 R3F 实现 Three.js 网页的各种细节	1. 搭建和配置 React 框架的网站 2. 使用 R3F 工具包开发 Three.js 三维网页	培养学生认真细致、一丝不苟的工作态度	2	2

续表

单元 (项目)	节(任务)	知识点	技能点	素质(思政) 内容与要求	学时 讲授	学时 实践
15. React 框架与 Three.js 的结合	15.5 实例:产品自定义修改展示页面					
16. Vue 框架与 Three.js 的结合	16.1 Vue 框架的安装与配置 16.2 Vite 脚手架的安装与配置 16.3 实例:Vue 结合 Three.js 实现三维房间展示网页	1. Vue 框架配置和搭建网站的基本方法 2. Vite 脚手架基本用法 3. Three.js 与 Vue 结合的各种细节	1. 搭建和配置 Vue 框架的网站 2. 使用图表等工具包结合开发 Three.js 三维网页	培养学生认真细致、一丝不苟的工作态度	2	2
17. Unity 3D 输出的 WebGL 与网页的结合	17.1 在 Unity 中建立三维场景 17.2 用 Unity 输出 WebGL 工程 17.3 在网页中使用 WebGL 工程,并实现与网页的信息交互	1. Unity 中 WebGL 相关设置方法 2. Unity 输出 WebGL 的各项主要参数 3. Unity 输出 WebGL 场景与网页的信息交互方法	1. 在 Unity 中配置 WebGL 输出的各项关键参数 2. 优化 WebGL 3. 实现 WebGL 场景与网页的信息交互	培养学生认真细致、一丝不苟的工作态度	1	2
18. 在 Three.js 中使用 VR	18.1 结合 VRButton 等关键元素,在 Three.js 中实现 VR 场景 18.2 实现手柄交互功能 18.3 实现 UI 交互功能 18.4 实例:VR 环境下的虚拟房间展示	1. 在 Three.js 中使用 VR 的关键流程 2. 手柄、UI 元素等 VR 中常见的交互在 Three.js 中的实现方法	1. 使用 VRButton 等元素实现 VR 场景的构建 2. 根据 XR Hand Model Factory 等工具实现手柄、UI 等常用 VR 交互	培养学生掌握新技术的热情	1	2
	合计:64 学时				30	34

六、实施建议

(一)教学团队

本课程团队应具有相对稳定的高水平教学研究和实践能力,团队成员职称、学历、年龄等结构合理,成员中一般应配备不少于一名"双师型"教师,项目类课程建议增配不少于一名实验师。建议课程负责人一般应由具有中、高级专业技术职务、教学经验丰富、教学特色鲜明的教师担任。

专任教师应具有高校教师资格,信息类专业本科以上学历,建议具有 WebGL、虚拟现实、增强现实相关应用开发工作经历或双师资格。兼职教师应具有信息类专业本科以上学历,两年以上企业行业相关经历,具有 WebGL、虚拟现实、增强现实相关应用开发工作经历并能应用于教学。

(二)教学设施

(1)计算机硬件:高性能计算机机房一间。

(2)计算机软件:VS 2019 或以上、Node.js、Three.js(使用当前最新版)、Unity 2021 及以上。

(3)操作系统:Windows 10 操作系统。

(4)教辅设备:投影仪、多媒体教学设备等。

(三)教学方法与手段

(1)以学生为中心的项目驱动、过程驱动式教学方法的探索与应用。

(2)依托丰富网络资源和信息化技术开展翻转课堂、混合式教学探索与设计。

(3)设计适合课中与课后学生练习制作的小型项目,串接整体的知识结构。

(4)以练促教,以赛促学,引入企业实践机会,充分发挥各种渠道优势,提升学生学习的学习热情和动力。

(四)教学资源

1. 推荐教材

暂无。

2. 资源开发与利用

资源类型	资源名称	数 量	基本要求及说明
教学资源	教学课件/个	≥18	每个教学单元配备1个及以上教学课件
	微视频/(个/分钟)	数量≥32 个 时长≥256 分钟	每个学分配备 8 个及以上教学视频、教学动画等微视频
	习题库/道	≥160	每个教学单元配备习题,每个学分配备的习题不少于 40 道,其中,开放式/非标准答案测验题、案例题等综合应用题不少于 20%。每个习题均要提供答案及解析

(五)教学评价

1. 教学评价思路

本课程的考核采用形成性考核方式,期末采用笔试考核方式,具体考核方式采用由过程性考核、总结性考核、奖励性评价三部分构成的评价模式。

2. 评价内容与标准

教学评价说明

考核方式	过程性考核 （60 分）				总结性考核 （40 分）	奖励性评价 （10 分）
	平时考勤	平时作业	阶段测试	线上学习	期末考试 （闭卷）	大赛获奖、 考取证书等
分值设定	10	20	10	20	40	1~10
评价主体	教师	教师	教师	教师、学生	教师	教师
评价方式	线上、线下结合	线上	随堂测试	线上	线下闭卷笔试	线下

课程评分标准

考核方式	考核项目	评分标准（含分值）
过程性考核	平时考勤	全勤 10 分，迟到、早退 1 次扣 0.3 分，旷课 1 次扣 1 分
	平时作业	作业不少于 15 次，作业一般为操作类作业、编程类作业和报告类作业，操作类作业不少于 10 次。作业全批全改，每次作业按百分制计分，最后统计出平均分
	阶段测试	闭卷，随堂测试，线上考试，满分 100 分，题型包括单选题（50 分）、判断题（20 分）、填空题（20 分）、简答题（10 分）
	线上学习	考核数据从本课程学习网站平台上导出，主要是相关知识点的学习数据，完成全部知识点的学习，得 10 分
总结性考核	闭卷笔试	闭卷，线下考试，满分 100 分，题型单选题、多选题、判断题，考试时间 120 分钟
奖励性评价	大赛获奖	与课程相关的 Web3D 类奖项，一类赛项一等奖 10 分、二等奖 7 分，二类赛项一等奖 7 分、二等奖 4 分；每人增值性评价总分不超过 10 分
	职业资格证书获取	与课程相关的职业资格证书获取，一项 5 分，每人增值性评价总分不超过 10 分

"虚拟现实项目策划与管理"课程标准

KCBZ-××××-××××（KCBZ-课程代码-版本号）

赖晶亮　　惠健倡　　曲睿　　罗兰　　李建宇　　张珏慧

一、课程概要

课程名称	中文：虚拟现实项目策划与管理 英文：Virtual Reality Project Planning and Management		课程代码	××××	
课程学分	4	课程学时	共 64 学时，理论 32 学时，实践 32 学时		
课程类别	□专业基础课程　☑专业核心课程　□专业拓展课程				
课程性质	☑必修　□选修		适用专业	虚拟现实技术应用	
先修课程	虚拟现实引擎技术		后续课程	XR 应用开发实践	
开设学期	第一学期	第二学期	第三学期	第四学期	第五学期	第六学期
				✓		

二、课程定位

本课程是培养虚实融合技术应用专业的专业核心课程，将按照专业培养目标，培养学生热爱祖国，拥护中国共产党的领导，树立科学的世界观、人生观和价值观；培养学生认真细致、一丝不苟、团队合作的职业素养。同时要求学生掌握虚拟现实、虚实融合现实项目策划与管理的基本概念、编程工具，并对虚拟现实、增强现实常见硬件系统、项目整体策划与管理整体性进行全面的学习与了解，以虚拟仿真、增强现实课程资源开发为例，掌握项目从策划、设计、开发、管理、实施的真实项目案例完整过程，从而培养学生提高虚拟现实、虚实融合项目整体项目运作综合能力。

[作者简介]　赖晶亮，广东轻工职业技术学院；惠健倡，广州亮风台信息科技有限公司；曲睿，北京鑫锐诚毅数字科技有限公司；罗兰，宜宾职业技术学院；李建宇，北京格如灵科技有限公司；张珏慧，广西工业职业技术学院。

三、教学目标

(一) 素质(思政)目标

(1) 培养学生热爱祖国、热爱人民，拥护中国共产党的领导，拥有高尚的爱国情操，树立强烈的民族自豪感。

(2) 培养学生敬业、乐业、勤业精神。

(3) 培养学生独立思考、自主创新的意识。

(4) 培养学生认真细致、一丝不苟的工作态度。

(5) 培养学生科学严谨、标准规范的职业素养。

(6) 培养学生团队协作、表达沟通能力。

(7) 培养学生信息检索与综合运用能力。

(8) 培养学生的协同创新能力。

(二) 知识目标

(1) 了解应用方向和适用对象分析方法。

(2) 理解开发工具和 VR、AR 硬件环境的选择依据。

(3) 了解应用环境分析方法。

(4) 理解工作量工时评估、人员投入分析、项目计划排产的方法。

(5) 理解软件系统、硬件架构、集成接口设计的方法。

(6) 掌握美术设计和原型设计的方法和步骤。

(7) 理解团队组建、人员分配、任务分配的方法。

(8) 了解统筹管理机制、项目立项报告、项目审批、项目启动的内容要点。

(9) 了解周期性审查及汇报、阶段性交付汇报的工作要点。

(10) 理解组内测试、小规模应用测试的方法和步骤。

(11) 理解验收材料、项目汇报、系统培训的内容要点。

(12) 理解系统版本、功能插件、数据接口更新机制。

(13) 理解服务团队分工、服务响应机制、服务内容。

(14) 掌握项目详细设计的方法和步骤。

(15) 掌握空间分析与设计的方法和步骤。

(三) 能力目标

(1) 掌握虚拟现实、虚实融合应用目标分析的能力。

(2) 熟练掌握 VR、AR 技术实现路径分析的能力。

(3) 熟练掌握项目架构分析与设计的能力。

(4) 掌握 VR、AR 开发及应用周期分析的能力。

(5) 熟练掌握产品美术设计和原型设计的能力。

(6) 掌握项目立项审批的推进能力和项目开发的管理能力。

(7) 掌握项目测试、交付、迭代的能力。

(8) 熟练掌握项目详细设计能力。

(9)熟练掌握项目空间分析与设计能力。

四、课程设计

本课程的教学应认真探索以教师为主导,以学生为主体的教学思想的内涵和具体做法:采用"教、学、做"相结合的引探教学法,引导学生在"动手做"中学习理论;指导学生查阅有关的中英文技术资料,完成虚拟现实项目策划与管理,完整项目实施方案,写出实验报告、实训报告。

课程内容的选择以培养学生的虚拟现实项目策划与管理能力为核心,课程内容应特别注重反映最新 VR/AR 软件、常见硬件系统、系统集成等项目从策划管理到实施注意事项的综合运营能力培养。教学过程的理论教学和实践应相互融合,协调进行,以期达到培养学生的工程技术应用能力的目标。本课程的课程内容思维导图如下。

"虚拟现实项目策划与管理"内容思维导图

五、教学内容安排

单元 (项目)	节(任务)	知 识 点	技 能 点	素质(思政) 内容与要求	学时	
					讲授	实践
1. 应用目标分析	1.1 分析主题方向和适用对象分析	1. 应用主题方向的分析方法 2. 适用对象分析方法	1. 确定应用主题方向 2. 分析适用对象	培养学生信息检索与综合运用的能力	2	2
2. 技术方案制订	2.1 分析技术实现方案 2.2 绘制项目架构图 2.3 分析开发及应用周期	1. Unity、Unreal Engine 等开发工具和软件,软件系统设计方法 2. 硬件环境、头盔环境、穿戴式设备环境、沉浸式环境,硬件架构设计,集成接口设计方法 3. 服务器、操作系统配置方法、网络环境分析方法等	1. 引用 Unity、Unreal Engine 等开发工具分析,实施软件设计 2. 分析和应用硬件环境、头盔环境、穿戴式设备环境、沉浸式环境分析和应用,设计硬件架构和集成接口 3. 配置服务器、操作系统、网络环境分析	培养学生独立思考、自主创新的意识	8	8

续表

单元 (项目)	节(任务)	知识点	技能点	素质(思政) 内容与要求	学时 讲授	学时 实践
2. 技术方案制订		4. 制订项目技术架构图的方法 5. 项目各个功能模块的分析方法 6. 工作量工时评估方法 7. 人员投入分析方法 8. 计划内容排产方法	4. 根据实施方案和项目需求,制订项目的技术架构图 5. 分析和配置项目中的各个功能模块 6. 评估工作量工时 7. 分析人员投入 8. 设计排产计划			
3. 原型设计	3.1 产品美术设计 3.2 产品原型设计	1. 模型动作设计方法 2. 音乐设计方法 3. 数字文创设计方法 4. UI 设计方法 5. 脚本设计方法 6. 场景设计方法 7. 产品原型设计和绘制方法 8. 产品交互设计方法 9. 产品UI设计方法 10. 软件交付形式(小程序、H5页面、APP、SDK)	1. 设计模型动作 2. 设计音乐 3. 设计数字文创 4. 设计UI 5. 设计脚本 6. 设计场景 7. 设计和绘制产品原型 8. 设计产品交互 9. 设计产品UI 10. 完成软件交付形式	培养学生独立思考、自主创新的意识	8	8
4. 开发管理	4.1 项目组成立及项目立项审批 4.2 项目开发管理	1. 团队组建原则 2. 人员分工要点 3. 任务分配方法 4. 统筹管理机制 5. 项目立项报告撰写方法 6. 项目审批流程 7. 项目启动步骤 8. 周期性审查及汇报内容 9. 阶段性交付汇报内容	1. 组建团队 2. 人员分工 3. 分配任务 4. 统筹管理机制的定期汇报、风险预警、应急管理 5. 完成项目立项报告 6. 项目审批要点 7. 推进项目启动 8. 周期性审查及汇报 9. 阶段性交付汇报	培养学生团队协作、表达沟通能力	3	3
5. 项目交付与迭代	5.1 项目组内测试 5.2 项目交付 5.3 系统更新迭代	1. 软件测试要求 2. 硬件环境部署测试要求 3. 验收材料要求 4. 项目汇报内容	1. 软件测试 2. 硬件环境部署测试 3. 验收材料撰写	培养学生独立思考、自主创新的意识	3	3

"虚拟现实项目策划与管理"课程标准

续表

单元 (项目)	节(任务)	知 识 点	技 能 点	素质(思政) 内容与要求	学时 讲授	学时 实践
5.项目交付与迭代		5.系统培训的内容 6.系统版本更新方法 7.功能插件更新方法 8.数据接口更新方法	4.项目汇报 5.系统培训 6.系统版本更新 7.功能插件更新 8.数据接口更新			
6.虚仿仿真课程资源项目案例分析	6.1 项目详细设计	1.知识内容和逻辑流程 2.角色策划、应用对象分析方法 3.项目拍摄手法 4.项目教学方法 5.虚拟仿真实训教学资源作用和构成方法 6.三维场景环境设计、三维界面风格设计、交互功能设计、模型设计方法 7.实验/实训报告的制作方法	1.设计知识内容，设计逻辑流程 2.策划设计角色，设计应用对象 3.设计拍摄手法 4.设计教学方法 5.设计虚拟仿真实训教学资源系统 6.设计三维场景环境、三维界面风格、交互功能、模型 7.实验/实训报告	以红色主题素材实现效果,使学生掌握技术	4	4
7.虚实融合项目应用项目案例分析	7.1 空间分析与设计	1.自然资源、人文历史资源、民宿非遗资源、建筑景观资源、政策分析资源等空间资源的评估和分析方法 2.制订和规划空间主题定位、项目目标愿景、目标客群定义的方法 3.整体项目体验路线规划、整体项目POI点位策划、策划功能结构的梳理方法 4.空间租赁、空间广告展位、空间增值体验服务的业务模式规划内容	1.评估和分析自然资源、人文历史资源、民宿非遗资源、建筑景观资源、政策分析资源等空间资源 2.定义空间主题定位、项目目标愿景、目标客群 3.梳理体验路线规划、整体项目POI点位策划、策划功能结构 4.设计空间租赁、空间广告展位、空间增值体验服务 5.规划项目开发生命周期 6.项目测算	以红色主题素材实现效果,使学生掌握技术	4	4

177

续表

单元 (项目)	节(任务)	知识点	技能点	素质(思政) 内容与要求	学时 讲授	学时 实践
7.虚实融合项目应用项目案例分析		5.项目开发生命周期规划的方法论 6.项目测算方法论				
合计:64 学时					32	32

六、实施建议

(一)教学团队

本课程团队应具有相对稳定的高水平教学研究和实践能力,团队成员职称、学历、年龄等结构合理,成员中一般应配备不少于一名"双师型"教师,项目类课程建议增配不少于一名实验师。建议课程负责人一般应由具有中、高级专业技术职务、教学经验丰富、教学特色鲜明的教师担任。

专任教师应具有高校教师资格,信息类专业本科以上学历,建议具有虚拟现实、增强现实相关应用开发工作经历或双师资格。兼职教师应具有信息类专业本科以上学历,两年以上企业行业相关经历,具有虚拟现实、增强现实相关应用开发工作经历并能应用于教学。

(二)教学设施

(1)教学环境:虚实融合实训室一个(含多套开发用途计算机)。

(2)计算机硬件推荐配置:CPU i7-12700、内存 32G、固态硬盘 1T SSD、显卡 RTX3070。

(3)计算机操作系统:Windows 10 操作系统。

(4)计算机软件:Unity 2021 或以上版本。

(5)服务器硬件推荐配置:CPU 32 核、内存 64G、硬盘 20T、带宽 1 000M。

(6)教辅设备:投影仪、全景相机、多媒体教学设备等。

(7)硬件配备:30 台 VR 头盔、30 台 AR 头显设备。

(三)教学方法与手段

(1)以学生为中心的项目驱动、过程驱动式教学方法的探索与应用。

(2)依托信息化技术开展翻转课堂、混合式教学探索与设计。

(3)熟练运用 AI、VR、AR、MR 等现代信息技术教学手段进行课程教学。

(四)教学资源

1.推荐教材

暂无。

2. 资源开发与利用

资源类型	资源名称	数量	基本要求及说明
教学资源	教学课件/个	≥7	每个教学单元配备1个及以上教学课件
	教学教案/个	≥1	每个课程配备1个及以上教案
	微视频/(个/分钟)	数量≥32个 时长≥256分钟	每个学分配备8个及以上教学视频、教学动画等微视频,每个微视频均要解决具体的知识点或技能点教学问题
	习题库/道	≥160	每个教学单元配备习题,每个学分配备的习题不少于40道。其中,开放式/非标准答案测验题、案例题等综合应用题不少于20%,每个习题均要提供答案及解析
	实训平台(无代码编辑器)	实训案例不少于6套 时长≥360分钟	建议根据教学任务和实训条件,选择实训平台和实训案例,可以是项目案例,如若干套基于实训平台开发的案例,包含项目创意策划、交互设计、空间策划、空间设计、项目开发及发布应用等内容。案例需提供参考样例及解析说明;也可以是配套资源,如课程知识框架设计、虚实环境匹配要求及策划素材、课程开发结构图等内容,资源需提供教学设计及资源组织结构图

（五）教学评价

1. 教学评价思路

本课程的考核采用形成性考核方式,期末考核采用线上机试及任务式结合的综合考核方式,具体考核方式采用由过程性考核、总结性考核、奖励性评价三部分构成的评价模式。

2. 评价内容与标准

教学评价说明

考核方式	过程性考核 (60分)				总结性考核 (40分)	奖励性评价 (10分)
	平时考勤	平时作业	阶段测试	线上学习	期末考试	大赛获奖等
分值设定	10	30	10	10	40	1～10
评价主体	教师	教师	教师	教师、学生	教师	教师
评价方式	线上、线下结合	线上	线下闭卷笔试	线上	线上、线下结合	线下

课程评分标准

考核方式	考核项目	评分标准(含分值)
过程性考核	平时考勤	全勤10分,迟到早退1次扣0.3分,旷课1次扣1分
	平时作业	作业不少于15次,作业一般为设计类作业和报告类作业,作业线上评价,每次作业按百分制计分,最后统计出平均分

续表

考核方式	考核项目	评分标准（含分值）
过程性考核	阶段测试	闭卷，线上考试，满分 100 分，题型包括单选题（20 分）、判断题（20 分）、填空题（20 分）、项目设计题（40 分）
	线上学习	智能云端虚拟现实实训平台后台统计数据，主要是相关知识点的学习数据，完成全部知识点的学习，得 10 分
总结性考核	闭卷笔试	闭卷，线上考试，满分 100 分，题型为单选题 10 道（20 分）、多选题 10 道（20 分）、判断题 10 道（20 分）、开放式设计题 1 道（40 分），考试时间 120 分钟
奖励性评价	大赛获奖	虚拟现实项目策划与管理类/虚拟现实定制化课程开发类奖项，一类赛项一等奖 10 分，二等奖 7 分，二类赛项一等奖 7 分，二等奖 4 分；每人增值性评价总分不超过 10 分
	职业资格证书获取	与虚拟现实项目策划与管理相关的职业资格证书获取，一项 5 分，每人增值性评价总分不超过 10 分

"虚拟现实综合项目开发"课程标准

KCBZ-XXXX-XXXX（KCBZ-课程代码-版本号）

邢悦　李婧瑶　田哲　张翔

一、课程概要

课程名称	中文：虚拟现实综合项目开发 英文：Virtual Reality Comprehensive Project Development		课程代码	××××	
课程学分	4	课程学时	共64学时，理论28学时，实践36学时		
课程类别		□基础课程　□核心课程　☑拓展课程			
课程性质		□必修　☑选修	适用专业	虚拟现实技术应用	
先修课程	虚拟现实建模技术、 虚拟现实引擎技术（Unity）、 虚幻引擎技术（UE5）、 虚拟现实项目策划与管理		后续课程	数字孪生应用开发	
开设学期	第一学期	第二学期	第三学期	第四学期	第五学期	第六学期
					√	

二、课程定位

本课程是虚拟现实技术应用专业的专业拓展课，旨在培养学生热爱祖国，拥护中国共产党的领导，具有科学的世界观、人生观和价值观；培养学生的综合虚拟现实设计能力、创造性

[作者简介]　邢悦，天津电子信息职业技术学院；李婧瑶，天津电子信息职业技术学院；田哲，天津电子信息职业技术学院；张翔，志鼎汇（天津）科技有限公司。

思维能力以及艺术修养，重点是对虚拟现实技术理念和设计方法的指导，同时将三维软件的操作技巧与虚拟现实技术理念紧密结合。使学生在掌握基础知识的情况下，能自主创意、创新作品，同时注意提高学生的审美意识，为学生今后在媒体单位、建筑设计、园林设计、室内设计、工业设计、影视传媒、游戏、展示、地产等行业从事相关工作打下基础。

三、教学目标

（一）素质（思政）目标

（1）培养学生热爱祖国，热爱人民，拥护中国共产党的领导，拥有高尚的爱国情操，树立强烈的民族自豪感。

（2）培养学生敬业、乐业、勤业精神。

（3）培养学生独立思考、自主创新的意识。

（4）培养学生认真细致、一丝不苟的工作态度。

（5）培养学生科学严谨、标准规范的职业素养。

（6）培养学生团队协作、表达沟通能力。

（7）培养学生信息检索与综合运用能力。

（二）知识目标

（1）熟悉虚拟现实应用技术的基本概念及制作项目的整体工作流程。

（2）掌握虚拟现实应用的核心技术与制作思路。

（3）掌握制作虚拟现实项目中虚拟引擎的蓝图设计与交互功能的开发技巧。

（三）能力目标

（1）能够掌握制作虚拟现实项目的相关软件使用方法及操作技巧。

（2）能够培养开发学生们在虚拟现实项目中独有的创意与构思能力。

（3）能熟练地使用三维的相关软件独立完成虚拟现实项目的设计。

四、课程设计

本课程在培养学生的虚拟现实技术综合能力上占有重要的地位，教学成果关系到学生创意设计能力的培养。课程将紧紧围绕虚拟现实应用技术展开，讲解虚拟现实技术的发展方向及未来趋势，通过案例分析，挖掘虚拟现实技术和行业结合的现实意义。本课程的课程内容思维导图如下。

"虚拟现实综合项目开发"内容思维导图

五、教学内容安排

单元 (项目)	节(任务)	知识点	技能点	素质(思政) 内容与要求	学时	
					讲授	实践
1. 三维场景设计	1.1 掌握三维建模软件 3ds Max 的工具使用方法和特点 1.2 掌握三维雕刻软件 ZBrush 的笔刷工具的特性与软件的使用方法 1.3 掌握材质软件 Photoshop 如何制作材质纹理与贴图的制作方法 1.4 掌握材质软件 Substance Painter 如何合成并且生成复合材质的制作方法	1. 三维建模软件 3ds Max 简介 2. 三维雕刻软件 ZBrush 简介 3. 材质制作软件 Photoshop 简介 4. 材质制作软件 Substance Painter 简介	1. 使用三维软件与绘图软件中的制作工具 2. 根据工作任务要求,合理使用绘图工具 3. 正确完成三维软件与绘图和编辑要求	通过三维场景设计,让学生创造三维场景,让学生更深入体验各种情景,进一步推进思想的学习和传承	1	0
2. VR引擎关键技术	2.1 了解 Unreal Engine 引擎的发展的历史与逐步增加的功能 2.2 掌握 Unreal Engine 引擎基本操作熟悉 2.3 掌握 Unreal Engine 引擎的特效模组简单制作一个特效 2.4 掌握 Unreal Engine 引擎的蓝图模组简单了解蓝图的链接组成	1. Unreal Engine 引擎的发展史 2. Unreal Engine 引擎的安装方法 3. Unreal Engine 引擎的工作界面 4. Unreal Engine 引擎的特效模组 5. Unreal Engine 引擎的蓝图模组	1. 操作 Unreal Engine 引擎的工作界面与 Unreal Engine 引擎其他模块 2. 将数字模型导入引擎中成为素材使用 3. 利用素材在引擎中搭建一个小型场景并合理设计灯光效果	通过VR引擎关键技术的学习,训练学生实际动手操作的能力	1	0
3. 室内VR展馆项目分析	3.1 详细分析数字展馆项目中场景建筑的构架	1. 场景(Scene)的概念 2. 创建场景的方法 3. 局部坐标系和世界坐标系的概念与运用	1. 分析真实项目的方案 2. 分析室内建筑的构架	通过对VR展馆项目的分析,让学生在虚拟环境中感受各种情景的展示化再现	2	0

续表

单元 (项目)	节(任务)	知识点	技能点	素质(思政) 内容与要求	学时 讲授	学时 实践
3. 室内VR展馆项目分析	3.2 了解采集的几种方式,采集设备有几种 3.3 根据课件提供的案例素材分析场景中需要制作的数据	4. 局部坐标和世界坐标的区别 5. Scene视图功能的使用方法	3. 能够利用相关软件进行数据采集 4. 对采集好的数据进行编辑和修改			
4. 数字模型的创建	4.1 掌握三维建模软件制作数字场景模型与道具模型 4.2 掌握拆UV软件,能够将制作好的模型UV拆分,并且合理摆放在UV格里 4.3 掌握制作材质制作软件,将数字模型的材质纹理与贴图纹理进行绘制 4.4 掌握如何将制作好的数字模型与材质导入引擎中进行调试	1. 制作数字场景模型与道具模型的制作方法 2. 拆分数字模型的UV与摆放方法 3. 数字模型材质纹理与贴图表现的方法 4. 数字模型素材导入引擎的流程	1. 使用三维建模软件,通过三维数字模型建模进行案例分析 2. 制作数字模型并布线 3. 正确地将制作好的数字模型导入Unreal Engine引擎并保存文件	通过数字模型的创建,培养学生认真细致、一丝不苟的工作态度	2	4
5. 引擎蓝图材质球的制作	5.1 掌握常用的蓝图材质命令 5.2 掌握蓝图命令对材质球参数的影响与设置 5.3 掌握利用蓝图命令的不同搭配链接对材质球产生的效果,以及引擎中反射球对材质球的干涉效果 5.4 掌握利用蓝图材质制作自发光材质与透明材质的使用方法	1. 蓝图材质中常用的命令 2. 蓝图材质球的参数设置 3. 利用蓝图命令搭配设计材质球方法 4. 设计一套蓝图材质球的方法	1. 使用引擎中蓝图材质的特性与命令制作一套材质效果 2. 根据工作任务要求,分别利用蓝图编辑并设计木质材质与金属材质不同的反射效果,对其参数进行设置	通过材质球的制作,培养学生的审美意识和创新能力	2	4

"虚拟现实综合项目开发"课程标准

续表

单元 (项目)	节(任务)	知 识 点	技 能 点	素质(思政) 内容与要求	学时	
					讲授	实践
6. 构建室内场景灯光设计	6.1 了解光源基础掌握引擎中点光源与聚光灯的参数调整和使用方法 6.2 掌握光源的布置位置与后期盒的参数调整 6.3 掌握合理调整光源的受光面与烘焙场景光源的参数调整 6.4 掌握利用点光源与聚光灯合理设计室内场景的光照效果	1. 引擎中点光源与聚光灯 2. 光源效果与后期盒的参数 3. 灯光的参数与烘焙场景光源 4. 按照任务要求合理设计摆放室内场景光照效果的方法	1. 在 Unreal Engine 引擎中进行室内场景的搭建,设定引擎点光源与聚光灯的参数设定 2. 应用引擎中光源的折射原理及后期盒的应用方法,在引擎中烘焙室内定点光源	通过室内场景灯光设计,培养学生的审美意识、创新能力和自主解决问题能力	2	4
7. 创建引擎交互功能设计	7.1 设置 VR 视角与创建 Pawn 虚拟体 7.2 制作并设置可互动的物理物体 7.3 设计引擎蓝图、创建事件触发蓝图交互功能 7.4 按照任务要求设计一套蓝图实现一个交互功能	1. 使用引擎中蓝图的命令创建 VR 视角以及创建 Pawn 虚拟体的初始位置的方法 2. 在引擎中将物体设置成可交互的物理物体的方法 3. 在引擎中创建一个交互事件,然后将其触发生成一个蓝图交互功能的方法 4. 设计一套蓝图事件并实现一个交互功能的方法	1. 掌握 Unreal Engine 引擎蓝图模块的基础功能、节点功能、基础交互功能等交互技术 2. 利用实际小案例来熟悉基础交互功能的制作流程	通过引擎交互功能的设计,培养学生良好的职业道德	2	4
8. 室内 VR 项目打包输出	8.1 设置打包输出模板 8.2 输出室内场景整体项目,导入硬件设备 8.3 将打包输出好的项目在硬件中进行测试	1. 打包时涉及的输出模板的设置方法 2. 室内场景项目中引擎所出现的问题和解决方法 3. 将打包输出好的项目在硬件中测试,通常出现的问题的解决方法	1. 利用引擎将制作好的资源文件进行后期处理 2. 编辑设置,能根据工作任务要求,将制作好的引擎资源进行封包植入硬件设备 3. 查找硬件测试问题	通过 VR 项目打包输出,培养学生自主解决问题的能力	1	1

185

续表

单元 (项目)	节(任务)	知识点	技能点	素质(思政) 内容与要求	学时 讲授	学时 实践
9. 室外 VR 项目分析	9.1 室外 VR 项目的数据采集与分析 9.2 室外环境地图布局的设计构架	1. 分析场景中火车的机械数据方法 2. 测量场景地形的方法 3. 分析场景地形的布局与结构	1. 分析机械类的结构与采集数据 2. 利用采集的数据测量地形与布局和结构	通过项目分析,培养学生的创造能力和解决问题的能力	2	0
10. 室外场景数字模型的制作	10.1 搭建场景中火车数字模型与材质纹理 10.2 制作岩石模型与蓝图材质纹理 10.3 制作场景所需的其他数字模型与蓝图材质纹理 10.4 按照任务要求制作火车模型与场景所需的数字道具模型 10.5 将数字模型素材导入引擎	1. 机械类模型的制作方法与金属类材质纹理的参数设置 2. 岩石类模型的制作方法与岩石材质纹理的参数设置 3. 引擎蓝图的材质制作方法 4. 按照任务要求制作火车模型与场景所需的模型与材质 5. 将数字模型导入引擎中的方法	1. 使用机械类三维数字模型建模的方法 2. 操作相关材质贴图设计软件,绘制模型 UV 贴图、制作 PBR	通过室外场景数字模型的制作,培养学生自主解决问题的能力和审美能力	4	6
11. 室外场景地形绘制	11.1 引擎中地图编辑器的功能 11.2 地图编辑器对室外场景地形的绘制 11.3 地形样条线创建路径道具模型 11.4 按照任务要求绘制场景地形	1. 引擎中地图编辑器的功能与绘制方法 2. 室外场景的地形绘制与参数设置 3. 地形样条线路径的创建方法 4. 按照任务要求利用引擎中地图编辑器绘制一个场景地形的方法	1. 使用引擎中的地图编辑器功能 2. 设置地图编辑器的参数,利用笔刷功能在引擎中进行绘制地形	通过场景地形绘制,培养学生创新能力和自主解决问题能力	2	4
12. 构建室外场景灯光设计	12.1 设计室外灯光的光源摆放 12.2 设置反射球与大气效果的参数设定 12.3 调整灯光参数烘焙光源	1. 引擎的点光源、聚光灯、天光的灯源效果进行合理的摆放 2. 引擎中反射球参数的设置,调整大气雾功能的参数设定	1. 使用室外场景中灯光进行设计 2. 利用引擎中点光源、聚光灯、天光与环境光后期盒的设置方法进行合理的摆放,营造室外光照的真实效果	通过室外场景灯光设计,培养学生审美意识、创新能力和自主解决问题能力	2	4

"虚拟现实综合项目开发"课程标准

续表

单元 (项目)	节(任务)	知 识 点	技 能 点	素质(思政) 内容与要求	学时	
					讲授	实践
12.构建室外场景灯光设计	12.4 按照任务要求设计室外光照效果	3.调整灯光参数的数值以便烘焙动态光源的方法 4.按照任务要求设计室外光照效果的方法				
13.引擎特效与交互设计	13.1 制作场景蓝图动画与参数设置 13.2 设置物理物体碰撞关系与事件触发交互功能 13.3 制作特效烟雾效果 13.4 设计物体位移动画与交互功能 13.5 按照任务要求设计带有碰撞效果的蓝图功能	1.制作场景蓝图动画的参数设置,后期的调整 2.利用蓝图设置物理物体碰撞关系与事件触发交互功能的方法 3.利用引擎中特效模块的特点制作烟雾效果的方法 4.在场景中物体的位移动画与交互功能 5.按照任务要求设计一套带有碰撞效果的蓝图功能流程	1.使用 Unreal Engine 引擎蓝图动画、特效的基础功能、节点功能、交互功能等交互技术 2.利用实际小案例来熟悉基础交互功能的制作流程	通过引擎特效和交互设计,培养学生的动手实践操作和团队协作能力	4	4
14.室外VR项目打包输出	14.1 设置打包输出模板 14.2 输出室外场景整体项目,导入硬件设备 14.3 将打包输出好的项目在硬件中进行测试	1.打包时涉及的输出模板设置方法 2.输出室外场景项目中引擎所出现的问题和解决方法 3.将打包输出好的项目在硬件中测试及问题解决方法	1.利用引擎将制作好的资源文件进行后期处理 2.编辑设置,能根据工作任务要求,将制作好的引擎资源进行封包植入硬件设备 3.查找硬件测试问题	通过项目打包输出,培养学生自主解决问题、团队协作和项目实践能力	1	1
合计:64学时					28	36

六、实施建议

(一) 教学团队

本课程团队应具有相对稳定的高水平教学研究和实践团队,团队成员职称、学历、年龄等结构合理,成员中一般应配备不少于一名"双师型"教师,项目类课程建议增配不少于一名实验师。建议课程负责人一般应由具有中、高级专业技术职务、教学经验丰富、教学特色鲜明的教师担任。

专任教师应具有高校教师资格,信息类专业本科以上学历,建议具有虚拟现实综合项目开发工作经历或双师资格。兼职教师应具有信息类专业本科以上学历,两年以上企业行业相关经历,具有虚拟现实综合开发工作经历并能应用于教学。

(二) 教学设施

(1) 计算机硬件:高性能计算机机房一间。

(2) 计算机软件:3ds Max 或 Maya 2016 以上版本的三维软件,并且安装 Photoshop、Unfold 3D、Substance Painter、Kanld、ZBrush 等绘图软件,安装 Unreal Engine 4 或以上版本。

(3) 操作系统:Windows 10 操作系统。

(4) 教辅设备:投影仪、多媒体教学设备等。

(三) 教学方法与手段

(1) 以学生为中心的项目驱动、过程驱动式教学方法的探索与应用。

(2) 依托信息化技术开展翻转课堂、混合式教学探索与设计。

(3) 熟练运用 AI、VR、AR、MR 等现代信息技术教学手段进行课程教学。

(四) 教学资源

1. 推荐教材

张芬芬,唐军广,何玲. 虚拟现实项目开发教程[M]. 北京:清华大学出版社,2022.

2. 资源开发与利用

资源类型	资源名称	数量	基本要求及说明
教学资源	教学课件/个	≥14	每个教学单元配备 1 个及以上教学课件
	教学教案/个	≥1	每个课程配备 1 个及以上教案
	微视频/(个/分钟)	数量≥32 个 时长≥256 分钟	每个学分配备 8 个及以上教学视频、教学动画等微视频
	习题库/道	≥160	每个教学单元配备习题,每个学分配备的习题不少于 40 道,其中,开放式/非标准答案测验题、案例题等综合应用题不少于 20%。每个习题均要提供答案及解析

（五）教学评价

1. 教学评价思路

本课程的考核采用形成性考核方式，期末采用笔试考核方式，具体考核方式采用由过程性考核、总结性考核两部分构成的评价模式。

2. 评价内容与标准

教学评价说明

考核方式	过程性考核（60分）				总结性考核（40分）
	平时考勤	平时作业	阶段测试	线上学习	期末考试（闭卷）
分值设定	10	20	10	20	40
评价主体	教师	教师	教师	教师、学生	教师
评价方式	线上、线下结合	线上	随堂测试	线上	线下闭卷笔试

课程评分标准

考核方式	考核项目	评分标准（含分值）
过程性考核	平时考勤	全勤10分，迟到早退1次扣0.3分，旷课1次扣1分
	平时作业	作业不少于15次，作业一般为操作类作业、编程类作业和报告类作业，操作类作业不少于10次。作业全批全改，每次作业按百分制计分，最后统计出平均分
	阶段测试	闭卷，随堂测试，线上考试，满分100分，题型包括单选题（50分）、判断题（20分）、填空题（20分）、简答题（10分）
	线上学习	考核数据从本课程学习网站平台上导出，主要是相关知识点的学习数据，完成全部知识点的学习，得10分
总结性考核	闭卷笔试	闭卷，线下考试，满分100分，题型包括单选题、多选题、判断题，考试时间120分钟
奖励性评价	大赛获奖	与课程相关的Unity设计类奖项，一类赛项一等奖10分、二等奖7分，二类赛项一等奖7分、二等奖4分；每人增值性评价总分不超过10分
	职业资格证书获取	与课程相关的职业资格证书获取，一项5分，每人增值性评价总分不超过10分

"虚拟现实游戏开发"课程标准[①]

KCBZ-××××-×××× (KCBZ-课程代码-版本号)

皮添翼 黄颖翠 李国庆 陈旭

一、课程概要

课程名称	中文：虚拟现实游戏开发 英文：Virtual Reality Game Development		课程代码	××××	
课程学分	4	课程学时	共64学时，理论32学时，实践32学时		
课程类别		□基础课程 □核心课程 ☑拓展课程			
课程性质	□必修 ☑选修		适用专业	虚拟现实技术应用	
先修课程	虚拟现实建模技术、 虚拟现实引擎技术（Unity）、 虚幻引擎技术（UE5）		后续课程	数字孪生应用开发、 AR/MR应用开发	
开设学期	第一学期	第二学期	第三学期	第四学期	第五学期	第六学期
					√	

二、课程定位

本课程是虚拟现实技术应用专业的专业拓展课程，培养学生热爱祖国，拥护中国共产党的领导，树立科学的世界观、人生观和价值观；培养学生认真细致、一丝不苟、团队合作的职业素养。同时要求学生掌握虚拟现实游戏开发的整体流程，熟悉游戏策划、游戏美术应用与规范及游戏开发框架设计的方法，能够实践虚拟现实游戏开发案例中的各个模块的设计应用并进行程序实现，掌握虚拟现实游戏开发。

[①] 本课标所涉引擎主要以Unity为例进行讲解。

[作者简介] 皮添翼，广东科贸职业学院；黄颖翠，江西泰豪动漫职业学院；李国庆，许昌学院；陈旭，江西泰豪动漫职业学院。

三、教学目标

（一）素质（思政）目标

（1）培养学生热爱祖国、热爱人民，拥护中国共产党的领导，拥有高尚的爱国情操，树立强烈的民族自豪感。

（2）培养学生敬业、乐业、勤业精神。

（3）培养学生独立思考、自主创新的意识。

（4）培养学生认真细致、一丝不苟的工作态度。

（5）培养学生科学严谨、标准规范的职业素养。

（6）培养学生团队协作、表达沟通能力。

（7）培养学生信息检索与综合运用能力。

（8）培养学生通过实践了解虚拟现实游戏开发项目，并理解计算机科学与艺术交叉融合的概念和思想。

（9）培养学生通过独立设计和开发 VR 游戏产业项目来提高创新与研发的能力。

（二）知识目标

（1）掌握 VR 游戏项目策划的基本流程、工作方式和方法。

（2）掌握游戏运营的知识及主要工作流程。

（3）掌握游戏策划方案和游戏创意说明书的撰写规范。

（4）掌握虚拟现实 VR 游戏元素的设计原则及方法。

（5）掌握游戏任务及游戏规则的制订，会调节游戏中的变量和数值，使游戏世界平衡稳定。

（6）掌握 VR 游戏操作及系统的开发方法。

（7）掌握游戏关卡、AI、技能、界面、战斗系统、活动策划的设计原则和方法。

（8）掌握 Unity 引擎中开发 VR 游戏模块的使用方法。

（9）掌握虚拟现实游戏 Meta/PICO/HTC VR 一体机设备开发的使用方法。

（10）掌握基于 Unity 的 Meta/PICO/HTC VR 游戏开发中动画和动效的制作及应用方法。

（11）掌握 Meta/PICO/HTC VR 项目资源的开发与导入方法。

（12）掌握 UGUI 系统在 Meta/PICO/HTC VR 游戏开发中使用方法及规范。

（13）掌握 Unity 系统的输入系统使用方法。

（14）掌握粒子系统资源的使用方法。

（15）掌握遮挡剔除、寻路导航功能的实现方法。

（16）掌握 Unity 基本类库结构，熟悉 Unity 脚本常用的系统函数。

（17）掌握 VR 离线游戏和在线游戏开发框架设计的基本流程，了解工程开发框架搭建方法。

（三）能力目标

（1）能够掌握游戏市场的运营模式，了解游戏的具体功能、玩法、玩家的感受。

（2）能够制订游戏策划及运营版本计划，使用数据分析工具（Excel、Word）、课件制作工具（PPT）、网络编辑工具、图片处理工具（Photoshop）等办公软件。

（3）能够掌握 Unity 各版本安装、配置、维护操作，具备维护 Unity 开发系统的能力。

(4) 能够使用 Unity 软件，具备配合主程序完成游戏架构及各大功能的设计、开发、调试和其他技术支持的工作能力。

(5) 能够使用平面软件创作 2D 美术资源、三维软件制作 3D 游戏模型素材配合 Unity 引擎开发 Demo。

(6) 能够使用 Unity 软件 VR 游戏开发模块，具备调试动画、优化 UI 制作的能力。

(7) 能够使用 Unity 软件，具备动效、粒子特效调试与优化的能力。

(8) 能够使用 Unity 软件，具备遮挡剔除和导航寻路功能开发的能力。

(9) 能够使用 C♯语言，具备键盘鼠标、头盔手柄等虚拟交互功能开发的能力。

(10) 能够掌握管理维护游戏平台的制作与运行的能力。

(11) 能够与团队其他人员配合，促进游戏的改进创新。

(12) 能够阅读英文资料的能力。

四、课程设计

本课程的教学应认真探索以教师为主导，以学生为主体的教学思想的内涵和具体做法：采用"教、学、做"相结合的引探教学法，指导学生查阅有关的中英文技术资料，了解国内外虚拟现实领域相关内容；引导学生在项目实践中掌握虚拟现实游戏的开发流程，完成虚拟现实游戏项目的制作，掌握虚拟现实游戏开发的能力和技巧。

课程内容以培养学生的虚拟现实游戏策划与开发能力为核心，应特别注重反映最新虚拟现实领域相关技术的应用。教学过程中理论和实践相互融合，协调进行，以期达到培养学生的虚拟游戏开发的能力的目标。注意把有关的英文技术名词、英文手册、英文技术资料等渗透到教学过程中。本课程的课程内容思维导图如下。

"虚拟现实游戏开发"内容思维导图

五、教学内容安排

单元（项目）	节（任务）	知识点	技能点	素质(思政)内容与要求	学时	
					讲授	实践
1. 虚拟现实游戏概述	1.1 游戏概论 1.2 游戏制作原理 1.3 创建不同类型的 VR 游戏项目 1.4 Unity 游戏开发策略	1. 虚拟现实游戏概况 2. VR 游戏的类别和设计方法 3. 基于 Unity 开发的游戏项目类型	1. 搭建不同版本的 Unity 软件开发环境 2. 创建不同类型的 VR 游戏项目 3. 构建基本的游戏对象类型	通过虚拟现实概论学习，培养学生良好的职业道德、工匠精神	2	2

"虚拟现实游戏开发"课程标准

续表

单元 (项目)	节(任务)	知 识 点	技 能 点	素质(思政) 内容与要求	学时	
					讲授	实践
1.虚拟现实游戏概述	1.5 创建一个 VR 游戏 Demo 1.6 在游戏中创建对象	4. VR 游戏应用的操作界面特点 5. 游戏中的基本对象及其他常用道具的属性	4. 使用 Unity 游戏开发模块			
2.游戏空间设定——设计一个游戏空间	2.1 创建游戏项目 2.2 三维空间的环境搭建 2.3 设计一个游戏视角 2.4 设定游戏方位及玩家的视觉通廊 2.5 规划游戏玩家在空间中的行进路线、活动范围	1. 3ds Max 建模软件创建规范的游戏模型 2. 游戏地形编辑的技巧 3. 玩家的视觉需求 4. 在 Unity 中控制玩家进入场景和观看场景的方式,游戏运行中角色在空间中的基本设置方法	1. 能够创建基本的游戏空间 2. 能够使用 3ds Max 的游戏场景进行建模 3. 能够设置游戏关卡空间布局	通过游戏空间的设计,培养学生自主创新的能力	2	2
3.游戏菜单设定——设计游戏界面操作流程	3.1 创建游戏 GUI 项目 3.2 游戏界面交互逻辑框架搭建 3.3 图形界面的功能应用 3.4 界面美术视觉设计标准	1. GUI 的工作流程 2. 游戏界面的 UX 设计 3. 游戏界面的视觉设计开发流程 4. 游戏界面中人机交互、操作流程 5. 游戏界面美观的整体设计方法	1. 创建一套游戏界面功能菜单 2. 使用 Word 绘制界面交互流程图 3. 使用 Adobe Photoshop 或 Adobe Illustrator 绘制图形界面和功能图标 4. 设计游戏界面	通过游戏界面的设计,培养学生的美学意识	2	2
4. VR 游戏玩法设定——VR 游戏机 3DoF、6DoF 和 9DoF 的开发概念	4.1 创建 VR 游戏开发环境 4.2 定位追踪及"DoF"的游戏设定 4.3 6DoF 沉浸式游戏开发方式	1. VR 游戏机的 3DoF 和 6DoF 的开发原理 2. 定位追踪对 VR 游戏开发的重要性 3. VR 游戏的多种玩法	1. 设置 6DoF 定位交互套件安全区 2. 根据 VR 游戏机的环境设计开发方案 3. 探索新的 VR 游戏玩法	通过 VR 游戏玩法的设定,培养学生作为 IT 人员所必须具备的网络道德	2	2
5. VR 游戏策划——交互设计	5.1 体验动作捕捉、触觉反馈和眼球追踪系统 5.2 探索肌电模拟、手势跟踪和方向追踪的原理 5.3 打造虚拟仿真环境	1. 沉浸式的交互系统概况 2. VR 游戏的交互特点和开发方式 3. 虚拟仿真环境的开发需求	1. 综合沉浸式体验条件策划交互方式 2. 运用 VR 游戏体感交互需求搭建虚拟仿真环境	通过 VR 游戏策划,培养学生的创造能力	4	4

193

续表

单元(项目)	节(任务)	知识点	技能点	素质(思政)内容与要求	学时 讲授	学时 实践
6. VR游戏音效设计	6.1 VR中的音频技术 6.2 VR音效解决方案 6.3 为VR游戏创建逼真音频	1. 空间音频的工作模式 2. 心理声学和声音实现交互方法 3. VR声音设计的关键准则	1. 在Unity中使用空间音频 2. 在用户界面设计音频赋能 3. 制作声音设计应用示例	通过VR游戏音效设计,培养学生的审美能力	2	2
7. VR游戏项目策划文档撰写	7.1 故事背景资料的搜集提炼 7.2 撰写VR游戏项目策划书 7.3 VR游戏项目设计文档规范	1. 场景设计方案 2. 角色设计方案 3. 交互方式、触发模式等的描述方式 4. 界面交互设计流程	1. 搜集和提炼素材 2. 运用Word绘制线框图 3. 准确描述游戏交互方式	通过策划文档的编写,培养学生文档编辑的综合素养	2	2
8. 游戏运营	8.1 模拟游戏活动宣传、策划与发布 8.2 游戏产品数据分析 8.3 体验游戏产品,提出优化方案 8.4 玩家管理与游戏社区维护	1. 游戏运营的工作流程 2. 玩家现状并提供支撑数据 3. 游戏优化方案的撰写模式 4. 游戏社区的管理方法	1. 制订游戏运营活动策划 2. 统计整理游戏数据 3. 提出产品优化方案并撰写优化报告 4. 运用社区管理模式提升游戏热度	通过游戏运营,培养学生良好的职业道德和市场营销能力	2	2
9. VR游戏开发算法	9.1 树或图的搜索算法 9.2 A*算法 9.3 碰撞检测算法 9.4 BSP树 9.5 人工智能 9.6 Dijkstra算法 9.7 Floyd算法	1. 数据结构图的概念 2. 数据结构图与游戏地图及寻路算法的关系 3. 常见的A*算法 4. 人工智能AI算法 5. Unity中算法案例的应用	1. 构建导航网络 2. 设置导航网格烘焙 3. 创建导航网格代理 4. 添加导航网格障碍物 5. 创建网格外连接 6. 创建智能化NPC,空间和情节设定 7. 规划导航区域和成本	通过VR游戏开发算法的训练,培养学生作为IT人员所必须具备的网络道德	2	2
10. VR游戏美术设计	10.1 像素美术应用制作 10.2 3D美术应用制作	1. 图形设计的原理 2. UI设计的方法 3. 模型制作的规范 4. 动效原理及动画素材的制作标准 5. 照明设计应用原理	1. 制作游戏界面框架图和图标 2. 处理图形,优化交互界面 3. 规范模型素材参数 4. 处理动画素材导入Unity应用	通过VR游戏美术设计,培养学生的审美能力、欣赏能力	4	4

续表

单元（项目）	节（任务）	知 识 点	技 能 点	素质（思政）内容与要求	学时 讲授	学时 实践
10. VR游戏美术设计			5. 运用灯光制作游戏环境氛围			
11. VR离线游戏开发	11.1 策划关卡选题及玩法 11.2 绘制游戏开发逻辑图 11.3 文件储存读取 11.4 SVN、Git使用 11.5 TopDown Engine游戏框架 11.6 打包发布单机游戏运行	1. 离线游戏关卡的类型和游戏项目设计方向 2. 逻辑图绘制的方法 3. 程序对本地文件的调用、写入和读取 4. 分布式版本控制系统进行多人协作 5. TopDown Engine游戏框架 6. 不同平台的打包方式	1. 分析游戏类型选择开发方向 2. 绘制功能流程图、界面设计图 3. 使用引擎所对应的编程语言进行本地文件的读写功能 4. 使用Git进行上传、下载、合并等操作进行版本控制 5. 使用TopDown Engine游戏框架创作一款简单游戏 6. 掌握Unity引擎在Windows平台，Android平台下的打包，导出可运行的可执行文件与安装包	通过VR离线游戏开发，培养学生作为IT人员所必须具备的网络道德	4	4
12. VR在线游戏开发	12.1 创建一个基于Unity的多人连线VR游戏的基础构架 12.2 VR游戏前端应用开发 12.3 设计一个VR游戏Demo 12.4 接入SDK完成开发制作 12.5 打包并发布局域网/网络游戏实例	1. 如何配置VR在线游戏开发环境 2. VR开发界面设计与PC游戏开发的区别 3. PC平台与VR环境下对应的输入和交互区别 4. VR游戏设计开发平台所使用的系统（Windows、Android）的区别及导入方法 5. 对应设备的SDK与对应的输入与交互	1. 使用Unity XR插件框架 2. 使用针对XR配置Unity项目 3. 操作SteamVR Unity Plugin与PICO Unity OpenXR Plugin的组件和获取输入 4. 导入HTC Vive、PICO设备与其对应的SteamVR Unity Plugin、PICO Unity OpenXR Plugin	通过VR在线游戏开发，培养学生作为IT人员所必须具备的网络道德	4	4

195

续表

单元 （项目）	节（任务）	知 识 点	技 能 点	素质（思政） 内容与要求	学时	
					讲授	实践
12. VR在线游戏开发		6. 不同的 VR 设备对应的打包与发布方法	5. 把项目的构建目标用 VR 设备对应的平台（HTC Vive-Windows，PICO-Android）成功构建项目并打包发布			
合计：64 学时					32	32

六、实施建议

（一）教学团队

本课程团队应具有相对稳定的高水平教学研究和实践能力，团队成员职称、学历、年龄等结构合理，成员中一般应配备不少于一名"双师型"教师，项目类课程建议增配不少于一名实验师。建议课程负责人一般应由具有中、高级专业技术职务、教学经验丰富、教学特色鲜明的教师担任。

专任教师应具有高校教师资格，信息类专业本科以上学历，建议具有虚拟现实游戏开发工作经历或双师资格。兼职教师应具有信息类专业本科以上学历，两年以上企业行业相关经历，具有虚拟现实游戏开发工作经历并能应用于教学。

（二）教学设施

（1）计算机硬件：高性能计算机机房一间。

（2）计算机软件：Unity 2021 版、VS 2021 集成开发环境。

（3）操作系统：Windows 10 操作系统。

（4）教辅设备：投影仪、多媒体教学设备等。

（三）教学方法与手段

（1）以学生为中心的项目驱动、过程驱动式教学方法的探索与应用。

（2）依托信息化技术开展翻转课堂、混合式教学探索与设计。

（3）熟练运用 AI、VR、AR、MR 等现代信息技术教学手段进行课程教学。

（四）教学资源

1. 推荐教材

李华旸. 虚拟现实游戏开发（Unreal Engine）[M]. 北京：清华大学出版社，2023.

李婷婷. Unity VR 虚拟现实游戏开发（微课版）[M]. 北京：清华大学出版社，2022.

"虚拟现实游戏开发"课程标准

2. 资源开发与利用

资源类型	资源名称	数量	基本要求及说明
教学资源	教学课件/个	≥12	每个教学单元配备1个及以上教学课件
	教学教案/个	≥1	每个课程配备1个及以上教案
	微视频/(个/分钟)	数量≥32个 时长≥256分钟	每个学分配备8个及以上教学视频、教学动画等微视频
	习题库/道	≥160	每个教学单元配备习题,每个学分配备的习题不少于40道,其中,开放式/非标准答案测验题、案例题等综合应用题不少于20%。每个习题均要提供答案及解析

(五)教学评价

1. 教学评价思路

本课程的考核采用形成性考核方式,期末采用笔试考核方式,具体考核方式采用由过程性考核、总结性考核、奖励性评价三部分构成的评价模式。

2. 评价内容与标准

教学评价说明

考核方式	过程性考核 (60分)				总结性考核 (40分)	奖励性评价 (10分)
	平时考勤	平时作业	阶段测试	线上学习	期末考试 (闭卷)	大赛获奖、 考取证书等
分值设定	10	20	10	20	40	1~10
评价主体	教师	教师	教师	教师、学生	教师	教师
评价方式	线上、线下结合	线上	随堂测试	线上	线下闭卷笔试	线下

课程评分标准

考核方式	考核项目	评分标准(含分值)
过程性考核	平时考勤	全勤10分,迟到早退1次扣0.3分,旷课1次扣1分
	平时作业	作业不少于15次,作业一般为操作类作业、编程类作业和报告类作业,操作类作业不少于10次。作业全批全改,每次作业按百分制计分,最后统计出平均分
	阶段测试	闭卷,随堂测试,线上考试,满分100分,题型包括单选题(50分)、判断题(20分)、填空题(20分)、简答题(10分)
	线上学习	考核数据从本课程学习网站平台上导出,主要是相关知识点的学习数据,完成全部知识点的学习,得10分
总结性考核	闭卷笔试	闭卷,线下考试,满分100分,题型包括单选题、多选题、判断题,考试时间120分钟

197

续表

考核方式	考核项目	评分标准(含分值)
奖励性评价	大赛获奖	与课程相关的 Unity 设计类奖项,一类赛项一等奖 10 分、二等奖 7 分,二类赛项一等奖 7 分、二等奖 4 分;每人增值性评价总分不超过 10 分
	职业资格证书获取	与课程相关的职业资格证书获取,一项 5 分,每人增值性评价总分不超过 10 分

"全景制作与应用开发"课程标准

KCBZ-××××-××××（KCBZ-课程代码-版本号）

胡小强　马亲民　谢建华　冉淼　马志梅

一、课程概要

课程名称	中文：全景制作与应用开发 英文：Panoramic Producting and Application Development			课程代码		××××
课程学分	4		课程学时	共64学时，理论30学时，实践34学时		
课程类别	□基础课程　□核心课程　☑拓展课程					
课程性质	□必修　☑选修			适用专业	虚拟现实技术应用	
前导课程	图像处理PS、贴图制作与编辑、 计算机图形渲染、UI设计			后续课程	全景应用开发实训	
开设学期	第一学期	第二学期	第三学期	第四学期	第五学期	第六学期
			√			

二、课程定位

本课程是虚拟现实技术应用专业的专业拓展课程，培养学生热爱祖国，拥护中国共产党的领导，树立科学的世界观、人生观和价值观；本课程实用性强，是培养学生专业技能的重要组成部分。本课程支撑学生掌握全景应用开发的基本理论，了解相关拍摄的硬件设备操作及其使用方法，学会用软件处理全景拍摄的照片与视频素材。具有初步的全景拍摄、处理、开发能力，能够利用数码相机、无人机、全景云台、鱼眼镜头等全景拍摄设备拍摄并使用全景相关软件（如PTGui、krpano、Pano2VR、Object2VR）进行应用开发的能力。

［作者简介］　胡小强，江西科技师范大学；马亲民，深圳职业技术大学；谢建华，广州番禺职业技术学院；冉淼，宜宾职业技术学院；马志梅，四川工商学院。

三、教学目标

(一) 素质(思政)目标

(1) 培养学生热爱祖国，热爱人民，拥护中国共产党的领导，拥有高尚的爱国情操，树立强烈的民族自豪感。

(2) 培养学生敬业、乐业、勤业精神。

(3) 培养学生独立思考、自主创新的意识。

(4) 培养学生认真细致、一丝不苟的工作态度。

(5) 培养学生科学严谨、标准规范的职业素养。

(6) 培养学生团队协作、表达沟通能力。

(7) 培养学生信息检索与综合运用能力。

(二) 知识目标

(1) 了解全景技术相关定义。

(2) 了解全景技术的常见应用领域。

(3) 认识常见全景拍摄相关设备。

(4) 了解全景图片、视频制作工作原理、方法。

(5) 理解全景图片、全景视频制作的方法。

(6) 了解 Insta 360 等设备工作原理与操作方法。

(7) 了解全景图片的后期处理原理及流程。

(8) 熟悉全景视频后期优化的操作流程。

(9) 熟悉全景图片上传到相关网站发布的过程。

(10) 熟悉全景视频直播操作过程。

(三) 能力目标

(1) 能够使用数码相机及鱼眼镜头拍摄高质量全景照片。

(2) 能够使用 Insta 360 等专用全景相机拍摄高质量全景照片及视频。

(3) 能够操作无人机拍摄高质量全景图片和视频。

(4) 能够使用 Photoshop、Lightroom 等图像处理软件相关软件对全景图片进行后期处理。

(5) 能够使用相关软件对全部视频素材进行一定的后期处理。

(6) 能够熟练搭建的一般应用场景的全景视频直播系统。

四、课程设计

全景技术以其强大的实用性，在当前学习与生活中应用广泛。全景式视觉体验的需求开始在消费级和行业级市场得到快速的推广和普及，面向网络、电视、网络直播、视频分享的视觉类媒体(包括视频和图片)对 360 全景视频内容的需求越来越大。大量的互联网企业、上市公司、投资公司开始面向全景、VR/AR 开发相关产品和投资布局，技术和资本的双重力量将加速全景技术在未来几年的大规模普及应用。

"全景制作与应用开发"课程标准

本课程以培养目标为起点,选取校园、教室、风景区等场景展示和交互作为整个课程的项目载体,将课程内容精选分解成5个单元,每个单元对应一系列的理论与实践工作任务,每一个任务分解成3~6个知识技能点,形成了以模块化实践任务为骨架、以技能知识点为内容的实践导向结构化课程内容体系。在教学设计方面,以理论为指导,以任务为驱动,突出实践性、趣味性、职业性,体现"教、学、做合一"的设计理念。本课程的课程内容思维导图如下。

"全景制作与应用开发"内容思维导图

五、教学内容安排

单元 (项目)	节(任务)	知识点	技能点	素质(思政) 内容与要求	学时	
					讲授	实践
1. 全景技术概述	1.1 全景技术的发展 1.2 全景技术的定义 1.3 全景技术的应用 1.4 全景技术的未来	1. 全景技术的发展史 2. 全景技术的特点 3. 全景技术的定义 4. 全景技术的分类 5. 全景技术在多领域中的应用 6. 全景技术的发展趋势		1. 我国古代就开始了全景画,增强同学们的民族自豪感 2. 通过全景展示祖国的大好河山,增强同学们的爱国热情	10	2
2. 全景制作的硬件	2.1 全景拍摄设备的分类 2.2 全景拍摄常用的地拍设备 2.3 全景拍摄常用的航拍设备 2.4 专用设备	1. 全景拍摄设备按照聚焦方式划分方法 2. 全景拍摄设备按照应用场景划分方法 3. 全景拍摄设备按照镜头划分方法 4. 全景拍摄设备按使用场景划分方法 5. 数码相机的参数 6. 全景云台的参数 7. 鱼眼镜头的参数 8. 无人机的参数 9. 相关附件的参数	1. 根据自己的需求,合理选择相关的拍摄方案 2. 根据相机等常用设备的参数和使用方法、实际需求进行选购 3. 根据无人机的相关参数和需求进行选购 4. 根据需求选购常用设备	通过了解全景相机厂家Insta360的产品市场份额,技术优势,让学生明白自主创新的重要性	10	2

201

续表

单元 (项目)	节(任务)	知 识 点	技 能 点	素质(思政) 内容与要求	学时 讲授	学时 实践
3. 全景作品前期的拍摄	3.1 基于手机的全景拍摄 3.2 基于相机的拍摄 3.3 基于无人机的航拍 3.4 基于专用设备的全景视频的拍摄	1. 柱形全景照片的拍摄方法 2. 球形全景照片的拍摄方法 3. 全景照片的拍摄方法 4. 柱形全景照片的拍摄 5. 球形全景照片的拍摄 6. 全景照片的拍摄 7. 无人机球形全景拍摄 8. 无人机全景视频拍摄	1. 使用手机进行柱形、球形、对象全景照片的拍摄 2. 使用相机进行多种全景拍摄 3. 操作无人机进行自由飞行 4. 使用无人机进行全景拍摄 5. 使用专用设备进行多种全景类型的拍摄	1. 通过全景拍摄，提升学生动手能力和实际应用能力 2. 提高同学们用多种设备拍摄不同全景类型的能力	3	8
4. 全景作品的处理	4.1 全景照片的后期处理 4.2 全景视频的后期处理	1. 全景照片、全景视频素材的加工方法 2. 全景照片、全景视频交互的实现方法 3. 全景照片、全景视频作品的发布方法	1. 使用相关软件进行拼合及交互开发 2. 实现全景作品的网站发布 3. 加工全景视频	通过对拍摄作品进行后期处理，拍摄一些风景及国家的文物国宝，增强同学们的民族自豪感	4	8
5. 全景作品制作实例	5.1 虚拟校园的全景展示 5.2 电子产品(对象全景)的全景展示 5.3 会议的全景视频直播	1. 虚拟校园的脚本设计 2. 校园全景素材的准备 3. 校园全景作品的制作 4. 校园全景作品的发布 5. 对象全景的脚本设计 6. 对象全景素材的准备 7. 对象全景作品的制作 8. 对象全景作品的发布 9. VR 会议的设备 10. VR 会议直播环境的搭建 11. VR 会议直播 12. VR 会议视频录像与存档	1. 撰写基于虚拟校园开发脚本 2. 实现球形全景的作品开发 3. 掌握720 云等平台全景发布方法 4. 撰写基于电子产品对象全景的展示脚本 5. 实现对象全景的作品开发 6. 搭建全景直播硬件、软件及网络环境 7. 处理在直播时出现的问题	1. 通过对虚拟校园的拍摄，提高同学们对全景作品拍摄的能力，增强同学们对学校的归属感 2. 通过对电子产品对象的全景拍摄以及全景直播的练习，提高同学们对对象全景技术的应用能力，提高产品开发、创新创业的意识 3. 提高同学们将新技术的应用于会议、课堂的全景拍摄能力	3	4
合计:64 学时					30	34

六、实施建议

（一）教学团队

本课程团队应具有相对稳定的高水平教学研究和实践团队,团队成员职称、学历、年龄等结构合理,成员中一般应配备不少于一名"双师型"教师,项目类课程建议增配不少于一名实验师。建议课程负责人一般应由具有中、高级专业技术职务、教学经验丰富、教学特色鲜明的教师担任。

专任教师应具有高校教师资格,信息类专业本科以上学历,建议具有全景制作与应用开发相关应用开发工作经历或双师资格。兼职教师应具有信息类专业本科以上学历,两年以上企业行业相关经历,具有全景制作与应用开发工作经历并能应用于教学。

（二）教学设施

1. 硬件

（1）计算机（每人一台）。

（2）拍摄相机、配套三脚架、全景云台（每10人一套）。

（3）DJI 无人机（2台）。

（4）Insta 360 ONE X 全景相机（2台）及相关附件。

2. 软件

（1）Adobe Photoshop CC。

（2）PTGui。

（3）Pano2VR Pro。

（4）Unity 3D。

（5）Lightroom。

（三）教学方法与手段

（1）创建"线上五步学习法"：做什么、跟我做、听我讲、跟我学（设计）、自己做。布置具体工作任务来学习。

（2）混合式教学。把一次课分成课前、课中、课后三个阶段,课前学生根据任务进行线上"五步学习法"自主学习和仿真实训,观看一些全景相关网站,体验一下全景技术的应用案例效果,通过网络与老师交流;课中教师应用云平台,主要针对课前学习存在的问题及重点难点集中讲授,并指导学生开展实操、互动讨论、递进拓展和小结测验等活动,达到运用知识、内化知识的目的;课后根据教师布置的作业进行拍摄,并上传到相关网站。

（3）线上趣味教学法。以故事、游戏、生活化的内容（如旅游风景点、校园、课堂等）点题知识技能点,以独创的双标题吸引学生,同时对每一个知识技能点都进行叙事逻辑和故事线规划,用讲故事、玩游戏的方式讲解,"粘"住学生,让学生喜欢学、容易学、快乐学。

（4）任务驱动法。以学生为中心,做中学、做中教。引入递进拓展教学环节,给学生更多的思考空间,让学生在基本任务的基础之上进行扩展和进阶,充分锻炼学生设计能力,又有利于学生根据自身情况进行自主学习。在递进拓展的基础上分层次教学,将必须掌握的基本任务作为必做项目,将要求更高的扩展任务作为选做项目,学生根据自身的情况来选择完成，如先从教室（小场景），再到校园（大场景）的全景拍摄与制作，分成不同难度的任务来实施。

(5) 小组教学法。在实践教学环节，根据设备情况，分成若干小组，采用小组教学法，实现组内互助、组间互助，对于必做项目，由组长负责组内或组间交流，共同完成，以小组为单位计分。拓展项目按照组间合作方式，个人计分，这种课堂教学管理方式，极大地促进了学生的学习热情，并督促学生互相学习、互相帮助，营造了很好的课堂学习气氛。

（四）教学资源

1. 推荐教材

谢建华，邓桂荣. VR全景技术[M]. 北京：电子工业出版社，2023.

朱富宁，刘纲. VR全景拍摄一本通[M]. 北京：人民邮电出版社，2021.

2. 资源开发与利用

资源类型	资源名称	数量	基本要求及说明
教学资源	教学课件/个	≥5	每个教学单元配备1个及以上教学课件
	微视频/(个/分钟)	数量≥32个 时长≥256分钟	每个学分配备8个及以上教学视频、教学动画等微视频
	习题库/道	≥160	每个教学单元配备习题，每个学分配备的习题不少于40道，其中，开放式/非标准答案测验题、案例题等综合应用题不少于20%。每个习题均要提供答案及解析
拓展教学资源	动画/个	30	

（五）教学评价

1. 教学评价思路

课程以学生学业质量为导向，结合课程知识、技能、素质要求，探索形成了教师、行业企业专家、学生评价主体相结合，线上线下相结合，过程性评价、总结性评价、增值性评价相结合的考核与评价模式。

2. 评价内容与标准

教学评价说明

考核方式	过程性考核（50分）				总结性考核（50分）	增值性评价（10分）
	平时考勤	任务训练	综合设计	网络学习	课程设计	大赛获奖、职业资格证书获取等
分值设定	10	15	10	15	50	10
评价主体	教师	教师、学生	教师、企业	教师、学生	教师	教师
评价方式	线上、线下结合	线下	线下	线上	线下开卷笔试	线下

"全景制作与应用开发"课程标准

课程评分标准

考核方式	考核项目	评分标准（含分值）
过程性考核	平时考勤	全勤10分，迟到早退一次扣0.2分，请假一次扣0.3分，旷课一次扣1分
	任务训练	选取10次以上任务训练评价，每个任务1.5分，完成任务创新拓展1.0分～1.5分，完成基本任务0.9分，未完成基本任务0～0.9分
	综合设计	作品验收5分，设计报告2分，作品答辩3分
	线上学习	从相关教学平台导出学习记录，单元测验4.5分，作业3分，讨论3分，线上笔试4.5分
总结性考核	开卷笔试	笔试试卷卷面满分100分，题型包括单选题（20分）、中英文填空题（10分）、判断题（20分）、简答题（20分）、程序设计题（30分）
奖励性评价	大赛获奖	与本课程相关电子设计类大赛，一类赛项一等奖10分、二等奖7分，二类赛项一等奖7分、二等奖4分；每人增值性评价总分不超过10分
	职业资格证书获取	与本课程相关的职业资格证书获取，一项5分，每人增值性评价总分不超过10分

"全景应用开发实训"课程标准

KCBZ-××××-××××（KCBZ-课程代码-版本号）

谢建华　胡小强　马亲民　刘敏

一、课程概要

课程名称	中文：全景应用开发实训 英文：Practical Training of Panoramic Application Development		课程代码	××××	
课程学分	2	课程学时	共32学时，理论0学时，实践32学时		
课程类别		□基础课程 □核心课程 ☑拓展课程			
课程性质		□必修 ☑选修	适用专业	虚拟现实技术应用	
前导课程	全景应用开发		后续课程	数字人技术与应用、XR应用开发实践	
开设学期	第一学期	第二学期	第三学期	第四学期	第五学期	第六学期
			✓			

二、课程定位

　　本课程是虚拟现实技术应用专业的专业拓展课程，培养学生热爱祖国，拥护中国共产党的领导，树立科学的世界观、人生观和价值观；本课程是培养学生专业技能的重要组成部分。本课程支撑学生掌握全景应用开发的基本理论和工作原理，从硬件和软件上掌握全景应用与现实场景结合的方法，具有初步的全景拍摄、处理、开发能力，能够利用Insta 360全景相机、小型无人机、鱼眼镜头等全景拍摄设备拍摄并使用全景相关软件（如PTGui、krpano、everpano 3D、Pano2VR、Object2VR）进行应用开发的能力。

[作者简介] 谢建华，广州番禺职业技术学院；胡小强，江西科技师范大学；马亲民，深圳职业技术大学；刘敏，广西工业职业技术学院。

三、教学目标

（一）素质（思政）目标

（1）培养学生热爱祖国，热爱人民，拥护中国共产党的领导，拥有高尚的爱国情操，树立强烈的民族自豪感。

（2）培养学生敬业、乐业、勤业精神。

（3）培养学生独立思考、自主创新的意识。

（4）培养学生认真细致、一丝不苟的工作态度。

（5）培养学生科学严谨、标准规范的职业素养。

（6）培养学生团队协作、表达沟通能力。

（7）培养学生信息检索与综合运用能力。

（二）知识目标

（1）了解全景相关知识。

（2）熟悉常见全景拍摄相关设备。

（3）熟悉全景图片、视频制作工作原理、方法。

（4）理解全景图片、全景视频制作的方法。

（5）掌握 Insta 360 工作原理。

（6）掌握图片的后期处理原理及流程。

（7）掌握全景视频后期优化的操作流程。

（8）掌握全景直播操作流程。

（三）能力目标

（1）能够使用单反相机及鱼眼镜头拍摄高质量全景照片。

（2）能够使用 Insta 360 专用全景相机拍摄高质量全景视频。

（3）能够使用无人机拍摄高质量全景图片和视频。

（4）能够使用 Adobe 相关软件对图片进行后期处理。

（5）能够使用相关软件对视频进行一定的后期处理。

（6）能够熟练制作完整的一般应用场景的全景交互系统。

四、课程设计

随着 VR（虚拟现实）概念和技术的兴起，全景式视觉体验的需求开始在消费级和行业级市场得到快速的推广和普及，面向电影、电视、网络直播、视频分享的视觉类媒体（包括视频和图片）对 360 全景视频内容的需求愈来愈大。大量的互联网企业、上市公司、投资公司开始面向全景、VR/AR 开发相关产品和投资布局，技术和资本的双重力量将加速全景在未来几年的大规模普及应用。

本课程以培养目标为起点，选取旅游景点、房地产的展示和交互作为整个课程的项目载体，将课程内容精选分解成 4 个能力单元，每一个单元对应一系列的实践任务，每一个实践

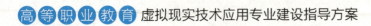

任务分解成 4~10 个知识技能点,形成了以模块化实践任务为骨架、以技能知识点为内容的实践导向结构化课程内容体系。在教学设计方面,以任务为驱动,突出实践性、趣味性、职业性,体现"教、学、做合一"的设计理念。本课程的课程内容思维导图如下。

"全景应用开发实训"内容思维导图

五、教学内容安排

单元（项目）	节(任务)	知识点	技能点	素质(思政)内容与要求	学时 讲授	学时 实践
1. 景区全景交互展示	1.1 景区全景展示特点 1.2 航拍全景照片的后期处理 1.3 景区的全景漫游效果制作 1.4 添加背景音乐和图片 1.5 添加景区地图 1.6 制作漫游皮肤 1.7 项目发布 1.8 720 云平台的使用	1. 景区全景展示的使用场景 2. 航拍全景图的局限性 3. 航拍全景图的常见问题 4. 认识全景漫游 5. 添加音乐和图片的入口 6. 音乐的循环 7. 景区地图的作用 8. 皮肤基础知识 9. 项目导出的意义 10. 720 云平台简介	1. 基于 RAW 格式的后期调色 2. 处理航拍图 3. 操作 Pano2VR 界面 4. 使用 Pano2VR 制作全景漫游 5. 添加背景音、图片和视频 6. 制作地图 7. 在 Pano2VR 中添加地图 8. 在场景添加地图 9. 校正场景的方向 10. 认识皮肤 11. 添加 Logo 12. 添加交互按钮、交互缩略图 13. 实现项目导出 14. 把项目上传到服务器 15. 设置服务器 16. 基于 720 云平台制作全景漫游	1. 通过国产科技企业大疆无人机航拍效果增强同学们的民族自豪感 2. 通过全景展示祖国的大好河山,增强同学们的爱国热情	0	13
2. 室内全景展示与交互应用	2.1 室内全景拍摄与制作 2.2 室内多点全景漫游制作	1. 室内拍摄特点 2. krpano 基础 3. everpano 3D 的建模基础 4. 点线面基础	1. 室内拍摄 2. 后期处理 3. 基于 krpano 进行全景漫游制作	通过制作日常熟悉的常见物件三维建模,并实现特效,提升学生动手能力和实际应用能力	0	9

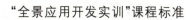

续表

单元 (项目)	节(任务)	知识点	技能点	素质(思政) 内容与要求	学时	
					讲授	实践
2.室内全景展示与交互应用	2.3 室内全景三维模型制作 2.4 室内全景叠加视频制作 2.5 室内全景增强现实效果制作	5.增强显示基础	4.分析项目文件 5.制作everpano 3D的点线面 6.基于Blender进行室内建模 7.视频拍摄 8.掌握视频叠加 9.能完成增强实现效果制作			
3.全景直播应用	3.1 全景视频拍摄设备 3.2 全景视频发布技术 3.3 全景直播技术应用	1.全景相机简介 2.全景视频的发布平台简介 3.直播技术简介 4.推流与推流服务器	1.使用消费级全景相机Insta 360 ONE X、专业级全景相机Insta 360 Pro 2 2.拍摄全景视频 3.对全景视频进行后期处理 4.基于Insta 360 ONE X进行全景直播 5.基于Insta 360 Pro 2进行全景直播	通过了解垄断性全景相机厂家Insta的生产基地设置在深圳,让学生明白自主创新的重要性	0	4
4.360环物展示技术应用	4.1 360环物展示摄影技术 4.2 360环物展示效果制作 4.3 360环物展示背景抠图技术 4.4 360环物展示作品发布	1.环物展示简介 2.环物展示的应用场景 3.遥控电子转台概述 4.Object2VR 5.抠图技术 6.在线抠图技术 7.项目发布的意义	1.操作遥控电子转台 2.搭建环物展示拍摄台 3.拍摄环物展示 4.实现环物展示 5.操作Object2VR 6.基于Object2VR进行环物展示 7.使用手机APP抠图 8.使用Photoshop抠图 9.导出Object2VR环物展示项目 10.发布项目	通过环物展示国家的文物国宝青铜车马,增强同学们的民族自豪感	0	6
合计:32学时					0	32

六、实施建议

(一) 教学团队

本课程团队应具有相对稳定的高水平教学研究和实践能力，团队成员职称、学历、年龄等结构合理，成员中一般应配备不少于一名"双师型"教师，项目类课程建议增配不少于一名实验师。建议课程负责人一般应由具有中、高级专业技术职务、教学经验丰富、教学特色鲜明的教师担任。

专任教师应具有高校教师资格，信息类专业本科以上学历，建议具有全景应用与开发实训相关工作经历或双师资格。兼职教师应具有信息类专业本科以上学历，两年以上企业行业相关经历，具有全景应用与开发实训工作经历并能应用于教学。

(二) 教学设施

1. 教学场地

全景应用开发实训室。

2. 硬件设施

(1) 计算机（每人1台）。

(2) 全景拍摄相机（每10人1台）。

(3) DJI 无人机（2台）。

(4) Insta 360 ONE X 全景相机（1台）。

(5) Internet 网络设备。

3. 软件设施

(1) Adobe Photoshop CC、Adobe Lightroom Classic、Adobe Premiere。

(2) PTGui。

(3) 杰图 VR 漫游大师、杰图造景师。

(4) 达·芬奇。

(5) Pano2VR Pro。

(三) 教学方法与手段

(1) 创建"线上五步学习法"：做什么、跟我做、听我讲、跟我学（设计）、自己做。

(2) 混合式教学。把一次课分成课前、课中、课后三个阶段，课前学生根据任务进行线上"五步学习法"自主学习和仿真实训，通过网络与老师交流；课中教师应用"云课堂"平台，主要针对课前学习存在的问题及重点难点集中讲授，并开展学生实操、互动讨论、递进拓展和小结测验等活动，达到运用知识、内化知识的目的；课后进行在线作业和辅导等活动。

(3) 线上趣味教学法。以故事、游戏、生活化的内容点题知识技能点，以独创的双标题吸引学生，同时对每一个知识技能点都进行叙事逻辑和故事线规划，用讲故事、玩游戏的方式讲解，"粘"住学生，让学生喜欢学、容易学、快乐学。

(4) 任务驱动法。以学生为中心，做中学、做中教。引入递进拓展教学环节，给学生更多的思考空间，让学生在基本任务的基础之上进行扩展和进阶，充分锻炼学生设计能力，又有利于学生根据自身情况进行自主学习。在递进拓展的基础上分层次教学，将必须掌握的基本任务作为必做项目,将要求更高的扩展任务作为选做项目,学生根据自身的情况来选择完成。

(5)小组教学法。在实践教学环节,采用小组教学法,实现组内互助、组间互助,对于必做项目,由组长负责组内或组间交流,共同完成,以小组为单位计分;拓展项目按照组间合作方式,个人计分,这种课堂教学管理方式,极大地促进了学生的学习热情,并督促学生互相学习、互相帮助,营造了很好的课堂学习气氛。

(四)教学资源

1. 推荐教材

谢建华,邓桂荣.VR全景技术[M].北京:电子工业出版社,2023.
朱富宁,刘纲.VR全景拍摄一本通[M].北京:人民邮电出版社,2021.

2. 资源开发与利用

资源类型	资源名称	数 量	基本要求及说明
教学资源	教学课件/个	≥4	每个教学单元配备1个及以上教学课件
	教学教案/个	≥1	每个课程配备1个及以上教案
	微视频/(个/分钟)	数量≥16个 时长≥128分钟	每个学分配备8个及以上教学视频、教学动画等微视频
	习题库/道	≥80	每个教学单元配备习题,每个学分配备的习题不少于40道,其中,开放式/非标准答案测验题、案例题等综合应用题不少于20%。每个习题均要提供答案及解析

(五)教学评价

1. 教学评价思路

课程以学生学业质量为导向,结合课程知识、技能、素质要求,探索形成了教师、行业企业专家、学生评价主体相结合,线上线下相结合,过程性评价、终结性评价、增值性评价相结合的考核与评价模式。

2. 评价内容与标准

教学评价说明

考核方式	过程性考核 (50分)				终结性考核 (50分)	增值性评价 (10分)
	平时考勤	任务训练	综合设计	网络学习	课程设计	大赛获奖、职业资格证书获取等
分值设定	10	15	10	15	50	10
评价主体	教师	教师、学生	教师、企业	教师、学生	教师	教师
评价方式	线上、线下结合	线下	线下	线上	线下开卷笔试	线下

课程评分标准

考核方式	考核项目	评分标准（含分值）
过程性考核	平时考勤	全勤 10 分，迟到早退一次扣 0.2 分，请假一次扣 0.3 分，旷课一次扣 1 分
	任务训练	选取 10 次以上任务训练评价，每个任务 1.5 分，完成任务创新拓展 1.0 分～1.5 分，完成基本任务 0.9 分，未完成基本任务 0～0.9 分
	综合设计	作品验收 5 分，设计报告 2 分，作品答辩 3 分
	网络学习	从网络教学平台导出，单元测验 4.5 分，作业 3 分，讨论 3 分，线上笔试 4.5 分
终结性考核	开卷笔试	笔试试卷卷面满分 100 分，题型包括单选题（20 分）、中英文填空题（10 分）、判断题（20 分）、简答题（20 分）、程序设计题（30 分）
增值性评价	大赛获奖	与课程相关全景制作类大赛，一类赛项一等奖 10 分、二等奖 7 分，二类赛项一等奖 7 分、二等奖 4 分；每人增值性评价总分不超过 10 分
	职业资格证书获取	与课程相关的职业资格证书获取，一项 5 分，每人增值性评价总分不超过 10 分

"影视后期编辑"课程标准

KCBZ-××××-×××× (KCBZ-课程代码-版本号)

张洪民　高玉昱　张英　黄裕峰　国嘉

一、课程概要

课程名称	中文：影视后期编辑 英文：Film and Television Post-editing		课程代码	××××	
课程学分	4	课程学时	共64学时，理论24学时，实践40学时		
课程类别			□基础课程　□核心课程　☑拓展课程		
课程性质	□必修　☑选修		适用专业	虚拟现实技术应用	
先修课程	图像处理PS、UI设计		后续课程	三维动画规律与制作、Web3D开发	
开设学期	第一学期	第二学期	第三学期	第四学期	第五学期	第六学期
				✓		

二、课程定位

本课程是虚拟现实技术应用专业的专业拓展课程，培养学生热爱祖国，拥护中国共产党的领导，树立科学的世界观、人生观和价值观；培养学生认真细致、一丝不苟、团队合作的职业素养。本课程针对虚拟现实数字特效师、高级影视编辑师、视觉设计师、影视特效工程师岗位等岗位开设，任务是培养学生将来在企事业单位工作岗位中具备实景拍摄与灯光布置、后期影片调色、动态图形设计、数字栏目包装、宣传片制作的能力。要求学生掌握After Effects操作界面的知识、层的基本理论知识和操作技巧、文字操作方法、动画与运动特点，学习课程之后学生能够完成视频的文字特效、调色特效、粒子特效、三维效果、抠像特效等影视后期制作的素材设计能力、影视后期制作色彩搭配、影视后期制作创意设计的基本技能。

[作者简介]　张洪民,天津渤海职业技术学院;高玉昱,天津渤海职业技术学院;张英,天津渤海职业技术学院;黄裕峰,广东工程职业技术学院;国嘉,深圳职业技术大学。

三、教学目标

（一）素质（思政）目标

（1）培养学生热爱祖国、热爱人民、拥护中国共产党的领导，拥有高尚的爱国情操，树立强烈的民族自豪感。

（2）培养学生敬业、乐业、勤业精神。

（3）培养学生独立思考、自主创新的意识。

（4）培养学生认真细致、一丝不苟的工作态度。

（5）培养学生科学严谨、标准规范的职业素养。

（6）培养学生团队协作、表达沟通能力。

（7）培养学生信息检索与综合运用能力。

（二）知识目标

（1）了解影视后期制作的流程，理解后期制作价值的意义，理解影视特效工程师岗位应有的责任。

（2）熟练掌握拍摄方法、布光原理与抠像剪辑方法。

（3）掌握文字、蒙版、轨道、三维合成、摄像机、灯光、运动跟踪、动效设计、粒子特效、抠像、调色、音效等常见特效的设计和规律。

（4）掌握影视后期制作的创意设计方法和创新设计思路。

（5）理解影视后期制作的艺术规律。

（6）掌握影视后期视觉传达元素的应用技巧。

（7）掌握影视后期制作的工作原理。

（8）了解影视后期制作相关的艺术、技术背景知识。

（三）能力目标

（1）能够根据项目要求拍摄素材并完成抠像剪辑。

（2）能够根据影片基调完成影视后期调色。

（3）能够应用影视后期制作设计方法实现合理的特效创新设计和表现。

（4）能够应用校企合建素材库、专业素材网站等资源和智能配色网站等手段进行特效创意设计和表现。

（5）能够熟练应用 After Effects 等相关设计软件全面准确地表现作品的设计特点和效果。

（6）能够根据客户具体要求优化设计方案的能力。

（7）能够具备阅读英文资料的能力。

四、课程设计

本课程的教学应认真探索以教师为主导、以学生为主体的教学思想的内涵和具体做法：采用"教、学、做"相结合的引探教学法，引导学生在"动手做"中学习理论；指导学生查阅有关的中英文技术资料,完成影视后期编辑,写出实验报告。

　　课程内容的选择以培养学生的影视后期特效制作能力为核心,课程内容应特别注重反映最新影视后期特效技术的应用。教学过程中理论教学和实践应相互融合,协调进行,以期达到培养学生的工程技术应用能力的目标。注意把有关的英文技术名词、英文手册、英文技术资料等渗透到教学过程中。本课程的课程内容思维导图如下。

"影视后期编辑"内容思维导图

五、教学内容安排

单元 (项目)	节(任务)	知识点	技能点	素质(思政) 内容与要求	学时	
					讲授	实践
1. After Effects 软件基本操作概述	1.1 后期合成的基础知识 1.2 After Effects 软件操作界面 1.3 After Effects 软件项目操作 1.4 After Effects 软件合成操作 1.5 After Effects 导入素材 1.6 After Effects 入门动画	1. After Effects 软件基本情况 2. After Effects 软件的项目类型 3. 帧、帧率、场、电视制式的概念	1. 操作 After Effects 软件 2. 应用 After Effects 软件中的基本对象及其常用属性 3. 创建渲染模板和输出模块的模板	通过对软件的基本操作,培养学生自主解决问题和动手实践的能力	1	1
2. 二维合成	2.1 图层的概念 2.2 图层的顺序 2.3 图层父级技巧 2.4 替换素材 2.5 修剪图层 2.6 图层上的开关	1. 图层的概念 2. 图层的创建方法 3. 图层的属性设置方法	1. 使用图层父级技巧 2. 利用图层替换、修改素材 3. 应用图层上的开关	通过二维合成的训练,培养学生认真细致、一丝不苟的工作态度	1	1
3. 关键帧动画	3.1 创建关键帧 3.2 位置、缩放、旋转关键帧的应用 3.3 三维旋转 3.4 贝塞尔曲线 3.5 图形编辑器 3.6 关键帧的辅助操作,复制和粘贴关键帧	1. 关键帧的概念 2. 图形编辑器的使用方法 3. 三维旋转 4. 贝塞尔曲线原理	1. 使用位置、缩放、旋转关键帧的应用 2. 使用图形编辑器对关键帧进行调整 3. 使用贝塞尔曲线进行关键帧调整	通过关键帧动画的训练,培养学生科学严谨、标准规范的职业素养	2	4

续表

单元 (项目)	节(任务)	知 识 点	技 能 点	素质(思政) 内容与要求	学时	
					讲授	实践
4.蒙版 合成	4.1 蒙版的原理 4.2 蒙版的变换	1. 蒙版的概念和原理 2. 蒙版的变换和调节方法	1. 创建蒙版 2. 使用蒙版进行动画设计 3. 制作轨道蒙版动画和蒙版路径变化动画	通过蒙版合成的学习,培养学生团队协作、表达沟通能力的能力	2	2
5.文字	5.1 沿路径的文字 5.2 文字动画 5.3 逐字三维动画 5.4 动画器图形	1. 文字特效方法 2. 沿路径文字的特点 3. 动画器图形的制作方法	1. 使用文字工具 2. 制作文字动画 3. 使用路径文字 4. 制作文字特效	通过文字效果的使用,培养学生独立思考、自主创新的意识	2	2
6.色彩 调色	6.1 了解色彩知识 6.2 色阶 6.3 曲线 6.4 色相/饱和度 6.5 Color Finesse 6.6 HSL 6.7 二次调色 6.8 示波器	1. 色彩的基本原理 2. 色彩公式 3. 使用色阶、曲线、色相/饱和度等工具调色方法 4. Color Finesse 的调色方法 5. HSL 调色方法 6. 二次调色方法 7. 示波器的使用方法	1. 使用调色工具,根据调色公式进行调色 2. 读懂示波器,并进行二次调色	通过色彩调色的学习,培养学生审美意识和创新能力	2	6
7.三维 特效	7.1 三维视图 7.2 三维运动路径 7.3 摄像机设置 7.4 定位摄像机 7.5 摄像机动画 7.6 灯光设置 7.7 灯光与材质	1. After Effects 中的三维空间 2. 三维运动规律 3. 三维摄像机动画设置方法 4. After Effects 中灯光的使用和设置	1. 为场景中的三维元素制作动画 2. 制作灯光动画和材质动画 3. 制作摄像机动画	通过三维特效的实现,培养学生动手实践和团队协作的能力	2	4
8.抠像 合成	8.1 抠像原理 8.2 颜色差异键 8.3 键控抠像 8.4 亮度抠像	1. 抠像的原理 2. 颜色差异键的抠像方法 3. 键控抠像和亮度抠像的方法 4. 第三方抠像插件使用方法	1. 使用颜色差异键进行抠像 2. 正确使用键控抠像和亮度抠像 3. 对复杂画面进行抠像,不产生边缘	通过抠像合成,培养学生科学严谨、标准规范的职业素养	2	4
9.跟踪 与表 达式	9.1 单点跟踪 9.2 四点跟踪 9.3 跟踪户外运动 9.4 表达式的概念	1. 跟踪与稳定的含义 2. 单点、四点和户外运动跟踪	1. 使用跟踪器进行动画跟踪设计 2. 编写跟踪表达式	通过跟踪与表达式学习,培养学生自主解决问题的能力	2	6

续表

单元(项目)	节(任务)	知识点	技能点	素质(思政)内容与要求	学时 讲授	学时 实践
9. 跟踪与表达式	9.5 循环表达式 9.6 变量与多行表达式 9.7 控制表达式	3. 表达式的概念 4. 表达式的控制方法				
10. 声音	10.1 混音 10.2 声音特效 10.3 声音图层修剪	1. 混音的方法 2. 声音特效的制作和使用方法 3. 声音图层修剪的方法	1. 使用混音方法 2. 使用声音特效制作效果 3. 对声音图层进行修剪合成	通过对声音特效的学习,培养学生的审美意识	1	1
11. MG动画	11.1 UI动效设计 11.2 动态标志设计 11.3 动态信息图设计	1. UI动效设计方法 2. 动态标志设计的方法 3. 动态信息图的设计方法	1. 在UI界面上设计动态图 2. 设计动态图标 3. 设计动态信息图	通过对MG动画的学习,培养学生实践操作能力和团队协作能力	2	4
12. 粒子与光效特效	12.1 噪波特效 12.2 模拟 12.3 风格化 12.4 粒子特效	1. 噪波特效原理 2. 模拟、风格化等特效的设计方法 3. 粒子特效属性	1. 根据要求设计噪波特效 2. 使用模拟、风格化等特效 3. 利用粒子特效完成特效设计	通过粒子特效的实训,培养学生动手实践和审美的能力	2	2
13. 渲染设置	13.1 渲染设置 13.2 格式输出 13.3 收集文件	1. 渲染设置属性 2. 格式输出检查的环节	1. 对丢失的文件进行收集 2. 检查渲染输出	通过渲染设置,培养学生的综合项目实践能力	1	1
14. 插件	14.1 常见插件 14.2 光效插件	1. 常见插件的使用方法 2. 光效插件的使用方法	1. 使用常见插件制作特效 2. 使用光效插件制作特效	通过插件的使用,培养学生自主解决问题的能力	2	2
		合计:64学时			24	40

六、实施建议

(一)教学团队

本课程由学术造诣深厚、教学经验丰富、教学特色鲜明、具有高级专业技术职务的教师担任,并建立职称、学历、年龄等结构合理的专兼结合的"双师型"教学团队,每40人的标准班配备一名任课教师。专任教师应具有高校教师资格,信息类、传媒类专业本科以上学历,半年以上企业行业相关经历,具有影视后期相关工作经历或双师资格优先。兼职教师应具有信息类专业专科以上学历,两年以上企业行业相关经历,具有影视后期工作经历并能应用于教学。

(二)教学设施

(1) 计算机硬件:具有较高性能的计算机设备。
(2) 计算机软件:After Effects CC 2022 版。
(3) 操作系统:Windows 10 操作系统。
(4) 教辅设备:投影仪、多媒体教学设备等。

(三)教学方法与手段

(1) 以学生为中心的项目驱动、过程驱动式教学方法的探索与应用。
(2) 依托信息化技术开展翻转课堂、混合式教学探索与设计。
(3) 熟练运用 AI、VR、AR、MR 等现代信息技术教学手段进行课程教学。

(四)教学资源

1. 推荐教材

王一如,等. After Effects CC 基础与案例教程(微课版)[M]. 北京:清华大学出版社,2023.

2. 资源开发与利用

资源类型	资源名称	数量	基本要求及说明
教学资源	教学课件/个	≥14	每个教学单元配备 1 个及以上教学课件
	教学教案/个	≥1	每个课程配备 1 个及以上教案
	微视频/(个/分钟)	数量≥32 个 时长≥256 分钟	每个学分配备 8 个及以上教学视频、教学动画等微视频
	习题库/道	≥160	每个教学单元配备习题,每个学分配备的习题不少于 40 道,其中,开放式/非标准答案测验题、案例题等综合应用题不少于 20%。每个习题均要提供答案及解析

(五)教学评价

1. 教学评价思路

本课程的考核采用形成性考核方式,期末采用综合考核方式,具体考核方式采用由过程性考核、总结性考核、奖励性评价三部分构成的评价模式。

2. 评价内容与标准

教学评价说明

考核方式	过程性考核 (60 分)				总结性考核 (40 分)	奖励性评价 (10 分)
	平时考勤	平时作业	阶段测试	线上学习	期末考试 (闭卷)	大赛获奖、考取证书等
分值设定	10	20	10	20	40	1~10
评价主体	教师	教师	教师	教师、学生	教师	教师
评价方式	线上、线下结合	线上	随堂测试	线上	线下闭卷笔试	线下

"影视后期编辑"课程标准

课程评分标准

考核方式	考核项目	评分标准(含分值)
过程性考核	平时考勤	全勤10分,迟到早退1次扣0.3分,旷课1次扣1分
	平时作业	作业不少于15次,作业一般为操作类作业、报告类作业,操作类作业不少于10次。作业全批全改,每次作业按百分制计分,最后统计出平均分
	阶段测试	闭卷,随堂测试,线上考试,满分100分,题型包括单选题(50分)、判断题(20分)、填空题(20分)、简答题(10分)
	线上学习	考核数据从本课程学习网站平台上导出,主要是相关知识点的学习数据,完成全部知识点的学习,得10分
总结性考核	闭卷笔试	闭卷,线下考试,满分100分,题型包括单选题、多选题、判断题,考试时间120分钟
奖励性评价	大赛获奖	与课程相关的影视后期设计类奖项,一类赛项一等奖10分、二等奖7分,二类赛项一等奖7分、二等奖4分;每人增值性评价总分不超过10分
	职业资格证书获取	与课程相关的职业资格证书获取,一项5分,每人增值性评价总分不超过10分

"数字孪生应用开发"课程标准

KCBZ-XXXX-XXXX（KCBZ-课程代码-版本号）

马亲民　曹芳　韩济民　昝英飞

一、课程概要

课程名称	中文：数字孪生应用开发 英文：Digital Twin Application Development		课程代码	××××	
课程学分	4	课程学时	共64学时，理论16学时，实践48学时		
课程类别	☐基础课程　☐核心课程　☑拓展课程				
课程性质	☐必修　☑选修		适用专业	虚拟现实技术应用	
先修课程	增强现实引擎技术、 三维动画规律与制作		后续课程	XR应用开发实践	
开设学期	第一学期	第二学期	第三学期	第四学期	第五学期	第六学期
					√	

二、课程定位

　　本课程是虚拟现实技术应用专业的专业拓展课程，培养学生热爱祖国，拥护中国共产党的领导，树立科学的世界观、人生观和价值观；培养学生认真细致、一丝不苟、团队合作的职业素养。同时要求学生掌握数字孪生的基本概念、相关编程语言、开发工具及主流的数字展示平台，了解数字孪生典型应用案例中的各个功能模块实现的过程，结合校园数字孪生的综合项目的实施，掌握数字孪生的应用开发技术。

［作者简介］马亲民，深圳职业技术大学；曹芳，宜宾职业技术学院；韩济民，武汉维壬科技有限公司；昝英飞，哈尔滨工程大学。

三、教学目标

（一）素质（思政）目标

（1）培养学生热爱祖国，热爱人民，拥护中国共产党的领导，拥有高尚的爱国情操，树立强烈的民族自豪感。

（2）培养学生敬业、乐业、勤业精神。

（3）培养学生独立思考、自主创新的意识。

（4）培养学生认真细致、一丝不苟的工作态度。

（5）培养学生科学严谨、标准规范的职业素养。

（6）培养学生团队协作、表达沟通能力。

（7）培养学生信息检索与综合运用能力。

（二）知识目标

（1）熟悉数字孪生的概念，了解数字孪生技术目前的应用领域。

（2）了解仿真与数字孪生技术的异同点。

（3）掌握工程解决方案的概念、基于模型的系统工程解决方案设计与实施的一般流程和方法。

（4）掌握虚拟仿真解决方案的概念、基于模型的三维设计与仿真解决方案设计与实施的一般流程与方法。

（5）掌握虚拟场景搭建方法。

（三）能力目标

（1）掌握三维建模的方法 3ds Max、Maya、Blender 均可。

（2）掌握引擎美术技术：地形编辑、灯光特效、财政贴图、场景优化，符合实操标准的数字孪生三维场景。

（3）能够进行数据处理：数据采集、数据处理、数据存储、数据分析和数据可视化。

（4）能够进行逻辑编程，前端功能开发，前端交互操作及功能实现。

（5）掌握计算机视觉，基于图像识别的应用，可以自动进行图像标注，并将分析结果进行可视化等。

（6）能够进行云服务，系统部署，让系统实现 PC 端、移动端两种访问形式。

四、课程设计

本课程选择虚拟校园作为教学案例，全面分析数字孪生类应用的开发流程和主要方法，利用通用平台（Unity、Unreal Engine、WebGL 等）实现项目开发，通过自主知识产权的通用数据展示平台（山海鲸、优锘灯），使学生具备数字孪生工程应用的初步开发能力。本课程的教学应认真探索以教师为主导，以学生为主体的教学思想的内涵和具体做法：采用"教、学、做"相结合的引探教学法，引导学生在动手做中学习理论；指导学生查阅有关的中英文技术资料，完成数字孪生项目的制作，写出实验报告。

课程内容的选择以培养学生的数字孪生应用开发能力为核心,课程内容应特别注重反映最新虚拟现实技术的应用。教学过程的理论教学和实践应相互融合,协调进行,以期达到培养学生的工程技术应用能力的目标。注意把有关的英文技术名词、英文手册、英文技术资料等渗透到教学过程中。本课程的课程内容思维导图如下。

"数字孪生应用开发"内容思维导图

五、教学内容安排

单元 (项目)	节(任务)	知识点	技能点	素质(思政) 内容与要求	学时 讲授	学时 实践
1. 认识数字孪生	1.1 数字孪生的由来 1.2 数字孪生的应用场景 1.3 新手入门	1. 数字孪生的定义 2. 数字孪生技术应用场景 3. 数字孪生底层原理 4. 数字孪生项目的基本流程		通过数字孪生技术的学习,培养学生接触新事物、学习新事物的能力	2	4
2. 数字孪生中的物联网	2.1 温湿度回传 2.2 光敏信号回传 2.3 控制开关灯 2.4 多彩灯的控制 2.5 网络摄像头数据获取 2.6 控制网络摄像头云台	1. 物联网与数字孪生的关系 2. 物联网设备回传数据的接口 3. 光敏器件原理 4. 光敏器件作用 5. 数据孪生体控制实体原理 6. 多彩灯原理 7. 多彩灯颜色控制逻辑 8. 网络摄像头 9. 云台原理 10. 云台控制 API	1. 数据回传物联网常见器件 2. 回传显示温湿度传感器数据 3. 回传显示光敏器件数据 4. 回传灯开关状态 5. 控制灯开关状态 6. 回传多彩灯状态 7. 控制多彩灯的颜色和亮度 8. 获取摄像头数据 9. 显示摄像头图像 10. 控制云台的 API 11. 控制云台	通过数字孪生中物联网的学习,培养学生分析问题、解决问题的能力	6	12
3. 数字孪生体的建立	3.1 建模航拍,倾斜摄影 3.2 航拍建模软件的使用 3.3 航拍建模优化	1. 倾斜摄影原理 2. 航拍建模原理 3. 航拍建模软件 4. 航拍建模问题和解决思路 5. 航拍建模优化的方法和技能	1. 建模前航拍 2. 航拍建模软件的使用 3. 重建航拍的模型 4. 建模优化	通过孪生体的建立,培养学生的沟通能力及团队协作精神	3	6

续表

单元 (项目)	节(任务)	知 识 点	技 能 点	素质(思政) 内容与要求	学时 讲授	学时 实践
4. 数字孪生的数据展示系统	4.1 通用数据展示平台(山海鲸、优锘等) 4.2 底图和模型的导入 4.3 物联网数据的接入 4.4 数字孪生项目的导出与发布	1. 数据展示系统 2. 通用数字孪生中的数据大屏展示系统 3. 地图和模型的关系 4. 平台提供的接口类型 5. 物联网提供的接口 6. 项目发布方式 7. 各种方式的特点	1. 通用数字孪生(山海鲸、优锘等)平台使用 2. 导入孪生体模型 3. 建立虚拟场景 4. 连接物联网设备 5. 展示物理设备状态 6. 发布云平台 7. 发布私有云平台	通过数字孪生的数据展示,培养学生勇于创新的精神和敬业乐业的工作作风	4	8
5. 数字孪生综合项目	5.1 以特定场景(园区、校区)为目标,建立数字孪生体 5.2 物联网数据的接入 5.3 大屏数据展示系统 5.4 数字孪生综合项目的发布	1. 需求分析方法 2. 项目规划流程 3. 项目中的物联网设备 4. 大屏中需要展示的信息 5. 选择发布方式的原则	1. 导入底图 2. 导入模型 3. 建立数字孪生体 4. 通过平台 API 接入物联网设备 5. 显示物理设备状态 6. 控制物理设备状态 7. 汇总需要大屏展示的数据 8. 项目发布	通过数字孪生综合项目的训练,培养学生项目实践能力,团队沟通能力、协作能力	1	18
总计:64 学时					16	48

六、实施建议

(一)教学团队

本课程团队应具有相对稳定的高水平教学研究和实践能力,团队成员职称、学历、年龄等结构合理,成员中一般应配备不少于一名"双师型"教师,项目类课程建议增配不少于一名实验师。建议课程负责人一般应由具有中、高级专业技术职务、教学经验丰富、教学特色鲜明的教师担任。

专任教师应具有高校教师资格,信息类专业本科以上学历,建议具有数字孪生应用开发相关工作经历或双师资格。兼职教师应具有信息类专业本科以上学历,两年以上企业行业相关经历,具有数字孪生应用开发工作经历并能应用于教学。

(二)教学设施

(1)计算机硬件:高性能计算机机房一间。

(2)计算机软件:Blender 3.2 及以上版本、山海鲸数据可视化系统、VS 2019 集成开发环境。

(3) 操作系统：Windows 10 及以上操作系统。

(4) 物联网设备：温湿度传感器、光敏传感器、多彩灯、网络云台摄像头及物联网数据网关。

(5) 教辅设备：投影仪、多媒体教学设备等。

(三) 教学方法与手段

(1) 以学生为中心的项目驱动、过程驱动式教学方法的探索与应用。

(2) 依托信息化技术开展翻转课堂、混合式教学探索与设计。

(3) 熟练运用 AI、VR、AR、MR 等现代信息技术教学手段进行课程教学。

(四) 教学资源

1. 推荐教材

暂无。

2. 资源开发与利用

资源类型	资源名称	数 量	基本要求及说明
教学资源	教学课件/个	≥5	每个教学单元配备 3 个及以上教学课件
	教学教案/个	≥1	每个课程配备 1 个及以上教案
	微视频/(个/分钟)	数量≥32 个 时长≥256 分钟	每个学分配备 8 个及以上教学视频、教学动画等微视频
	习题库/道	≥160	每个教学单元配备习题，每个学分配备的习题不少于 40 道，其中，开放式/非标准答案测验题、案例题等综合应用题不少于 20%。每个习题均要提供答案及解析

(五) 教学评价

1. 教学评价思路

本课程的考核采用形成性考核方式，期末采用笔试考核方式，具体考核方式采用由过程性考核、总结性考核、奖励性评价三部分构成的评价模式。

2. 评价内容与标准

教学评价说明

考核方式	过程性考核 (60 分)				总结性考核 (40 分)	奖励性评价 (10 分)
	平时考勤	平时作业	阶段测试	线上学习	期末考试 (闭卷)	大赛获奖、考取证书等
分值设定	10	20	10	20	40	1～10
评价主体	教师	教师	教师	教师、学生	教师	教师
评价方式	线上、线下结合	线上	随堂测试	线上	线下闭卷笔试	线下

"数字孪生应用开发"课程标准

课程评分标准

考核方式	考核项目	评分标准(含分值)
过程性考核	平时考勤	全勤10分,迟到早退1次扣0.3分,旷课1次扣1分
	平时作业	作业不少于15次,作业一般为操作类作业、编程类作业和报告类作业,操作类作业不少于10次。作业全批全改,每次作业按百分制计分,最后统计出平均分
	阶段测试	闭卷,随堂测试,线上考试,满分100分,题型包括单选题(50分)、判断题(20分)、填空题(20分)、简答题(10分)
	线上学习	考核数据从本课程学习网站平台上导出,主要是相关知识点的学习数据,完成全部知识点的学习,得10分
总结性考核	闭卷笔试	闭卷,线下考试,满分100分,题型包括单选题、多选题、判断题,考试时间120分钟
奖励性评价	大赛获奖	与课程相关的数字孪生类奖项,一类赛项一等奖10分、二等奖7分、二类赛项一等奖7分、二等奖4分;每人增值性评价总分不超过10分
	职业资格证书获取	与课程相关的职业资格证书获取,一项5分,每人增值性评价总分不超过10分

"数字人技术与应用"课程标准

KCBZ-××××-×××× （KCBZ-课程代码-版本号）

李广松　王晓明　钟启鸿　国嘉　吴伟和

一、课程概要

课程名称	中文：数字人技术与应用 英文：Digital Human Technology and Applications			课程代码	××××	
课程学分	4		课程学时	共 64 学时，理论 32 学时，实践 32 学时		
课程类别			□基础课程 □核心课程 ☑拓展课程			
课程性质		□必修 ☑选修		适用专业	虚拟现实技术应用	
先修课程	三维动画规律与制作 虚拟现实引擎技术（Unity 3D） 虚幻引擎技术（Unreal Engine）			后续课程	XR 应用开发实践	
开设学期	第一学期	第二学期	第三学期	第四学期	第五学期	第六学期
					√	

二、课程定位

　　本课程是虚拟现实技术应用专业的专业拓展课程，培养学生热爱祖国，拥护中国共产党的领导，树立科学的世界观、人生观和价值观。本课程讲解通过动作捕捉技术录制数字人物动画，结合骨骼绑定、动画关键帧、面部驱动、光线追踪渲染、阴影处理、动态模糊等技术实现对数字人的控制驱动、渲染和合成，结合数字人物深度学习技术，如表情识别、姿态识别等，实现数字人在虚拟主播、虚拟客服、虚拟教学等领域中的典型应用。本课程要求学生掌握虚拟数字人生产的完整流程，为进入虚拟数字人制作领域奠定基础。

[作者简介]　李广松，广东职业技术学院；王晓明，网易有道信息技术（北京）有限公司；钟启鸿，广州乐酱互娱信息科技有限公司；国嘉，深圳职业技术大学；吴伟和，北京工业大学。

三、教学目标

（一）素质（思政）目标

（1）培养学生热爱祖国，热爱人民，拥护中国共产党的领导，拥有高尚的爱国情操，树立强烈的民族自豪感。

（2）培养学生敬业、乐业、勤业精神。

（3）培养学生独立思考、自主创新的意识。

（4）培养学生认真细致、一丝不苟的工作态度。

（5）培养学生科学严谨、标准规范的职业素养。

（6）培养学生团队协作、表达沟通能力。

（7）培养学生的审美和人文素养。

（二）知识目标

（1）掌握必备的思想政治理论、科学文化知识和中华优秀传统文化知识。

（2）熟悉与数字人相关的法律法规和文明生产相关知识。

（3）了解数字人的概念、发展历程和应用领域等相关理论与知识。

（4）了解数字人制作流程、技术实现和后期处理等开发平台相关知识。

（5）掌握通过捏脸工具快速制作数字人素材资源的知识和方法。

（6）掌握使用 Unity 3D 进行动画绑定和驱动数字人的相关知识。

（7）掌握使用动作捕捉设备和配套软件的相关知识。

（8）掌握动作捕捉数据生成与传递框架的理论知识。

（9）掌握数字人面部表情模型的渲染和动画制作的知识。

（三）能力目标

（1）能够穿戴动作捕捉设备，熟练操作动作捕捉设备配套软件，并实现动作动画回传到 3ds Max 软件。

（2）能够掌握利用移动设备采集面部表情数据，并将数据通过不同插件传递到游戏引擎。

（3）能够利用 MetaHuman 插件创建数字人物模型，并根据用户需求实现定制化建模。

（4）能够掌握面部表情捕捉与动作捕捉结合的方法，实现数字人物模型的实时驱动，并应用到直播等实际场景。

（5）能够掌握使用新一代信息技术进行数字人创意和设计制作的能力。

（6）能够掌握准确理解数字人项目需求分析并撰写项目建设方案的能力。

（7）能够掌握数字人项目文档的撰写能力。

（8）能够具备阅读英文资料的能力。

四、课程设计

本课程的教学应认真探索以教师为主导，以学生为主体的教学思想的内涵和具体做法：采用"教、学、做"相结合的引探教学法，引导学生在"动手做"中学习理论；指导学生查阅有关的中英文技术资料，完成虚拟数字人的制作，写出实验报告。

课程内容的选择以培养学生的数字人的制作能力为核心,应特别注重反映最新数字人技术应用。教学过程的理论教学和实践应相互融合,协调进行,以期达到培养学生的工程技术应用能力的目标。注意把有关的英文技术名词、英文手册、英文技术资料等渗透到教学过程中。本课程的课程内容思维导图如下。

"数字人技术与应用"内容思维导图

五、教学内容安排

单元 (项目)	节(任务)	知识点	技能点	素质(思政) 内容与要求	学时	
					讲授	实践
1. 数字人概述	1.1 数字人定义 1.2 数字人发展历程 1.3 数字人应用领域与发展趋势 1.4 数字人制作准备工作 1.5 数字人制作技术 1.6 数字人后期处理技术	1. 数字人定义、发展历程 2. 数字人的应用领域,如游戏、影视、动漫、咨询等 3. 数字人技术的发展趋势 4. 数字人的概念设计和角色设定方法 5. 数字人的用途和应用场景 6. 制订数字人的制作计划的方法 7. 数字人制作流程和技术实现 8. 数字人后期处理技术	1. 描述数字人的发展历程及在游戏、影视等不用领域中的应用场景 2. 设定数字人的角色 3. 创建数字人的制作计划 4. 描述数字人的制作流程 5. 安装和配置数字人制作工具和后期处理工具	通过掌握数字人基本知识,训练学生快速接受新技术、新知识的能力	2	2
2. Unity驱动数字人	2.1 数字人素材准备 2.2 动画素材准备 2.3 资源导入Unity 2.4 动画绑定 2.5 效果检测	1. 网络资源数字人和动画素材的获取方式方法 2. 通过捏脸工具快速制作数字人素材资源 3. 数字人和动画资源导入Unity 3D的技巧和相关参数	1. 使用已有工具快速制作数字人素材 2. 将数字人和动画资源导入Unity中 3. 使用动画绑定驱动数字人,并检测实现效果	通过数字人动画绑定效果的实现,锻炼学生的项目实践能力和团队协作能力	2	2

228

"数字人技术与应用"课程标准

续表

单元 (项目)	节(任务)	知 识 点	技 能 点	素质(思政) 内容与要求	学时	
					讲授	实践
2. Unity 驱动数字人		4. 使用 Unity 3D 进行动画绑定和驱动数字人				
3. 动作捕捉技术	3.1 动作捕捉技术概述 3.2 动作捕捉设备分类 3.3 动作捕捉设备特点 3.4 动作捕捉设备应用领域 3.5 惯性式动作捕捉设备应用	1. 不同动作捕捉设备的区别 2. 机械式、光学式、惯性式、生物电式等不同动作捕捉设备的特点,包括精度、稳定性、实时性、可靠性、舒适性、兼容性和可扩展性等特点 3. 惯性式动作捕捉设备的佩戴技巧、计算机连接方式和最优校准技巧 4. 动作捕捉配套软件的常规操作方法	1. 正确取出和存储动作捕捉设备 2. 正确佩戴动作捕捉设备 3. 通过有线和无线方式将动作捕捉设备连接到计算机 4. 操作动作捕捉配套软件,将人体动作实时传输到软件展示 5. 通过校准捕捉衣达到最优的虚拟角色匹配状态	通过动作捕捉技能的学习,培养学生认真细致、一丝不苟的工作态度	2	2
4. 人体建模技术	4.1 动作捕捉文件 4.2 3D 角色建模 4.3 角色数据发送与角色化 4.4 骨骼系统优化 4.5 角色与骨骼系统匹配 4.6 骨骼系统驱动模型 4.7 导入动画到 3ds Max 4.8 关键帧调整与优化	1. 在 3ds Max 软件中利用 CS 骨骼绑定创建人体角色模型的方法 2. 利用动作捕捉软件将动作捕捉的数据发送至 MotionBuilder 的方法 3. 将 MotionBuilder 中动画数据传回到 3ds Max 的方法 4. 使用骨骼系统驱动 3D 角色模型的方法 5. 录制动画导入 3ds Max 软件关键操作	1. 配置动作捕捉配套软件,将角色数据发送至 MotionBuilder 2. 将角色转化成 MotionBuilder 能够识别的骨骼系统 3. 配置 3D 角色与骨骼系统的网络通信与匹配 4. 利用动作捕捉录制动画并实现动画导入 3ds Max 软件	通过人体建模技术的实现,培养学生科学严谨、标准规范的职业素养	4	4

229

续表

单元 (项目)	节(任务)	知 识 点	技 能 点	素质(思政) 内容与要求	学时 讲授	学时 实践
5. 面部表情建模	5.1 面部基础模型建立 5.2 面部拓扑结构调整 5.3 骨骼系统建立 5.4 皮肤绑定 5.5 形状关键帧建立 5.6 面部表情修正 5.7 表情渲染和动画制作	1. 利用 3ds Max 软件建立基础的面部模型的方法 2. 面部拓扑结构调整的技巧 3. 将面部表情模型与骨骼系统进行绑定的方法 4. 3ds Max 自带关键帧动画工具的常用操作 5. 面部表情模型的渲染和动画制作技巧	1. 使用基础网络或模板进行面部建模,包括头部、眼睛、鼻子、嘴巴等部位 2. 根据具体面部表情的需求,对面部网格的拓扑结构进行调整 3. 利用骨骼系统控制面部表情皮肤的变化 4. 根据需求,建立一系列形状关键帧来描述不同的面部表情状态 5. 在形状关键帧的基础上对面部表情进行微调,以便更好地展现面部表情 6. 根据已完成的面部表情模型进行渲染,最终生成面部表情动画	通过面部表情建模,培养学生做事细心,耐心的职业素养	4	4
6. 面部表情捕捉	6.1 面部表情模型导入游戏引擎 6.2 获取面部运动数据 6.3 转换面部特征和运动信息数据 6.4 面部运动数据导入游戏引擎 6.5 创建虚拟人物或角色模型 6.6 面部表情控制脚本 6.7 测试面部表情捕捉效果	1. 将 3ds Max 软件建立的面部表情模型导入到 Unity 3D 游戏引擎的技巧 2. TrueDepth 摄像头的特点与功能,以及实现面部轮廓、深度信息、表情变化等高精度面部运动数据采集的方法 3. ARKit 框架配置的方法,将面部运动数据传递到 Unity 3D 游戏引擎的方法	1. 使用 True Depth 摄像头获取面部运动和表情的信息 2. 使用 ARKit 框架配置网络通信,将获取到的面部运动数据传递给 Unity 3D 游戏引擎,并将面部特征点和运动信息数据转换为 Unity 3D 游戏引擎可用的数据格式	通过面部表情捕捉,培养学生对事物的观察能力和自主解决问题的能力	4	4

"数字人技术与应用"课程标准

续表

单元 (项目)	节(任务)	知 识 点	技 能 点	素质(思政) 内容与要求	学时	
					讲授	实践
6. 面部表情捕捉		4. 在 Unity 3D 引擎中创建虚拟人物或角色模型的技巧 5. 面部表情控制脚本的核心功能,将 Unity 3D 中的虚拟人物与现实中的面部运动和表情保持一致的方法	3. 在 Unity 3D 中创建虚拟人物或角色模型,并添加面部表情控制脚本 4. 编写面部表情控制脚本,根据接收到的面部运动数据,实时控制虚拟人物或角色的面部表情 5. 通过在游戏中进行面部表情测试和对比,来评估面部表情捕捉的效果和精度			
7. 数字人动画制作	7.1 数字人动画应用场景 7.2 数字人动画制作流程 7.3 角色设计和情感表达 7.4 动作设计和动态表现 7.5 环境设计和氛围营造 7.6 运动捕捉与面部动画合成	1. 数字人动画的应用领域,如游戏、虚拟现实、广告、宣传片、教育等 2. 数字人动画制作流程,包括角色设计、角色建模、骨骼绑定、动作制作、面部表情制作、环境搭建、特效制作和渲染输出等各环节的关键技术	1. 根据动画需求,设计角色的外形、服装、性格等方面的特征 2. 使用 3D 建模软件,将角色的外形、服装等细节建立出来,形成 3D 模型 3. 根据动画需求,建立场景和环境,包括建筑物、道路、自然景观等	通过数字人动画制作,培养学生项目实战能力、团队协作能力	4	4
8. 数字人后期处理	8.1 渲染和特效处理 8.2 后期合成和剪辑 8.3 色彩校正和调整 8.4 画面修复和增强 8.5 环境氛围和气氛营造	1. 常用的渲染算法,包括伽马校正、阴影映射、光线跟踪、辐射度计算等 2. 渲染参数调整技巧,包括渲染分辨率、采样率、反走样等	1. 操作渲染软件或平台,实现动画高质量渲染输出 2. 选择合适的材质和贴图,并且进行精细调整,以呈现出真实的材质效果	通过数字人后期处理项目的实现,锻炼学生综合项目实训能力、团队协作能力、创新能力	4	4

续表

单元 (项目)	节(任务)	知 识 点	技 能 点	素质(思政) 内容与要求	学时 讲授	学时 实践
8. 数字人后期处理		3. 合成软件(如Nuke、After Effects、Fusion等)的操作技巧,能够运用各种合成技术,达到满意的效果 4. 深度合成技术,以确保合成的3D元素有逼真的深度感 5. 色彩合成技术和特效制作技术	3. 使用特效制作软件,为动画中的角色和场景添加各种特效,如爆炸、火焰、烟雾等 4. 将制作完成的动画进行渲染和输出,生成最终的数字人动画作品			
9. Meta-Human数字人快速写实	9.1 注册 MetaHuman 账号 9.2 人物模型捏脸 9.3 人物模型混合脸 9.4 人物模型装饰 9.5 面部动画 9.6 模型渲染与导出	1. Unreal Engine 5 中 MetaHuman 插件的基本操作 2. 人物模型的混合制作 3. 数字人物模型的渲染与导出技巧,以及在 UE 中的使用方法	1. 注册 MetaHuman 账号并下载和启动插件 2. 根据自己喜好,选择官方预设模型并通过捏脸、混合等方式制作数字人模型 3. 根据数字人需要配置相应配饰 4. 使用软件工具实现数字人模型的渲染与导出	通过数字人快速写实的训练,培养学生团队协作、实践操作能力	2	2
10. 数字人直播场景应用	10.1 搭建直播场景 10.2 数字人模型导入 Unreal Engine 10.3 骨骼绑定与人物动态 10.4 人物模型融入直播场景 10.5 面部表情捕捉与绑定 10.6 直播效果检测	1. 利用 3ds Max 软件搭建直播场景的方法 2. 数字人的模型姿态与不同直播场景之间的协调 3. 面部数据的采集,数字人表情与实际面部一致	1. 根据不同需求搭建多种直播场景 2. 将数字人模型和直播场景导入 Unreal Engine 3. 利用骨骼绑定实现数字人模型动态 4. 利用 mixmo 工具实现数字人的姿态调整 5. 使用 Live Link 插件将面部数据传递给 Unreal Engine 引擎,实现与数字人面部表情同步	通过数字人直播场景应用,训练学生自主发现问题、解决问题的能力	4	4
合计:64 学时					32	32

六、实施建议

（一）教学团队

本课程团队应具有相对稳定的高水平教学研究和实践能力，团队成员职称、学历、年龄等结构合理，成员中一般应配备不少于一名"双师型"教师，项目类课程建议增配不少于一名实验师。建议课程负责人一般应由具有中、高级专业技术职务、教学经验丰富、教学特色鲜明的教师担任。

专任教师应具有高校教师资格，信息类专业本科以上学历，建议具有数字人技术与应用开发工作经历或双师资格。兼职教师应具有信息类专业本科以上学历，两年以上企业行业相关经历，具有数字人技术与应用开发工作经历并能应用于教学。

（二）教学设施

（1）计算机硬件：高性能计算机机房一间、动作捕捉设备和配套软件1套、iPhoneX及以上1台。

（2）计算机软件：3ds Max 2020、Unity 2021、Unreal Engine 5.0、VS Code 2022集成开发环境。

（3）操作系统：Windows 10 操作系统。

（4）教辅设备：投影仪、多媒体教学设备等。

（三）教学方法与手段

（1）以学生为中心的项目驱动、过程驱动式教学方法的探索与应用。

（2）依托信息化技术开展翻转课堂、混合式教学探索与设计。

（3）熟练运用 AI、VR、AR、MR 等现代信息技术教学手段进行课程教学。

（四）教学资源

1. 推荐教材

暂无。

2. 资源开发与利用

资源类型	资源名称	数 量	基本要求及说明
教学资源	教学课件/个	≥10	每个教学单元配备1个及以上教学课件
	教学教案/个	≥1	每个课程配备1个及以上教案
	微视频/(个/分钟)	数量≥32个 时长≥256分钟	每个学分配备8个及以上教学视频、教学动画等微视频
	习题库/道	≥160	每个教学单元配备习题，每个学分配备的习题不少于40道，其中，开放式/非标准答案测验题、案例题等综合应用题不少于20%。每个习题均要提供答案及解析

（五）教学评价

1. 教学评价思路

本课程的考核采用形成性考核方式，期末采用大作业考核方式，具体考核方式采用由过程性考核、总结性考核、奖励性评价三部分构成的评价模式。

2. 评价内容与标准

教学评价说明

考核方式	过程性考核（60分）				总结性考核（40分）	奖励性评价（10分）
	平时考勤	平时作业	阶段测试	线上学习	期末考试（闭卷）	大赛获奖、考取证书等
分值设定	10	20	10	20	40	1～10
评价主体	教师	教师	教师	教师、学生	教师	教师
评价方式	线上、线下结合	线上	随堂测试	线上	线下闭卷笔试	线下

课程评分标准

考核方式	考核项目	评分标准（含分值）
过程性考核	平时考勤	全勤10分，迟到早退1次扣0.3分，旷课1次扣1分
	平时作业	作业不少于15次，作业一般为操作类作业、编程类作业和报告类作业，操作类作业不少于10次。作业全批全改，每次作业按百分制计分，最后统计出平均分
	阶段测试	闭卷，随堂测试，线上考试，满分100分，题型包括单选题（50分）、判断题（20分）、填空题（20分）、简答题（10分）
	线上学习	考核数据从本课程学习网站平台上导出，主要是相关知识点的学习数据，完成全部知识点的学习，得10分
总结性考核	闭卷笔试	闭卷，线下考试，满分100分，题型单选题，多选，判断，考试时间120分钟
奖励性评价	大赛获奖	与课程相关的数字人设计类奖项，一类赛项一等奖10分、二等奖7分，二类赛项一等奖7分、二等奖4分；每人增值性评价总分不超过10分
	职业资格证书获取	与课程相关的职业资格证书获取，一项5分，每人增值性评价总分不超过10分

"AR/MR 应用开发"课程标准

KCBZ-××××-××××（KCBZ-课程代码-版本号）

石卉　黄颖翠　刘佳　滕艺丹　周亚东　张玉平

一、课程概要

课程名称	中文：AR/MR 应用开发 英文：AR/MR Application Development		课程代码	××××	
课程学分	4	课程学时	共 64 学时，理论 26 学时，实践 38 学时		
课程类别		□基础课程　□核心课程　☑拓展课程			
课程性质	□必修　☑选修		适用专业	虚拟现实技术应用	
先修课程	虚拟现实引擎技术、增强现实引擎技术		后续课程	虚拟现实综合项目开发	
开设学期	第一学期	第二学期	第三学期	第四学期	第五学期	第六学期
				✓		

二、课程定位

本课程是虚拟现实技术应用专业的专业拓展课程，培养学生热爱祖国，拥护中国共产党的领导，树立科学的世界观、人生观和价值观；培养学生认真细致、一丝不苟、团队合作的职业素养。同时要求学生掌握虚拟现实项目开发的基本概念、AR/MR 开发工具、Vuforia 插件的使用及不同平台发布项目的注意事项，了解虚拟现实典型应用案例中的各个功能模块编程实现的过程，结合上机实验，掌握虚拟现实的项目开发技术。

[作者简介]　石卉，江西泰豪动漫职业学院；黄颖翠，江西泰豪动漫职业学院；刘佳，西安科技大学；滕艺丹，深圳职业技术大学；周亚东，杭州电子科技大学信息工程学院；张玉平，江西应用技术职业学院。

三、教学目标

(一) 素质(思政)目标

(1) 培养学生热爱祖国、热爱人民、拥护中国共产党的领导、拥有高尚的爱国情操、树立强烈的民族自豪感。
(2) 培养学生敬业、乐业、勤业精神。
(3) 培养学生独立思考、自主创新的意识。
(4) 培养学生认真细致、一丝不苟的工作态度。
(5) 培养学生科学严谨、标准规范的职业素养。
(6) 培养学生团队协作、表达沟通能力。
(7) 培养学生信息检索与综合运用能力。

(二) 知识目标

(1) 掌握 Vuforia 各参数的配置方法,了解 Vuforia 的功能。
(2) 掌握 ARCore 的基础功能,了解使用 ARCore 进行人脸检测的方法。
(3) 掌握 AR Foundation 的插件导入方法,环境配置方法。
(4) 掌握 Raycast 的射线检测原理。
(5) 掌握微信小程序后台配置和管理技能,包括如何配置小程序的基本信息等。
(6) 掌握前端开发技能,用于实现微信小程序的界面设计和布局。
(7) 掌握 PICO Unity Integration SDK 开发环境。
(8) 掌握 RhinoXMR SDK 开发环境的设置和导出包文件 apk 的方法。
(9) 掌握获取手柄和头戴设备相关按键输入的方法。
(10) 掌握实现混合现实捕捉的方法。
(11) 掌握新建项目和初始化 AR 场景基本操作。
(12) 掌握安装支持模块并通过 Visual Studio 发布程序到 Hololens 设备上进行使用。
(13) 掌握 Unity 基本类库结构,熟悉 Unity 脚本常用的系统函数。
(14) 了解 Unity 工程开发文档的撰写方法。

(三) 能力目标

(1) 掌握 Vuforia 注册、下载和安装方式以及进行图片识别的能力。
(2) 掌握 EasyAR CRS 云识别服务的基本使用方法的使用能力。
(3) 使用 Unity 软件,具备 Unity 资源和 SDK 文件的导入能力。
(4) 使用 Unity 软件,具备 AR Foundation 开发与虚拟形象合影的制作能力。
(5) 进行地面虚拟的定位,能够实现手柄抓取虚拟物体的编程能力。
(6) 进行新建项目和初始化 AR 场景基本操作的能力。
(7) 使用 C♯ 语言,具备键盘鼠标、头盔手柄等虚拟交互功能开发的能力。
(8) 具备阅读英文资料的能力。

四、课程设计

　　本课程的教学应认真探索以教师为主导,以学生为主体的教学思想的内涵和具体做法:采用"教、学、做"相结合的引探教学法,引导学生在"动手做"中学习理论;指导学生查阅有关的中英文技术资料,完成虚拟现实项目的制作,写出实验报告。

　　课程内容的选择以培养学生的虚拟现实项目开发能力为核心,应特别注重反映最新虚拟现实技术的应用。教学过程的理论教学和实践应相互融合,协调进行,以期达到培养学生的工程技术应用能力的目标。本课程的课程内容思维导图如下。

"AR/MR 应用开发"内容思维导图

五、教学内容安排

单元 (项目)	节(任务)	知 识 点	技 能 点	素质(思政) 内容与要求	学时	
					讲授	实践
1. 基于 Vuforia 的 AR 书籍开发项目	1.1 Vuforia 注册与配置 1.2 Vuforia 的参数介绍 1.3 开发环境搭建与配置 1.4 图片库的生成与下载 1.5 素材与 UI 的 AR 交互 1.6 AR 场景跳转	1. Vuforia 的简要知识点 2. Vuforia 的注册、下载和安装方式 3. 在 Unity 编辑器中正确配置 Vuforia 各参数的方法 4. Vuforia 的各种功能 5. 项目要实现的最终效果 6. 设置 Unity 环境的方法 7. Vuforia 对图片识别功能的实现方法 8. 3D 模型格式 9. UI 设计流程 10. 按钮脚本事件 11. 场景跳转及参数传递的方法	1. 安装不同版本的 Unity 软件 2. 创建不同类型的 Unity 项目 3. 创建基本的对象类型 4. 使用 Unity 基本操作 5. 实现最终效果 6. 设置 Unity 环境 7. 处理 Vuforia 图片 8. 在 Unity 中导入 3D 模型资源 9. 在 Canvas 中设置 UI 排列和锚点 10. 利用 C♯脚本编写按钮的点击事件 11. 编写场景的跳转脚本	通过学习项目案例,提升学生动手能力和实际应用能力	6	6

续表

单元 (项目)	节(任务)	知识点	技能点	素质(思政) 内容与要求	学时 讲授	学时 实践
2. 基于ARCore的京剧变脸项目开发	2.1 ARCore 的配置及概述 2.2 人脸检测跟踪的原理与分析 2.3 京剧脸谱变脸的人脸姿态与网络跟踪	1. ARCore 定义 2. ARCore 的基础功能 3. 人脸检测跟踪的原理 4. 使用 ARCore 进行人脸检测的方法 5. 人脸姿态与网格跟踪的脚本编写方法	1. 配置 ARCore 的环境 2. 使用 ARCore 的基础功能,包括运动跟踪、环境理解、光照估计等 3. 使用 ARCore 的人脸检测跟踪功能 4. 利用 ARCore 开发京剧变脸国粹项目	通过京剧变脸项目的开发,增强同学们对中国非物质文化遗产的熟悉和了解,增强学生的民族自豪感	4	4
3. 基于AR Foundation 的虚拟形象合影项目开发	3.1 AR Foundation 体系架构功能与概述 3.2 平面检测与锚点管理 3.3 模型位置设置与 AR 触发 3.4 射线检测与交互	1. AR Foundation 的主要功能以及架构体系 2. AR Foundation 的插件导入方法,环境配置方法 3. ray cast 的射线检测原理 4. AR 动画系统的操作方法	1. 配置 AR Foundation 的环境 2. 搭建软件开发的基本框架 3. 管理平面检测 4. 利用 AR Foundation 进行多平台开发 5. 利用 AR Foundation 开发与虚拟形象合影的项目 6. 依据 ray cast 进行手指射线检测,并将平面可视化	通过虚拟形象合影项目的开发,提升学生自主创新能力	3	5
4. Easy-AR CRS 微信小程序开发	4.1 云识别服务与图像识别技术概述 4.2 微信小程序开发平台与 API 接口概述 4.3 前端 AR 扫描界面设计与功能实现 4.4 微信小程序后台配置与管理 4.5 前后端的接口通信测试	1. EasyAR CRS 云识别服务的基本原理和使用方法,包括如何创建应用、上传识别图像、获取识别结果等 2. 图像识别技术的基本原理和应用方法,包括如何使用 EasyAR CRS 云识别服务实现图像识别功能	1. 使用 EasyAR CRS 云识别服务创建应用、上传识别图像、获取识别结果等 2. 使用 EasyAR CRS 提供的 API 接口,实现微信小程序中的图像识别功能	通过小程序的开发,锻炼学生团队协作能力、创新能力	3	5

"AR/MR 应用开发"课程标准

续表

单元（项目）	节（任务）	知识点	技能点	素质（思政）内容与要求	学时 讲授	学时 实践
4. Easy-AR CRS 微信小程序开发		3. 微信小程序的开发规范和相关要求，包括如何注册小程序账号、创建小程序项目、配置基本信息、调用 API 接口等 4. JavaScript 编程语言的基础知识，包括变量、数据类型、函数、条件语句、循环语句、数组、对象等 5. 前端开发技能，包括 HTML、CSS 等相关技术，用于实现微信小程序的界面设计和布局 6. 微信小程序的后台配置和管理技能，包括如何配置小程序的基本信息、设置接口权限、调试接口等	3. 在微信小程序开发者工具中创建项目，导入 Demo 源码并进行修改 4. 使用 JavaScript 编程语言实现微信小程序的业务逻辑，包括页面交互、数据处理等 5. 使用前端开发技能实现微信小程序的界面设计和布局 6. 在微信小程序后台配置基本信息，设置接口权限，调试接口等 7. 调试、测试和发布微信小程序			
5. 基于 Hololens 的 AR 项目开发	5.1 开发环境配置 5.2 初始化 AR 场景 5.3 手势识别与三维物体交互 5.4 手柄的交互实现 5.5 语言控制	1. 开发环境、工具、游戏玩法、发布平台 2. 新建项目和初始化 AR 场景基本操作 3. 物体标记 4. 手势识别和事件响应 5. 语音控制 6. 记分功能 7. 编辑器环境下模拟器使用方法 8. 将程序部署到 Hololens 的方法	1. 使用混合现实功能工具导入所需的依赖项和 MRTK3 包并做配置 Open-XR 相关设置 2. 使用 Object Manipulator、BoundsControl 操控 3D 物体 3. 使用空中点击、凝视、手势交互进行交互控制 4. 使用模拟器进行测试	培养学生科学严谨、标准规范的职业素养	3	5

239

续表

单元 (项目)	节(任务)	知 识 点	技 能 点	素质(思政) 内容与要求	学时 讲授	学时 实践
5. 基于 Hololens 的 AR 项目开发			5. 安装支持模块并通过 Visual Studio 发布程序到 Hololens 设备上进行使用			
6. 基于燧光 Rhino XMR 的发动机拆装项目开发	6.1 Rhino XMR 设备认识与配置 6.2 环境配置与 SDK 导入 6.3 SDK 常见功能及组件 6.4 三维模型与动画控制 6.5 UI 展示与交互	1. Rhino XMR 设备的安装和启动、操作方法 2. 使用 ARCamera 配置头显的方法及相关参数 3. 虚拟地面 GroundPlane 定位虚拟场景的方法 4. RxController 控制器和相关参数 5. Touchable 触摸组件、Grabable 抓取组件、Throwable 抛出组件等常用组件 6. 操作场景物体的方法和场景设计的技巧 7. UI 按钮一键拆装、功能详解、顺序拆解功能实现的方法	1. 配置 Rhino XMR SDK 开发环境 2. 掌握 Rhino XMR 的官方示例场景 3. 使用 Rhino XMR 常用的功能组件 4. 分析和设计发动机拆装项目案例功能 5. 调整场景物体与灯光设计，构建 MR 场景 6. 实现 UI 与 MR 手柄射线交互功能 7. 实现 3D 物体与 MR 手柄射线交互功能 8. 导出 apk 包及设备测试	注重培养学生正确的价值观，引导学生了解和思考交互设备的常用思维，鼓励学生提出新的创意和想法，展示自己的创新成果，激发学生的创新潜能	4	8
7. 基于 PICO 4 MR 的家具展示项目开发	7.1 UnityIntegration SDK 下载与环境设置 7.2 PICO 4 的常用功能与组件 7.3 资源导入及场景搭建 7.4 彩色透视功能设置 7.5 模型的射线交互 7.6 模型的触摸交互	1. PICO UnityIntegrationSDK 开发环境的设置方法 2. 获取手柄和头戴设备相关按键输入的方法 3. Unity 场景中物体生成的方法 4. PICO 4 设备射线交互的实现方法 5. PICO 4 触摸虚拟物体的实现方法 6. PICO 4 的射线、触摸、移动交互的实现方法	1. 配置 Unity 的 Android 开发环境与 PICO 4 基础 XR 环境 2. 使用透视功能 3. 调用系统键盘 4. 实现混合现实捕捉 5. 实现虚拟场景家具生成与交互功能	通过对手柄和头盔等设备的使用，锻炼学生接触新事物的能力，开拓学生视野	3	5
		合计：64 学时			26	38

六、实施建议

（一）教学团队

本课程团队应具有相对稳定的高水平教学研究和实践能力,团队成员职称、学历、年龄等结构合理,成员中一般应配备不少于一名"双师型"教师,项目类课程建议增配不少于一名实验师。建议课程负责人一般应由具有中、高级专业技术职务、教学经验丰富、教学特色鲜明的教师担任。

专任教师应具有高校教师资格,信息类专业本科以上学历,建议具有 AR/MR 应用开发工作经历或双师资格。兼职教师应具有信息类专业本科以上学历,两年以上企业行业相关经历,具有 AR/MR 应用开发工作经历并能应用于教学。

（二）教学设施

（1）计算机硬件:高性能计算机机房一间。
（2）计算机软件:Unity 2021 或以上版版本、Visual Studio 2019 集成开发环境。
（3）操作系统:Windows 10 操作系统。
（4）教辅设备:投影仪、多媒体教学设备等。

（三）教学方法与手段

（1）以学生为中心的项目驱动、过程驱动式教学方法的探索与应用。
（2）依托信息化技术开展翻转课堂、混合式教学探索与设计。
（3）熟练运用 AI、VR、AR、MR 等现代信息技术教学手段进行课程教学。

（四）教学资源

1. 推荐教材

石卉. VR/AR 应用开发(Unity 3D)[M]. 北京:清华大学出版社,2022.

2. 资源开发与利用

资源类型	资源名称	数量	基本要求及说明
教学资源	教学课件/个	≥7	每个单元配备 1 个及以上教学课件
	教学教案/个	≥1	每个课程配备 1 个及以上教案
	微视频/(个/分钟)	数量≥32 个 时长≥256 分钟	每个学分配备 8 个及以上教学视频、教学动画等微视频
	习题库/道	≥160	每个教学单元配备习题,每个学分配备的习题不少于 40 道,其中,开放式/非标准答案测验题、案例题等综合应用题不少于 20%。每个习题均要提供答案及解析

（五）教学评价

1. 教学评价思路

本课程的考核采用形成性考核方式,期末采用笔试考核方式,具体考核方式采用由过程性考核、总结性考核、奖励性评价三部分构成的评价模式。

2. 评价内容与标准

教学评价说明

考核方式	过程性考核（60 分）				总结性考核（40 分）	奖励性评价（10 分）
	平时考勤	平时作业	阶段测试	线上学习	期末考试（闭卷）	大赛获奖、考取证书等
分值设定	10	20	10	20	40	1～10
评价主体	教师	教师	教师	教师、学生	教师	教师
评价方式	线上、线下结合	线上	随堂测试	线上	线下闭卷笔试	线下

课程评分标准

考核方式	考核项目	评分标准（含分值）
过程性考核	平时考勤	全勤 10 分，迟到早退 1 次扣 0.3 分，旷课 1 次扣 1 分
	平时作业	作业不少于 15 次，作业一般为操作类作业、编程类作业和报告类作业，操作类作业不少于 10 次。作业全批全改，每次作业按百分制计分，最后统计出平均分
	阶段测试	闭卷，随堂测试，线上考试，满分 100 分，题型包括单选题（50 分）、判断题（20 分）、填空题（20 分）、简答题（10 分）
	线上学习	考核数据从本课程学习网站平台上导出，主要是相关知识点的学习数据，完成全部知识点的学习，得 10 分
总结性考核	闭卷笔试	闭卷，线下考试，满分 100 分，题型包括单选题、多选题、判断题，考试时间 120 分钟
奖励性评价	大赛获奖	与课程相关的虚拟现实产品设计与开发奖项，一类赛项一等奖 10 分、二等奖 7 分，二类赛项一等奖 7 分、二等奖 4 分；每人增值性评价总分不超过 10 分
	职业资格证书获取	与课程相关的职业资格证书获取，一项 5 分，每人增值性评价总分不超过 10 分

"XR应用开发实践"课程标准

KCBZ-XXXX-XXXX（KCBZ-课程代码-版本号）

刘龙　匡红梅　程琪　崔芳　张佳宁

一、课程概要

课程名称	中文：XR应用开发实践 英文：XR Application Development Practice		课程代码	××××	
课程学分	2	课程学时	共32学时，理论12学时，实践20学时		
课程类别			□基础课程　□核心课程　☑拓展课程		
课程性质	□必修　☑选修		适用专业	虚拟现实技术应用	
先修课程	虚拟现实游戏开发、全景应用开发实训		后续课程	毕业设计、顶岗实习	
开设学期	第一学期	第二学期	第三学期	第四学期	第五学期	第六学期
					√	

二、课程定位

本课程是虚拟现实技术应用专业的专业拓展课程，培养学生热爱祖国，拥护中国共产党的领导，树立科学的世界观、人生观和价值观；培养学生认真细致、一丝不苟、团队合作的职业素养。同时要求学生掌握XR项目开发的基本概念、XR开发工具、GSXR Unity XR Plugin、XR Interaction Toolkit、GSXR Interaction SDK等插件的使用及不同平台发布项目的注意事项，了解XR典型应用案例中的各个功能模块编程实现的过程，结合上机实验，掌握XR项目开发技术。

三、教学目标

（一）素质（思政）目标

（1）培养学生热爱祖国，热爱人民，拥护中国共产党的领导，拥有高尚的爱国情操，树立强烈的民族自豪感。

［作者简介］　刘龙，北京印刷学院；匡红梅，首钢工学院；程琪，首钢技师学院；崔芳，中国移动通信集团终端有限公司；张佳宁，苏州端云创新科技有限公司。

（2）培养学生敬业、乐业、勤业精神。
（3）培养学生独立思考、自主创新的意识。
（4）培养学生认真细致、一丝不苟的工作态度。
（5）培养学生科学严谨、标准规范的职业素养。
（6）培养学生团队协作、表达沟通能力。
（7）培养学生信息检索与综合运用能力。

（二）知识目标

（1）熟悉 GSXR 互通设备规范、XR 设备标准 API 接口定义和功能。
（2）掌握 XR Interaction Toolkit 的插件导入方法及环境配置方法。
（3）掌握 GSXR Unity XR Plugin 开发环境的配置方法。
（4）掌握 XR 应用中与对象交互的方法。
（5）掌握 XR 应用导出包文件 apk 的方法。
（6）熟悉 GSXR Interaction SDK 的基本功能、GSXR 的手势控制方法。
（7）掌握安装支持模块并通过 Visual Studio 发布程序到 XR 设备上进行使用。
（8）了解 Unity 工程开发文档的撰写方法。

（三）能力目标

（1）能够掌握 GSXR 互通设备规范，具备调用 XR 设备标准 API 接口与功能的能力。
（2）能够掌握 XR Interaction Toolkit 基本功能，具备 XR 开发环境配置的能力。
（3）能够使用 Unity 软件，具备 Unity 资源导入和项目应用 apk 文件导出的能力。
（4）能够使用 Unity 软件，具备 GSXR Unity XR Plugin 插件导入和环境配置的能力。
（5）能够掌握 GSXR Interaction SDK 基本功能，能够实现通过手势与虚拟物体交互的编程能力。
（6）能够新建项目和初始化 XR 场景基本操作的能力。
（7）能够使用 C#语言，具备键盘鼠标、头盔手柄等虚拟交互功能开发的能力。
（8）能够具备阅读英文资料的能力。

四、课程设计

本课程的教学应认真探索以教师为主导，以学生为主体的教学思想的内涵和具体做法：采用"教、学、做"相结合的引探教学法，引导学生在"动手做"中学习理论；指导学生查阅有关的中英文技术资料，完成 XR 应用项目的制作，写出实验报告。

课程内容的选择以培养学生的 XR 应用项目开发能力为核心，课程内容应特别注重反映最新 XR 技术的应用。教学过程的理论教学和实践应相互融合，协调进行，以期达到培养学生的工程技术应用能力的目标。本课程的课程内容思维导图如下。

"XR 应用开发实践"内容思维导图

"XR应用开发实践"课程标准

五、教学内容安排

单元 (项目)	节(任务)	知 识 点	技 能 点	素质(思政) 内容与要求	学时	
					讲授	实践
1. 基于Unity和GSXR搭建XR应用框架	1.1 GSXR 概述 1.2 GSXR 插件下载与配置 1.3 GSXR Samples 的构建 1.4 XR 应用编译打包、安装和调试	1. 初步认识和了解 GSXR 2. GSXR Unity XR Plugin 下载、导入及配置方法 3. 在 Unity 编辑器中正确配置 GSXR Samples 各参数的方法 4. XR 应用的编译打包、安装和调试方法	1. 安装不同版本的 Unity 软件及创建不同类型 Unity 项目 2. 使用 Unity 基本操作及创建基本的对象类型 3. 配置 GSXR Unity XR Plugin 各项参数 4. 使用 Unity 和 GSXR 编译打包 apk 文件并调试应用	通过框架的搭建,提升学生的动手能力和实际应用能力	2	2
2. 实现GSXR项目中对象交互	2.1 了解 GSXR 设备 2.2 了解 GSXR 控制器 2.3 体验移动导航 2.4 实现与对象交互 2.5 输出 GSXR 应用与调试	1. NoloVR Sonic2 设备基本参数 2. NoloVR Sonic2 手柄的按键作用 3. GSXR 场景中移动导航功能设置方法 4. GSXR 场景中实现游戏对象拾取、UI 界面交互等的方法 5. GSXR 场景编译和导出包文件 apk 的方法	1. 安装并启动 apk NoloVR Sonic2 设备 2. 使用 NoloVR Sonic2 设备的手柄 3. 设置 GSXR 场景中移动导航功能 4. 实现 GSXR 场景中游戏对象拾取、UI 界面交互 5. 成功导出 apk 文件包	1. 通过交互设备的认识,提升学生对设备的实际操作能力 2. 通过 NoloVR Sonic2 设备中导航系统的应用实践,让学生对导航系统的应用更加清晰,增加学生自主创新的能力	2	2
3. GSXR 手势交互认识	3.1 开启手势交互功能 3.2 手势交互方法 3.3 打包及安装 GSXR 手势应用 3.4 探索 GSXR 手势	1. NoloVR Sonic2 设备手势交互功能 2. 手势交互常用方法 3. GSXR 手势应用打包及安装方法 4. GSXR 中手势抓取物体的方法	1. 成功在 NoloVR Sonic2 设备上开启手势交互功能 2. 打包及安装 GSXR 手势应用 3. 实现手势抓取虚拟物体的功能 4. 实现手势滑动切换的功能	通过手势交互能力的实践,锻炼学生综合项目操作能力和团队协作能力	2	2

245

续表

单元 (项目)	节(任务)	知识点	技能点	素质(思政) 内容与要求	学时 讲授	学时 实践
3. GSXR 手势交 互认识		5. GSXR 中手势滑动切换的方法 6. GSXR 中 3D UI 交互的方法 7. GSXR 中手势判断的方法 8. GSXR 中手势触摸交互的方法 9. GSXR 中手势 UI 射线检测的方法	5. 实现手势触摸虚拟物体的功能 6. 实现手势与 3D UI 交互的功能 7. 通过手势判断实现与虚拟物体的交互			
4. GSXR 工程应 用案例 ——元 宇宙视 频播 放器	4.1 元宇宙视频播放器项目介绍 4.2 元宇宙视频播放器项目插件介绍 4.3 元宇宙视频播放器项目开发准备 4.4 元宇宙视频播放器项目搭建场景 4.5 元宇宙视频播放器项目逻辑设计与交互设计 4.6 元宇宙视频播放器项目构建调试	1. 创建 Unity XR 项目和配置 GSXR Unity XR SDK 开发环境的方法 2. 导入 Unity 第三方插件和导入 Unity 资源的方法 3. 编写代码实现资源文件协议的读、写等方法 4. 操作 Unity Scene 场景物体的方法，了解场景设计的技巧 5. Unity 中不同交互界面创建方法及切换交互的实现方法 6. Unity 中视频播放功能实现的方法 7. UI 元素与 XR 射线交互的实现方法 8. 视频模式检测、加载对应模式视频播放器、播控视频功能的实现方法	1. 创建 Unity 项目并配置开发环境 2. 导入第三方插件辅助 Unity 开发，导入 Unity 资源文件 3. 编写代码实现资源文件协议的读、写 4. 调整场景中的物体，构建出 XR 场景 5. 创建 Unity 中各类 UI 界面 6. 实现界面切换程序的功能 7. 实现 Unity 中播放视频的功能 8. 实现 UI 元素与手柄射线的交互 9. 实现视频模式检测的交互 10. 实现加载对应视频播放器的交互 11. 实现播控视频功能的交互 12. 实现返回、退出等功能的交互 13. 导出 apk 包并进行测试	通过元宇宙视频播放器项目的实训，提升学生接受新技术的能力能力	2	4

续表

单元 （项目）	节（任务）	知 识 点	技 能 点	素质（思政） 内容与要求	学时	
					讲授	实践
5. GSXR工程应用案例——虚拟化学实验室	5.1 虚拟化学实验室项目介绍 5.2 虚拟化学实验室项目开发准备 5.3 虚拟化学实验室项目搭建场景 5.4 虚拟化学实验室项目构建调试 5.5 虚拟化学实验室项目运行	1. Unity中不同交互界面创建方法及切换交互的实现方法 2. XR项目中可交互物体设置的方法 3. XR项目中手势抓握效果设置的方法 4. XR项目中还原功能的实现方法 5. GSXR设备上手势功能配置方法 6. XR项目的导出及测试方法	1. 创建Unity中各类UI界面 2. 实现界面切换程序的功能 3. 实现XR项目中可交互物体的功能设置 4. 实现XR项目中手的抓取交互 5. 实现还原功能的交互 6. 配置GSXR设备上的手势功能 7. 导出apk包并进行测试	通过虚拟化学实验室项目的实训，提升学生接受新技术、新方法的能力	2	4
6. GSXR工程应用案例——火把节民俗VR体验——Torch Festival	6.1 火把节民俗VR体验项目介绍 6.2 火把节民俗VR体验项目开发准备 6.3 火把节民俗VR体验项目场景搭建 6.4 火把节民俗VR体验项目粒子设计与动画设计 6.5 火把节民俗VR体验项目交互设计	1. 导入XR Interaction Toolkit插件包和配置XR Preset预设 2. 操作Unity Scene场景物体的方法，了解场景设计的技巧 3. Unity中不同交互界面创建方法及切换交互的实现方法 4. Unity中第一人称玩家创建的方法 5. UI元素与XR射线交互的实现方法 6. 粒子特效的设计实现方法 7. 昆虫动画的设计实现方法 8. XR项目中添加交互组件的方法 9. 编写代码实现XR项目中各模块交互功能的方法	1. 导入第三方插件辅助Unity开发，配置XR Preset预设 2. 调整场景中的物体，构建出XR场景 3. 创建Unity中各类UI界面 4. 实现界面切换程序的功能 5. XR项目中创建第一人称玩家 6. 实现UI元素与手柄射线的交互 7. 实现火把粒子特效、碰撞粒子特效 8. 实现昆虫动画录制和绑定 9. 为XR项目中物体添加交互组件 10. 编写代码实现XR项目中祭火模块相关功能	通过火把节民俗VR体验项目的实训，提升学生综合运用新设备、新技术、新方法的能力	2	6

247

续表

单元（项目）	节（任务）	知识点	技能点	素质（思政）内容与要求	学时	
					讲授	实践
6.GSXR工程应用案例——火把节民俗VR体验——Torch Festival			11.编写代码实现XR项目中传火模块相关功能 12.编写代码实现XR项目中送火模块相关功能 13.实现XR项目中UI点击事件的功能绑定 14.导出apk包并进行测试			
合计：32学时					12	20

六、实施建议

（一）教学团队

本课程团队应具有相对稳定的高水平教学研究和实践能力，团队成员职称、学历、年龄等结构合理，成员中一般应配备不少于一名"双师型"教师，项目类课程建议增配不少于一名实验师。建议课程负责人一般应由具有中、高级专业技术职务、教学经验丰富、教学特色鲜明的教师担任。

专任教师应具有高校教师资格，信息类专业本科以上学历，建议具有 XR 应用开发实践工作经历或双师资格。兼职教师应具有信息类专业本科以上学历，两年以上企业行业相关经历，具有 XR 应用开发实践工作经历并能应用于教学。

（二）教学设施

（1）计算机硬件：高性能计算机机房一间。
（2）计算机软件：Unity 2021 版、VS 2019 集成开发环境。
（3）操作系统：Windows 10 操作系统。
（4）教辅设备：投影仪、多媒体教学设备等。

（三）教学方法与手段

（1）以学生为中心的项目驱动、过程驱动式教学方法的探索与应用。
（2）依托信息化技术开展翻转课堂、混合式教学探索与设计。
（3）熟练运用 AI、VR、AR、MR、XR 等现代信息技术教学手段进行课程教学。

（四）教学资源

1. 推荐教材

暂无。

2. 资源开发与利用

资源类型	资源名称	数量	基本要求及说明
教学资源	教学课件/个	≥6	每个单元配备1个及以上教学课件
	教学教案/个	≥1	每个课程配备1个及以上教案
	微视频/(个/分钟)	数量≥12个 时长≥90分钟	每个学分配备6个及以上教学视频、教学动画等微视频
	习题库/道	≥60	每个教学单元配备习题,每个学分配备的习题不少于30道,其中,开放式/非标准答案测验题、案例题等综合应用题不少于20%。每个习题均要提供答案及解析

（五）教学评价

1. 教学评价思路

本课程的考核采用形成性考核方式,期末采用笔试考核方式,具体考核方式采用由过程性考核、总结性考核、奖励性评价三部分构成的评价模式。

2. 评价内容与标准

教学评价说明

考核方式	过程性考核 （60分）				总结性考核 （40分）	奖励性评价 （10分）
	平时考勤	平时作业	阶段测试	线上学习	期末考试 （闭卷）	大赛获奖、 考取证书等
分值设定	8	20	12	20	40	1～10
评价主体	教师	教师	教师	教师、学生	教师	教师
评价方式	线上、线下结合	线上	随堂测试	线上	线下闭卷笔试	线下

课程评分标准

考核方式	考核项目	评分标准(含分值)
过程性考核	平时考勤	全勤8分,迟到早退1次扣0.3分,旷课1次扣1分
	平时作业	作业不少于6次,作业一般为操作类作业、编程类作业和报告类作业,操作类作业不少于4次。作业全批全改,每次作业按百分制计分,最后统计出平均分
	阶段测试	闭卷,随堂测试,线上考试,满分100分,题型包括单选题(50分)、判断题(20分)、填空题(20分)、简答题(10分)
	线上学习	考核数据从本课程学习网站平台上导出,主要是相关知识点的学习数据,完成全部知识点的学习,得10分
总结性考核	闭卷笔试	闭卷,线下考试,满分100分,题型包括单选题、多选题、判断题,考试时间120分钟

续表

考核方式	考核项目	评分标准（含分值）
奖励性评价	大赛获奖	与课程相关的 Unity 设计类奖项，一类赛项一等奖 10 分、二等奖 7 分，二类赛项一等奖 7 分、二等奖 4 分；每人增值性评价总分不超过 10 分
	职业资格证书获取	与课程相关的职业资格证书获取，一项 5 分，每人增值性评价总分不超过 10 分

参考文献

[1] 中华人民共和国国务院办公厅.中华人民共和国国民经济和社会发展第十四个五年规划和2035年远景目标纲要[EB/OL]. https://www.gov.cn/xinwen/2021-03-13/content_5592681.htm，2021-03-13.

[2] 工业和信息化部电子信息司.《虚拟现实与行业应用融合发展行动计划（2022—2026）》解读[EB/OL]. https://www.cnii.com.cn/zcjd/202211/t20221101_424979.html，2022-11-01.

[3] 中华人民共和国教育部.关于公布2018年度普通高等学校本科专业备案和审批结果的通知[EB/OL]. http://www.moe.gov.cn/srcsite/A08/moe_1034/s4930/201903/t20190329_376012.html，2019-03-25.

[4] 中华人民共和国教育部.《普通高等学校高等职业教育（专科）专业目录》2018年增补专业[EB/OL]. http://www.moe.gov.cn/jyb_xxgk/xxgk/neirong/fenlei/sxml_zycrjy/zycrjy_zjjx/zyjyjx_zbzy/，2019-10-18.

[5] 中华人民共和国教育部办公厅.关于印发高等职业教育专科英语、信息技术课程标准（2021年版）的通知[EB/OL]. http://www.moe.gov.cn/srcsite/A07/moe_737/s3876_qt/202104/t20210409_525482.html，2021-04-01.

[6] 智研咨询.虚拟现实（VR）行业发展环境及前景研究报告（2023版）[R]. https://t.10jqka.com.cn/pid_308390233.shtml,2023-08-24.

[7] Association for Computing Machinery(ACM)，IEEE Computer Society(IEEE-CS).计算课程体系规范2020[M].北京：高等教育出版社,2021.

[8] Association for Computing Machinery(ACM)，Committee for Computing Education in Community Colleges(CCECC). Cyber security Curricular Guidance for Associate-Degree Programs[M]. http://dx.doi.org/10.1145/3381686,2020.

[9] Association for Computing Machinery(ACM). Computing Competencies for Undergraduate Data Science Curricula[M]. https://dl.acm.org/citation.cfm?id=3453538，2021.

[10] 温涛,等.教育部高等学校高职高专计算机类专业建设参考方案[M].北京：清华大学出版社,2011.

[11] 姚大伟,等.工学结合模式下高职高专国际商务专业建设指导方案[M].北京：清华大学出版社,2015.

[12] 田锦,等.应用型本科通信工程专业课程体系[M].北京：清华大学出版社,2021.

[13] 信息技术新工科产学研联盟.虚拟现实技术专业建设方案（建议稿）[R]. https://www.csia.org.cn/content/5531.html，2021-10-18.